无机及分析化学实验

主 编 ◎ 何树华　张福兰　庞向东

西南交通大学出版社

·成 都·

内容提要

本书将无机化学实验、分析化学实验和仪器分析实验有机地结合起来，主要介绍无机及分析化学实验基础知识、基本技术和操作技能。全书共 7 章，第 1 章：化学实验的基本知识，主要介绍实验室规则、安全、常用仪器、数据记录与处理、报告书写等；第 2 章：化学实验基本操作，主要介绍加热与冷却、干燥、玻璃工等基本操作；第 3 章：提纯、制备及常数测定实验，主要介绍固液分离、物质理化常数的测定和无机化合物的制备；第 4 章：元素化学实验，主要介绍无机化合物的性质、鉴定与分离；第 5 章：定量分析实验，主要介绍分析化学实验中定量部分的内容；第 6 章：仪器分析实验，主要介绍仪器分析的相关实验内容；第 7 章：设计性实验，主要列出一些综合性的设计实验。全书共包括 77 个典型实验。本书实验教学内容凸显"基础性""应用性"和"创新性"，强调对学生的动手能力、创新思维、科学素养等综合素质的全面培养。

本书可供高校理工科化学、应用化学、药学、化工、环境、生物、材料等专业的学生用作教材，也可供相关科技人员参考。

图书在版编目（ＣＩＰ）数据

无机及分析化学实验 / 何树华，张福兰，庞向东主编. —成都：西南交通大学出版社，2017.5（2024.8 重印）
ISBN 978-7-5643-5415-2

Ⅰ. ①无… Ⅱ. ①何… ②张… ③庞… Ⅲ. ①无机化学 – 化学实验 – 高等学校 – 教材②分析化学 – 化学实验 – 高等学校 – 教材 Ⅳ. ①O61-33②O65-33

中国版本图书馆 CIP 数据核字（2017）第 091714 号

无机及分析化学实验

主　编／何树华　张福兰　庞向东　　　　责任编辑／牛　君
　　　　　　　　　　　　　　　　　　　　封面设计／何东琳设计工作室

西南交通大学出版社出版发行
（四川省成都市二环路北一段 111 号西南交通大学创新大厦 21 楼　610031）
发行部电话：028-87600564
网址：http://www.xnjdcbs.com
印刷：四川森林印务有限责任公司

成品尺寸　185 mm×260 mm
印张　15　字数　364 千
版次　2017 年 5 月第 1 版
印次　2024 年 8 月第 6 次

书号　ISBN 978-7-5643-5415-2
定价　35.00 元

《无机及分析化学实验》
编 写 人 员

主　编　何树华　张福兰　庞向东

副主编　方卢秋　贺　薇　朱乾华

　　　　张　婷　万邦江　周　尚

参　编　石文兵　甘湘庆　丁世敏

　　　　赵小辉　刘　艳　吴兴发

主　审　徐建华

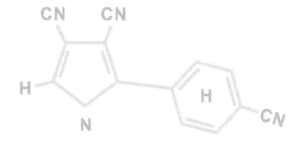

前 言

　　无机及分析化学实验是高等学校化学、应用化学、化工、药学、生物、环境和材料化学等专业开设的一门重要的专业基础课,具有很强的实践性,其目的是培养学生掌握化学实验的基本知识、基本操作与基本技能。它与后续的专业实验、综合与研究实验构成相关专业完整的实验教学体系。

　　随着化学实验技术和社会经济的不断发展,原有的无机及分析化学实验教学内容体系已不能满足和适应新世纪人才培养的需要。因此,从 2012 年开始,我校(长江师范学院)化学化工学院化学实验教学中心对无机及分析化学实验的教学内容进行了改革与实践。结合学校培养"高素质应用型人才"的目标定位,有机地整合了原无机化学、分析化学和仪器分析实验,构建了新的实验教学内容体系。实验教学内容凸显"基础性""应用性"和"创新性",强调对学生的动手能力、创新思维、科学素养等综合素质的全面培养。在此基础上,依据课程改革目标和需要,我们参考了国内外出版的同类教材,吸收了我校和多所兄弟院校近年来无机及分析化学实验教学与教改的经验和成果,编写了本教材。

　　本教材精选了 77 个典型实验,内容涉及化学实验的基本知识,化学实验基本操作,提纯、制备及常数测定实验,元素化学实验,定量分析实验、仪器分析实验和设计性实验七个部分。可以满足不同模块实验教学的需要,可作为高等学校理工科化学、应用化学、药学、化工、环境、生物、食品、园林、园艺和材料等专业的无机及分析化学实验教材。

　　本教材编写具体分工如下:第 1 章由何树华、张福兰编写;第 2 章由何树华、张福兰编写;第 3 章由张福兰、朱乾华、万邦江编写;第 4 章由张福兰、张婷、刘艳和吴兴发编写;第 5 章由庞向东、贺薇、甘湘庆和赵小辉编写;第 6 章由方卢秋、石文兵、周尚和丁世敏编写;第 7 章由张福兰、方卢秋、庞向东编写。教材的初稿经主编、主审和副主编审阅、修改,大纲、统稿和定稿工作由何树华负责完成。

　　本书在编写过程中得到了西南交通大学出版社的大力支持,长江师范学院化学化工学院对本书的编写给予了资助。在编写过程中,编者参考了国内外教材(见书后参考文献),并引用了其中的一些图、表和数据等,在此谨向他们表示衷心的感谢。

　　限于编者的水平和时间,不能很好地达到预期的编写效果,书中的不足之处在所难免,恳请读者批评指正,以利于再版时进行补充完善。

编 者

2016 年 10 月

目　录

第 1 章　化学实验的基本知识

1.1　化学实验的目的和任务

当今社会，化学已由单纯的以实验为基础的学科发展到理论与实验并重的学科，然而对化学及相关学科的探索仍然离不开基本的化学实验技术。无机及分析化学实验突破了无机化学、分析化学和仪器分析实验分科设置的界限，使之融为一体，旨在使学生在实验（实践）中学习、巩固和提高化学基础知识、基本理论，掌握基本操作技术，加强实践能力和创新能力培养。

化学实验的主要任务如下：

（1）通过实验，使课堂中讲授的基础知识和基本理论得到验证、巩固和充实。化学实验不仅使理论知识形象化，还能说明这些理论和规律在应用时的条件、范围和方法，较全面地反映化学现象的复杂性和多样性。

（2）学生只有正确地掌握了基础知识、基本理论、基本技能和基本方法，才能既具备坚实的实验基础，又具备初步的研究能力，为今后的工作奠定良好的基础。

（3）培养学生的独立思考能力和独立工作能力。通过对实验现象的观察、分析和解释，认真地处理数据，并概括现象，得出结论，增强应用所学理论知识解决实际问题的能力。

（4）培养学生实事求是、严谨的科学态度、良好的科学素养以及实验室工作习惯，这些是做好实验的必要条件。

（5）使学生掌握实验室工作的有关知识，如实验室试剂与仪器的管理、实验可能发生的一般事故及其处理措施、实验室废液的处理方法等。

1.2　化学实验室规则

很多化学药品对人体的危害非常大，对环境也有较大的污染。为了保证化学实验课正常、有效、安全地进行，培养良好的实验方法，并保证实验课的教学质量，学生必须遵守化学实验室的规则。

（1）必须遵守实验室的各项规章制度，听从教师的指导。

（2）每次做实验前，认真预习有关实验的内容及相关的参考资料。了解每一步操作的目的、意义，实验中的关键步骤及难点，所用药品的性质和应注意的安全问题，并写好实验预习报告。没有达到预习要求者，不得进行实验。

（3）实验中严格按操作规程操作，如要改变，必须经指导老师同意。实验中要认真、仔细观察实验现象，如实做好记录，积极思考。实验完成后，需将原始记录交指导老师审阅、签字，若是合成实验，还需将产品交老师验收，并将产品回收，统一保管。按时写出符合要求的实验报告。

（4）在实验过程中，不得大声喧哗、打闹，不得擅自离开实验室。不能穿拖鞋、背心等暴露过多的服装进入实验室，实验室内不能吸烟和吃食物。

（5）应保持实验室整洁，做到仪器、桌面、地面和水槽四净。实验装置要规范、美观。固体废弃物应放到指定地方，废液应倒入废液桶。

（6）要爱护公物。公用仪器和药品应在指定地点使用，用完后及时放回原处，并保持其整洁。节约药品，药品取完后，及时将盖子盖好，严格防止药品相互污染。仪器如有损坏，要登记予以补发，并按制度赔偿。

（7）实验结束后，将个人实验台面打扫干净，清洗、整理仪器。学生轮流值日，值日生应负责整理公用仪器、药品和器材，打扫实验室卫生，离开实验室前应检查水、电、气是否关闭。

1.3 化学实验室安全知识

进行化学实验时，常会使用水、电、煤气和各种药品、仪器。许多化学药品是易燃、易爆、有腐蚀性或有毒的，在实验过程中要集中注意力，避免事故发生。为了确保操作者、仪器设备及实验室的安全，每一位进入实验室进行实验的学生，都应遵守有关规章制度，并对一般的安全常识有所了解。

1.3.1 实验室的安全常识

1. 一般的安全常识

（1）在使用浓硫酸、浓硝酸、浓碱、洗液、液溴、氢氟酸及其他有强烈腐蚀性的液体时，要十分小心，切勿溅在衣服、皮肤，尤其是眼睛上。稀释浓硫酸时，必须将浓硫酸缓慢地倒入水中，并不断搅拌，决不能把水倒入浓硫酸中，以免迸溅。

（2）实验中使用性质不明的物料时，要先用极小的量预试，不得直接去嗅，以免发生意外危险。易燃或有毒的挥发性物质应放置在指定密闭容器中。

（3）产生有刺激性或有毒气体（如 H_2S、Cl_2、Br_2、HCl 和 HF 等）的实验，应在通风橱内（或通风处）进行；苯、四氯化碳、乙醚、硝基苯等化合物的蒸气也会使人中毒，它们虽有特殊气味，但因久嗅会使人嗅觉减弱，从而失去警惕，所以也应在通风良好的情况下使用。

（4）使用有毒试剂时应当小心，事先熟悉操作中的有关注意事项。氰化物、As_2O_3 等剧毒试剂及汞盐都应特殊保管，不得随意放置。使用剧毒试剂的实验完毕后，应当及时妥善处理，避免自己或他人中毒。

（5）使用 CS_2、乙醚、苯、酒精、汽油和丙酮等易燃物品时，附近不能有明火或热源。操作大量可燃性气体时，严禁同时使用明火，还要防止发生电火花或其他撞击火花。

（6）防止煤气、氢气等可燃气体泄漏在室内，以免发生煤气中毒或引起爆炸。用完煤气后或遇煤气临时中断供应时，应立即把煤气阀关闭。煤气管道漏气时，应立即停止实验，通知有关人员进行检查、维修。

（7）特殊仪器设备应在熟悉其性能及使用方法后方可使用，并严格按照说明书操作。当情况不明时，不得随便接通仪器电源或扳动按钮。

（8）不允许用手直接取用固体药品。不能将药品任意混合。氯酸钾、硝酸钾、高锰酸钾等强氧化剂或其混合物不能研磨，否则会引起爆炸。

（9）灼热的器皿应放在石棉网或石棉板上，不可和冷物体接触，以免破裂；也不要用手接触，以免烫伤；更不要立即放入柜内或桌面上，以免引起燃烧或烙坏桌面。普通的玻璃瓶和容量器皿均不可加热，也不可倒入热溶液，以免引起破裂或使容量不准。

（10）应配备必要的防护眼镜。倾注药剂或加热液体时，不要俯视容器。加热试管时，不要将试管口对着自己或别人，以免液体溅出伤人。

2. 实验室安全用电常识

（1）操作电器时，手必须干燥，不得直接接触绝缘性能不好的电器。

（2）超过 45 V 的交流电都有危险，故电器设备的金属外壳应接上地线。

（3）为预防万一触电时电流通过心脏，不要用双手同时接触电器。

（4）使用高压电源要有专门的防护措施，千万不要用电笔试高压电。

（5）实验进行时，应对接好的电路仔细检查，确认无误后方可试探性通电。一旦发现异常，应立即切断电源，对设备进行检查。

1.3.2 事故的处理和急救

1. 起　火

实验室一旦发生失火，室内全体人员应积极而有秩序地参加灭火，一般采用如下措施：一方面防止火势扩展。立即关闭煤气灯，熄灭其他火源，断开室内总电闸，搬开易燃物质；另一方面立即灭火。化学实验室灭火，常采用使燃着的物质隔绝空气的办法，通常不能用水，否则，反而会引起更大火灾。在失火初期，不能用口吹，必须使用灭火器、砂、灭火毯等。若火势小，可用数层湿布把着火的仪器包裹起来。小器皿内着火（如烧杯或烧瓶内），可盖上石棉板或瓷片等，使之隔绝空气而灭火。

如果油类着火，要用砂或灭火器灭火，也可撒上干燥的固体碳酸氢钠粉末。

如果电器着火，首先应切断电源，然后再用二氧化碳灭火器或四氯化碳灭火器灭火（注意：四氯化碳蒸气有毒，在空气不流通的地方使用有危险！）。因为这些灭火剂不导电，不会使人触电。绝不能用水和泡沫灭火器灭火，因为水能导电，会使人触电甚至死亡。

如果衣服着火，切勿奔跑，应立即在地上打滚，邻近人员可用灭火毯或棉胎一类东西盖在其身上，使之隔绝空气而灭火。

总之，当失火时，应根据起火的原因和火场周围的情况，采取不同的方法灭火。无论使用哪一种灭火器材，都应从火的四周开始向中心扑灭，把灭火器的喷出口对准火焰的底部。在抢救过程中切勿犹豫。

2. 割 伤

玻璃割伤是常见的事故，受伤后要仔细观察伤口有没有玻璃碎粒，如有，应先把伤口处的玻璃碎粒取出。若伤势不重，先进行简单的急救处理，如涂上万花油，再用纱布包扎；若伤口严重、流血不止，可在伤口上部约 10 cm 处用纱布扎紧，减慢流血，压迫止血，并随即到医院就诊。

3. 灼 伤

皮肤接触到腐蚀性物质时可能被灼伤。为避免灼伤，在接触这些物质时，最好戴橡胶手套和防护眼镜。发生灼伤时应按下列要求处理。

（1）酸灼伤

皮肤上：立即用大量水冲洗，然后用 5% 碳酸氢钠溶液洗涤，涂上烫伤膏，并将伤口包扎好。

眼睛上：抹去溅在眼睛外面的酸，立即用水冲洗，用洗眼杯或将橡皮管套上水龙头用慢水对准眼睛冲洗后，立即到医院就诊，或者再用稀碳酸氢钠溶液洗涤，最后滴入少许蓖麻油。

衣服上：依次用水、稀氨水和水冲洗。

地板上：撒上石灰粉，再用水冲洗。

（2）碱灼伤

皮肤上：先用水冲洗，然后用 1% 醋酸溶液或饱和硼酸溶液洗涤，再涂上烫伤膏，并包扎好。

眼睛上：抹去溅在眼睛外面的碱，用水冲洗，再用饱和硼酸溶液洗涤后，滴入蓖麻油。

衣服上：先用水洗，然后用 10% 醋酸溶液洗涤，再用氨水中和多余的醋酸，最后用水冲洗。

（3）溴灼伤

如溴溅到皮肤上，应立即用水冲洗，再用酒精擦洗或用 2% 的硫代硫酸钠溶液洗至烧伤处呈白色，然后涂上甘油或鱼肝油软膏加以按摩，敷上烫伤油膏，将伤处包扎好。如眼睛受到溴蒸气刺激，暂时不能睁开，可对着盛有酒精的瓶口注视片刻。

上述各种急救法，仅为暂时减轻疼痛的措施。若伤势较重，在急救之后，应速送医院诊治。

4. 烫 伤

烫伤后切勿用冷水冲洗。如伤处皮肤未破，可用饱和 $NaHCO_3$ 溶液或稀氨水冲洗，再涂上烫伤膏或凡士林。如伤处皮肤已破，可涂些紫药水或 10% $KMnO_4$ 溶液。

5. 中 毒

溅入口中而尚未咽下的毒物应立即吐出来，用大量水冲洗口腔；如已吞下，应根据毒物的性质服解毒剂，并立即送医院急救。

（1）腐蚀性毒物

对于强酸，先饮大量的水，再服氢氧化铝膏、鸡蛋白；对于强碱，也要先饮大量的水，然后服用醋、酸果汁、鸡蛋白。不论酸或碱中毒都需灌注牛奶，不要吃呕吐剂。

（2）刺激性及神经性毒物

先服牛奶或鸡蛋白使之缓和，再服用硫酸铜溶液（约30 g溶于一杯水中）催吐，有时也可以用手指伸入喉部催吐，然后立即到医院就诊。

（3）吸入刺激性或有毒气体：吸入氯气、氯化氢气体时，可吸入少量酒精和乙醚的混合蒸气解毒。吸入硫化氢或一氧化碳气体感到不适时，应立即到室外呼吸新鲜空气。要注意：吸入氯、溴气中毒时，不可进行人工呼吸，一氧化碳中毒不可施用兴奋剂。

6. 触　电

迅速切断电源，必要时进行人工呼吸。

1.3.3　急救用具

消防器材：泡沫灭火器、四氯化碳灭火器（弹）、二氧化碳灭火器、砂、石棉布、灭火毯、棉胎和淋浴用的水龙头。

急救药箱：紫药水、碘酒、双氧水、饱和硼酸溶液、1%醋酸溶液、5%碳酸氢钠溶液、70%酒精、烫伤油膏、万花油、药用蓖麻油、硼酸膏或凡士林、磺胺药粉、洗眼杯、消毒棉花、纱布、胶布、绷带、剪刀、镊子、橡皮管等。

1.4　化学实验常用仪器介绍

化学实验室用于与液体或气体样品、试剂接触的仪器多为玻璃制品。出于耐高温、防腐蚀、提高强度等各种要求，有时还用陶瓷、搪瓷、塑料、金属制品或木制品等。在化学实验室中，由于无机化学和分析化学实验的许多操作重复性高，大量使用有标准规格的玻璃仪器。由于不同实验的特殊要求，许多化学实验室还使用一些非标准规格的玻璃仪器。

1.4.1　常用仪器

玻璃仪器一般是由软质或硬质玻璃制作而成的。软质玻璃耐温、耐腐蚀性较差，但是价格便宜，因此，一般用它制作的仪器均不耐温，如普通漏斗、量筒、吸滤瓶、干燥器等。硬质玻璃具有较好的耐温和耐腐蚀性，制成的仪器可在温度变化较大的情况下使用，如烧瓶、烧杯等。常用仪器及基本操作见表1-1。

表 1-1　常用仪器及基本操作

仪器名称	规　格	用　途	注意事项
试管　离心试管	分硬质和软质，有普通试管和离心试管。普通试管以管口外径×长度（mm）表示，如25×100，10×15等。离心试管以立方厘米数表示	用作少量试剂的反应容器，便于操作和观察。离心试管还可用作定性分析中的沉淀分离	可直接用火加热。硬质试管可以加热至高温。加热后不能骤冷，特别是软质试管，更容易破裂。离心试管只能用水浴加热
试管架	有木质、铝质、塑料的，有不同形状和大小的	放试管用	
试管夹	由木头、钢丝或塑料制成	夹试管用	防止烧损或锈蚀
毛刷	以大小和用途表示，如试管刷、滴定管刷等	洗刷玻璃仪器用	小心刷子顶端的铁丝撞破玻璃仪器
烧杯	玻璃质。分硬质、软质，有一般型和高型，有刻度和无刻度。规格按容量（mL）大小表示	用作反应物量较多时的反应容器。反应物易混合均匀	加热时应放置在石棉网上，使受热均匀
烧瓶	玻璃质。分硬质和软质。有平底、圆底，长颈、短颈几种和标准磨口烧瓶。规格按容量（mL）大小表示。磨口烧瓶是以标号表示其口径大小的	反应物多，且需长时间加热时，常用它作反应容器	加热时应放置在石棉网上，使受热均匀

仪器名称	规　　格	用　　途	注意事项
锥形瓶	玻璃质。分硬质和软质，有塞和无塞，广口、细口和微型的几种	反应容器。振荡很方便，适合用于滴定操作	加热时应放置在石棉网上，使受热均匀
量筒和量杯	玻璃质。以所能量度的最大容积（mL）表示	用于量度一定体积的液体	不能加热，不能用作反应容器，不能量热溶液或液体
容量瓶	玻璃质。以刻度以下的容积大小表示	用于配制标准浓度的溶液	不能加热，不能代替试剂瓶保存溶液
滴定管（及支架）	玻璃质。分酸式和碱式两种。规格按刻度最大标度表示	用于滴定或准确量取液体体积	不能加热或量取热的液体或溶液　酸式滴定管的玻璃活塞是配套的，不能互换使用
称量瓶	玻璃质。规格以外径（mm）×高（mm）表示。分"扁型"和"高型"两种	差减法称量一定量的固体样品时用	不能用火直接加热。瓶和塞是配套的，不能互换

仪器名称	规 格	用 途	注意事项
干燥器	玻璃质。规格以外径（mm）大小表示。分普通干燥器和真空干燥器	内放干燥剂，可保持样品或产物的干燥	防止盖子滑动打碎。灼热的东西待稍冷后才能放入。
药勺	由牛角、瓷或塑料制成，现多数是塑料的	取固体样品用，药勺两端各有一勺，一大一小，根据用量的大小分别选用	取用一种药品后，必须洗净，并用滤纸屑擦干后，才能取另一种药品
滴瓶 细口瓶 广口瓶	一般多为玻璃质	广口瓶用于盛放固体样品；细口瓶、滴瓶用于盛放液体样品；不带磨口的广口瓶可用作集气瓶	不能直接用火加热。瓶塞不能互换。不能盛放碱液，以免腐蚀塞子
表面皿	以口径大小表示	盖在烧杯上，防止液体迸溅或其他用途	不能用火直接加热
漏斗	以口径大小表示	用于过滤等操作。长颈漏斗特别适用于定量分析中的过滤操作	不能用火直接加热
吸滤瓶 布氏漏斗	布氏漏斗为瓷质，以容量或口径大小表示。吸滤瓶为玻璃质，以容量大小表示	两者配套，用于沉淀的减压过滤	滤纸要略小于漏斗的内径才能贴紧。不能用火直接加热

仪器名称	规 格	用 途	注意事项
分液漏斗	以容积大小和形状（球形、梨形）表示	用于互不相溶的液-液分离。也可用于有气体产生的装置中加液	不能用火直接加热。漏斗塞子不能互换，活塞处不能漏液
蒸发皿	以口径或容积大小表示。用瓷、石英或铂制作	蒸发浓缩液体用。根据液体性质不同，可选用不同材质的蒸发皿	能耐高温，但不宜骤冷。蒸发溶液时，一般放在石棉网上加热
坩埚	以容积（mL）大小表示。用瓷、石英、铁、镍或铂制作	灼烧固体时用。根据固体性质不同，可选用不同材质的坩埚	可直接用火灼烧至高温，热的坩埚稍冷后移入干燥器中存放
泥三角	由铁丝弯成并套有瓷管，有大小之分	灼烧坩埚时放置坩埚用	灼烧后小心取下，不要摔落
石棉网	由铁丝编成，中间涂有石棉，有大小之分	石棉是一种不良导体，它能使受热物体均匀受热，可防止局部高温	不能与水接触，以免石棉脱落或铁丝锈蚀
铁架台	铁制品	用于固定或放置反应容器，铁环还可以代替漏斗架使用	加热后的铁圈不能撞击或摔落在地

仪器名称	规 格	用 途	注意事项
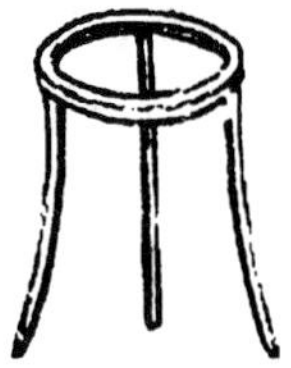 三脚架	铁制品。有大小、高低之分，比较牢固	放置较大或较重的加热容器	下面灯焰的位置要合适
 研钵	用瓷、玻璃、玛瑙或铁制成。规格以口径大小表示	用于研磨固体物质，或固体物质的混合。按固体的性质和硬度，选择不同材质的研钵	不能用火直接加热。大块固体物质只能碾压，不能捣碎
 燃烧匙	铁制品或铜制品	检验物质的可燃性用	用后立即洗净，并将匙勺擦干
 水浴锅	铜或铝制品	用于间接加热，也用于控温实验	用于加热时，防止将锅内水烧干。用完后将锅内水倒掉，并擦干锅体，以免腐蚀

1.4.2 标准磨口玻璃仪器

玻璃仪器一般分为普通和标准磨口两种。标准磨口玻璃仪器的特点是磨口、磨塞的锥度均按国际标准 ISO 383—71"玻璃标准口、塞部标准"所规定的技术要求制造，所以同口径的磨口、磨塞可以互换（配套的旋塞例外），使用极为方便。常用标准磨口玻璃仪器如图 1-1 所示。

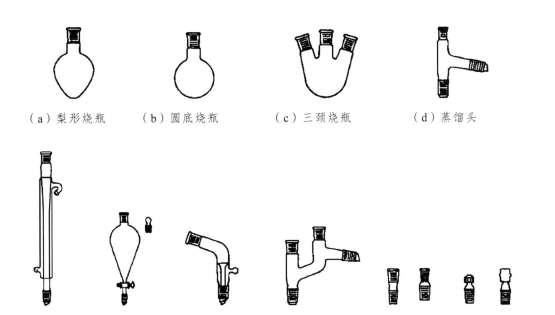

(a) 梨形烧瓶　　(b) 圆底烧瓶　　(c) 三颈烧瓶　　(d) 蒸馏头

(e) 直形冷凝管　(f) 分液漏斗　(g) 真空接受管　(h) 克氏蒸馏头　(i) 接头　(j) 温度计套管

图 1-1　标准磨口玻璃仪器

1.5　常用玻璃器皿的洗涤和干燥

1.5.1　玻璃器皿的洗涤

为了保证实验结果的正确，实验仪器必须洗涤干净。一般来说，附着在仪器上的污物分为可溶性物质、不溶性物质、油污及有机物等。应根据实验要求、污物的性质和污染程度选择适宜的洗涤方法。常用的洗涤方法有以下几种。

1. 水　洗

包括冲洗和刷洗。对于可溶性污物可用水冲洗，这主要是利用水把可溶性污物溶解而除去。为加速溶解，还需进行振荡。先用自来水冲洗仪器外部，然后向仪器中注入少量（不超过容量的 1/3）的水，稍用力振荡后把水倾出，如此反复冲洗数次。对于仪器内部附有不易冲掉的污物，可选用适当大小的毛刷刷洗，利用毛刷对器壁的摩擦去掉污物，然后来回用力刷洗，如此反复几次，将水倒掉。最后用少量蒸馏水冲洗 2～3 遍。需要强调的是，手握毛刷把的位置要适当（特别是在刷试管时），以刷子顶端刚好接触试管底部为宜，防止毛刷铁丝捅破试管。

2. 用去污粉、洗衣粉或洗涤剂洗

对于不溶性及用水刷洗不掉的污物，特别是仪器被油脂等有机物污染或实验准确度要求较高时，需要用少量水将要洗的仪器润湿，用毛刷蘸取去污粉、洗衣粉或洗涤剂来刷洗。然后用自来水冲洗，最后用蒸馏水冲洗 2～3 遍。

3. 用洗液洗

下面介绍几种常用洗液。

（1）铬酸洗液

对于用去污粉、洗衣粉或洗涤剂也刷洗不掉的污物，或对仪器清洁程度要求较高以及因仪器口小，管细不便用毛刷刷洗（如移液管、容量瓶、滴定管等），就要用少量铬酸洗液洗。方法是，往仪器中倒入（或吸入）少量洗液，然后使仪器倾斜并慢慢转动，使仪器内部全部被洗液湿润，再转动仪器，使洗液在内壁流动，转动几圈后，将洗液倒回原瓶。对污染严重的仪器，可用洗液浸泡一段时间。倒出洗液后用自来水冲洗干净，最后用少量蒸馏水冲洗 2～3 遍。

用铬酸洗液洗涤仪器时，应注意以下几点。

① 用洗液前，先用水冲洗仪器，并将仪器内的水尽量倒净，不能用毛刷刷洗。

② 洗液用后倒回原瓶，可重复使用。洗液应密闭存放，以防浓硫酸吸水。洗液经多次使用，如呈绿色，则已失效，不能再用。

③ 洗液有强腐蚀性，会灼伤皮肤和破坏衣服，使用时要特别小心！如不慎溅到衣服或皮肤上，应立即用大量水冲洗。

④ 洗液中的 Cr（Ⅵ）有毒，因此，用过的废液以及清洗残留在仪器壁上的洗液时，第一、二遍洗涤水都不能直接倒入下水道，以防止腐蚀管道和污染水环境。应回收或倒入废液缸，最后集中处理。简便的处理方法是在回收的废洗液中加入硫酸亚铁，使 Cr（Ⅵ）还原成无毒的 Cr（Ⅲ）后再排放。

由于洗液成本较高而且有毒性和强腐蚀性，因此，能用其他方法洗涤干净的仪器，就不要用铬酸洗液洗。

（2）盐酸

用浓盐酸可以洗去附着在器壁上的二氧化锰或碳酸盐等污垢。

（3）碱液

配成浓溶液即可。用以洗涤油脂和一些有机物（如有机酸）。

（4）有机溶剂洗涤液

当胶状或焦油状的有机污垢如用上述方法不能洗去时，可选用丙酮、乙醚、苯浸泡，或用 NaOH 的乙醇溶液亦可，要加盖以免溶剂挥发。用有机溶剂作洗涤剂，使用后可回收重复使用。

4. 用超声波清洗器

利用声波的振动和能量清洗仪器，既省时又方便，还能有效地清洗焦油状物。特别是对一些手工无法清洗的物品，以及粘有污垢的物品，其清洗效果是人工清洗无法代替的。

器皿清洁的标志：加水倒置，水顺着器壁流下，内壁被水均匀润湿，有一层既薄又均匀的水膜，不挂水珠。

1.5.2 玻璃仪器的干燥

化学实验经常都要使用干燥的玻璃仪器，故要养成在每次实验后马上把玻璃仪器洗净和倒置使之干燥的习惯，以便下次实验时使用。干燥玻璃仪器的方法有下列几种。

1. 晾　干

已洗净不急用的仪器可倒置放在实验柜内或仪器架上，待其自然干燥，这是常用的简单方法。但必须注意，若玻璃仪器洗得不够干净，水珠便不易流下，干燥就会较为缓慢。

2. 烘　干

把玻璃器皿按顺序从上层到下层放入烘箱烘干。放入烘箱中干燥的玻璃仪器要尽量倒干水，一般要求不带水珠。器皿口向上，带有磨砂口玻璃塞的仪器，必须取出活塞后，才能烘干。烘箱内的温度保持在 100 ~ 105 ℃，约 0.5 h，待烘箱内的温度降至室温时才能取出。切不可把很热的玻璃仪器取出，以免破裂。当烘箱已工作时则不能往上层放入湿的器皿，以免水滴下落，使热的器皿骤冷而破裂。

3. 烤　干

急用的试管、烧杯、蒸发皿等可用小火烤干。操作开始时，先将仪器外壁擦干，再用小火烤，同时要不断地来回移动使其受热均匀。试管管口必须向下倾斜，以免水珠倒流炸裂试管，待烤到不见水珠后，将管口朝上赶尽水汽。

4. 吹　干

有时仪器洗涤后需立即使用，可使用吹干，即用气流干燥器或电吹风把仪器吹干。首先将水尽量沥干后，加入少量丙酮或乙醇摇洗并倾出，先通入冷风吹 1 ~ 2 min，待大部分溶剂挥发后，吹入热风至完全干燥为止，最后吹入冷风使仪器逐渐冷却。

注意：洗涤仪器所用的溶剂应倒回洗涤用溶剂的回收瓶中。

还应注意的是，一般带有刻度的计量仪器，如移液管、容量瓶、滴定管等不能用加热的方法干燥，以免热胀冷缩影响仪器的精密度。玻璃磨口仪器和带有活塞的仪器洗净后放置时，应该在栓口处和活塞处（如酸式滴定管、分液漏斗等）垫上小纸片，以防止长期放置后粘上不易打开。

1.6　实验数据的记录、处理和误差分析

1.6.1　实验数据的记录

记录实验数据和现象必须诚实、准确、实事求是，不能随意涂抹数据。若在实验中发现数据错误而需改动，则可将该数据用一横线划去，再将正确数据清晰地写在其上方或旁边，切勿乱涂乱画。实验数据记录包括实验名称、日期、实验条件（如室温、大气压力等）、仪器型号、试剂名称与级别、溶液的浓度以及直接测量的数据（包括数据的符号和单位）。

记录实验数据时，保留几位有效数字应和所用仪器的准确程度相适应，一般应估计到仪器最小刻度（精度）的后一位。例如，用 1/10 000 分析天平称量时，数据应记录至

0.000 1 g，滴定管和移液管的读数应记录至 0.01 mL。例如，用分析天平称得某试样的质量为 0.672 0 g，这个数据表明该称量 0.672 g 是准确的，最后一位数字"0"是估计值，可能有 ±0.000 1 的误差。若将此称量结果记录为 0.672 g，则表明该称量 0.67 是准确的，最后一位数字"2"是估计值，可能有 ±0.001 的误差。

实验记录上的每一个数据都是测量结果，重复观测时，即使数据完全相同，也应记录下来。记录时，对文字记录应简明扼要；对数据记录应尽可能采用表格形式。实验过程中涉及的各种仪器的型号和标准溶液浓度等，应及时、准确地记录下来。

1.6.2 有效数字及其运算规则

科学实验要得到准确的结果，不仅要求正确地选用实验方法和实验仪器测定各种量的数值，而且要求正确地记录和运算。实验所获得的数值，不仅表示某个量的大小，还应反映测量这个量的准确程度。一般地，任何一种仪器标尺读数的最低一位，应该用内插法估计到两刻度线之间间距的 1/10。因此，实验中各种量应采用几位数字，运算结果应保留几位数字都是很严格的，不能随意增减和书写。实验数值表示正确与否，直接关系到实验的最终结果以及它们是否合理。

1. 有效数字

在不表示测量准确度的情况下，表示某一测量值所需要的最少位数的数字即称为有效数字。有效数字也就是实验中实际能够测出的数字，其中包括若干个准确的数字和一个（只能是最后一个）不准确的数字。

有效数字的位数取决于测量仪器的精确程度。例如，用最小刻度为 1 mL 的量筒测量溶液的体积为 10.5 mL，其中 10 是准确的，0.5 是估计的，有效数字是 3 位。如果要用精度为 0.1 mL 的滴定管来量度同一液体，读数可能是 10.52 mL，其有效数字为 4 位，小数点后第二位 0.02 才是估计值。

有效数字的位数还反映了测量的误差，例如，某铜片在分析天平上称量得 0.500 0 g，表示该铜片的实际质量在（0.500 0 ± 0.000 1）g 范围内，测量的相对误差为 0.02%；若记为 0.500 g，则表示该铜片的实际质量在（0.500 ± 0.001）g 范围内，测量的相对误差为 0.2%。准确度比前者低了一个数量级。

从上面几个数可以看到，"0"在数字中可以是有效数字，也可以不是。当"0"在数字中间或有小数的数字之后时都是有效的数字；如果"0"在数字的前面，则只起定位作用，不是有效数字。但像 5000 这样的数字，有效数字位数不好确定，应根据实际测定的精确程度来表示，可写成 5×10^3，5.0×10^3，5.00×10^3 等。

对于 pH、$\lg K$ 等对数值，其有效数字位数仅由小数点后的位数确定，整数部分只说明这个数的方次，只起定位作用，不是有效数字，如 pH = 3.48，有效数字是 2 位而不是 3 位。

2. 有效数字的运算规则

在计算一些有效数字位数不相同的数时，按有效数字运算规则计算。

（1）加减运算

加减运算结果的有效数字位数，应以运算数字中小数点后有效数字位数最少者决定。计算时可先不管有效数字，直接进行加减运算，运算结果再按数字中小数点后有效数字位数最少的作四舍五入处理，例如，0.764 3、25.42、2.356 三数相加，则 0.764 3+25.42+2.356 = 28.540 3，结果应为 28.54。

也可以先按四舍五入的原则，以小数点后面有效数字位数最少的为标准处理各数据，使小数点后有效数字位数相同，然后再计算，如上例为 0.76+25.42+2.36 = 28.54。因为在 25.42 中精确度只到小数点后第二位，即在 25.42 ± 0.01，其余的数再精确到第三位、第四位就无意义了。

（2）乘除运算

几个数相乘或相除时所得结果的有效数字位数应与各数中有效数字位数最少者相同，例如，0.98 与 1.644 相乘结果为：1.611 12，应保留两位有效数字，故得数应为 1.6。计算时可以先四舍五入后计算，但在几个数连乘或连除运算中，在取舍时应保留比最少位数多一位数字的数来运算，如 0.98、1.644、46.4 三个数字连乘应为 0.98 × 1.64 × 46.4 = 74.57，结果为 75。

先算后取舍为 0.98 × 1.644 × 46.4 = 74.76，结果为 75。两者结果一致。

若只取最少位数的数相乘则为 0.98 × 1.6 × 46 = 72.13，结果应为 72。这样，计算结果误差扩大了。

当然，如果在连乘、连除的数中被取或舍的数离"5"较远，或有的数取，有的数舍，也可取最少位数的有效数字简化后再运算。例如，0.121 × 23.64 × 1.057 8 = 3.025 773 4，结果为 3.03。若简化后再运算 0.121 × 23.6 × 1.06 = 3.03。

（3）对数运算

在进行对数运算时，所取对数位数应与真数的有效数字位数相同。例如，lg2.00 × 10⁵ = 5.301。

1.6.3　实验数据的处理和误差分析

1. 真值与平均值

真值是待测物理量客观存在的确定值，也称为理论值或定义值。通常，真值是无法测得的。在实验中，测量的次数无限多时，根据误差的分布规律，正负误差出现的概率相等，再经过细致地消除系统误差，将测量值加以平均，可以获得非常接近于真值的数值。但是，实际操作中实验测量的次数总是有限的，用有限测量值求得的平均值只能近似真值。常用的平均值有下列几种。

（1）算术平均值：是最常见的一种平均值。

设 x_1，x_2，$\cdots$，x_n 为各次测量值，n 代表测量次数，则算术平均值为

$$\bar{x} = \frac{x_1 + x_2 + \cdots + x_n}{n} = \frac{\sum\limits_{i=1}^{n} x_i}{n} \tag{1.1}$$

（2）几何平均值：是将一组 n 个测量值连乘并开 n 次方求得的平均值。即

$$\bar{x}_n = \sqrt[n]{x_1 \times x_2 \times \cdots x_n} \qquad (1.2)$$

（3）均方根平均值：

$$\bar{x}_{均} = \sqrt{\frac{x_1^2 + x_2^2 + \cdots + x_n^2}{n}} = \sqrt{\frac{\sum_{i=1}^{n} x_i^2}{n}} \qquad (1.3)$$

（4）对数平均值：在化学反应、热量和质量传递中，其分布曲线多具有对数的特性，在这种情况下表征平均值常用对数平均值。

设两个量 x_1、x_2，其对数平均值为

$$\bar{x}_{对} = \frac{x_1 - x_2}{\ln x_1 - \ln x_2} = \frac{x_1 - x_2}{\ln \dfrac{x_1}{x_2}} \qquad (1.4)$$

应指出，变量的对数平均值总小于算术平均值。当 $x_1/x_2 \leq 2$ 时，可以用算术平均值代替对数平均值。当 $x_1/x_2 = 2$，$\bar{x}_{对} = 1.44$，$\bar{x} = 1.50$，$(\bar{x}_{对} - \bar{x})/\bar{x}_{对} = 4.2\%$，即 $x_1/x_2 \leq 2$，引起的误差不超过 4.2%。

以上介绍各平均值的目的是要从一组测定值中找出最接近真值的那个值。在化工实验和科学研究中，数据的分布较多属于正态分布，所以通常采用算术平均值。

2. 误差的分类

根据误差的性质和产生的原因，一般分为三类。

（1）系统误差：系统误差是指在测量和实验中由未发觉或未确认的因素所引起的误差。这些因素的影响结果永远朝一个方向偏移，其大小及符号在同一组实验测定中完全相同，当实验条件一经确定，系统误差就获得一个客观上的恒定值。当改变实验条件时，就能发现系统误差的变化规律。系统误差产生的原因为测量仪器不良，如刻度不准、仪表零点未校正或标准表本身存在偏差等；周围环境的改变，如温度、压力、湿度等偏离校准值；实验人员的习惯和偏向，如读数偏高或偏低等。针对仪器的缺点、外界条件变化影响的大小、个人的偏向，分别加以校正后，系统误差是可以清除的。

（2）偶然误差：在已消除系统误差的一切量值的观测中，所测数据仍在末一位或末两位数字上有差别，而且它们的绝对值和符号的变化时大时小、时正时负，没有确定的规律，这类误差称为偶然误差或随机误差。偶然误差产生的原因不明，因而无法控制和补偿。但是，倘若对某一量值作足够多次的等精度测量后，就会发现偶然误差的分布服从统计规律，误差的大小或正负的出现完全由概率决定。因此，随着测量次数的增加，偶然误差的算术平均值趋近于零，所以多次测量结果的算术平均值将更接近于真值。

（3）过失误差：过失误差是一种显然与事实不符的误差，它往往是由实验人员粗心大意、过度疲劳和操作不正确等原因引起的。此类误差无规则可寻，只要加强责任感、多方警惕、细心操作，过失误差是可以避免的。

3. 精密度、准确度和精度

反映测量结果与真值接近程度的量称为精度（也称精确度）。它与误差大小相对应，测量的精度越高，其测量误差就越小。它反映测量中所有系统误差和偶然误差综合的影响程度。"精度"应包括精密度和准确度两层含义。

（1）精密度：精密度是指测量中所测得数值重现性的程度。它反映偶然误差的影响程度，精密度高表示偶然误差小。精密度的大小可用偏差、平均偏差、相对平均偏差、标准偏差和相对标准偏差表示。重复性与再现性是精密度的常见别名。

偏差：

$$d = x_i - \overline{x} \tag{1.5}$$

平均偏差：

$$\overline{d} = \frac{\sum_{i=1}^{n} |x_i - \overline{x}|}{n} \tag{1.6}$$

相对平均偏差：

$$\frac{\overline{d}}{\overline{x}} \times 100\% = \frac{\sum_{i=1}^{n} |x_i - \overline{x}|}{n} / \overline{x} \times 100\% \tag{1.7}$$

相对大偏差（标准偏差）：

$$S = \sqrt{\frac{\sum_{i=1}^{n} (x_i - \overline{x})^2}{n-1}} \tag{1.8}$$

相对标准偏差（变异系数）：

$$\text{RSD} = \frac{S}{\overline{x}} \times 100\% = \frac{\sqrt{\dfrac{\sum_{i=1}^{n} (x_i - \overline{\overline{x}})^2}{n-1}}}{\overline{x}} \times 100\% \tag{1.9}$$

实际工作中多用 RSD 表示分析结果的精密度。

（2）准确度：准确度是指测量值与真值的偏移程度。它反映系统误差的影响程度，准确度高就表示系统误差小。

在一组测量中，精密度高的准确度不一定高，准确度高的精密度也不一定高，但精度高，则精密度和准确度都高。

4. 误差的表示方法

（1）绝对误差（E）：测量值 x 和真值 T 之差为绝对误差，通常称为误差。记为

$$E = x - T \tag{1.10}$$

（2）相对误差（E_r）：衡量某一测量值的准确程度，一般用相对误差来表示。绝对误差

E 与被测量的真值 T 的比值称为相对误差。记为

$$E_r = \frac{E}{T} \times 100\% \tag{1.11}$$

5. 可疑数据的取舍

一组平行数据，若某个数据与平均值的差值较大，可以视为可疑数值，在确定该值不是由于过失造成的情况下，则需利用统计学方法进行检验后确定取舍。Q 检验法是迪克森（W. J. Dixon）在 1951 年针对少量观测次数（$3 \leqslant n \leqslant 10$）提出的一种简易判据式。检验时将数据从小到大依次排列：x_1，x_2，x_3，$\cdots$，x_{n-1}，x_n，然后将极端值代入式（1.12）求出 Q 值，将 Q 值对照表 1-2 的 $Q_{0.90}$，若 $Q \geqslant Q_{0.90}$ 则舍去可疑值，否则应予以保留。

$$Q = \frac{\left| x_{可疑} - x_{邻} \right|}{x_{max} - x_{min}} > k \tag{1.12}$$

表 1-2　不同置信度下舍去可疑值数据的 Q 值

测定次数 n	$Q_{0.90}$	$Q_{0.95}$	$Q_{0.99}$
3	0.94	0.98	0.99
4	0.76	0.85	0.93
5	0.64	0.73	0.82
6	0.56	0.64	0.74
7	0.51	0.59	0.68
8	0.47	0.54	0.63
9	0.44	0.51	0.60
10	0.41	0.48	0.57

【例】 对某铜矿中铜的质量分数所做的 10 次测定,结果如下:15.42%,15.51%,15.52%,15.52%，15.53%，15.53%，15.54%，15.56%，15.56%，15.68%。试用 Q 检验法判断是否有可疑值需舍弃。

解：将 10 个测定数据按由小到大的顺序排列为 15.42%，15.51%，15.52%，15.52%，15.53%，15.53%，15.54%，15.56%，15.56%，15.68%。

（1）首先考虑最小值 15.42% 是否应舍去。

当 $n = 10$ 时，查表 1-2 得 $Q_{0.90} = 0.41$

$$Q = \frac{\left| x_{可疑} - x_{邻} \right|}{x_{max} - x_{min}} = \frac{\left| 15.42 - 15.51 \right|}{15.68 - 15.42} = 0.35$$

$Q = 0.35 < Q_{0.90} = 0.41$，故 15.42% 应予保留。

（2）再考虑最大值 15.68% 是否应舍去。

当 $n = 10$ 时，查表 1-2 得 $Q_{0.90} = 0.41$

$$Q = \frac{\left| x_{可疑} - x_{邻} \right|}{x_{max} - x_{min}} = \frac{\left| 15.68 - 15.56 \right|}{15.68 - 15.42} = 0.46$$

$Q = 0.46 > Q_{0.90} = 0.41$，故 15.68% 应舍去。

1.7 化学实验预习、记录和实验报告

化学实验课是一门综合性较强的理论联系实际的课程。它是培养学生独立工作能力的重要环节，使学生在实验数据处理、作图、误差分析、问题分析与归纳等方面得到训练和提高。实验报告是概括和总结实验过程的文献性质资料。实验报告分三部分：实验前预习报告、现场记录及课后实验总结。

1.7.1 预习报告

预习时，应想清楚每一步操作的目的是什么，为什么这么做；要弄清楚本次实验的关键步骤和难点。预习是做好实验的关键，只有预习好了，实验时才能做到又快又好。

1.7.2 实验记录

实验记录是科学研究的第一手资料，实验记录的好坏直接影响对实验结果的分析。因此，学会做好实验记录也是培养学生科学作风及实事求是精神的一个重要环节。

作为一位科学工作者，必须对实验的全过程进行仔细观察，并如实记录以下内容。

（1）每一步操作所观察到的现象，如是否放热、颜色变化、有无气体产生、分层与否、温度、出现变化的时间等。尤其是与预期相反或与教材、文献资料所述不一致的现象，更应如实记录。

（2）实验中测得的各种数据，如溶液浓度、pH 值、沸程、熔点、比重、折光率、称量数据（重量①或体积）等。

（3）产品的外观，包括物态、色泽、晶形等。

（4）实验操作中的失误，如抽滤中的失误、粗产品或产品的意外损失等。

（5）实验室条件，如温度、压强等。

记录时，要与操作步骤一一对应，内容要简明扼要，条理清楚。记录直接写在（或附在）预习报告上；不要随便记在一张纸上，课后抄在实验报告上。

1.7.3 实验报告

这部分工作在课后完成。一般包括如下内容。

（1）对实验现象逐一做出正确的解释。能用反应式表示的尽量用反应式表示。

（2）计算产率。在计算理论产量时，应注意：① 有多种原料参加反应时，以物质的量最少的那种原料的量为准；② 不能用催化剂或引发剂的量来计算；③ 有异构体存在时，以各种异构体理论产量之和进行计算，实际产量也是异构体实际产量之和。计算公式如下：

$$产率 = \frac{实际产量}{理论产量} \times 100\%$$

（3）填写理化常数的测试结果。分别填上产物的文献值和实测值，并注明测试条件，如温度、压力等。

注：① 实为质量，包括后文的恒重、载重、皮重等。因现阶段我国化工生产、质量分析等领域一直沿用，为使学生了解、熟悉行业生产实际，本书予以保留。——编者注

（4）对实验进行讨论与总结：① 对实验结果和产品进行分析；② 写出做实验的体会；③ 分析实验中出现的问题和解决的办法；④ 对实验提出建设性、创新性的建议。通过讨论来总结、提高和巩固实验中所学到的理论知识和实验技术。此部分内容可写在思考题中，另列标题。

实验报告要求条理清楚，文字简练，图表清晰、准确。一份完整的实验报告可以充分体现学生对实验理解的深度、综合解决问题的能力及文字表达能力。根据不同的实验内容，可以选用不同的实验报告格式，下面介绍几种常见实验类型的报告格式，仅供参考。

1. 性质实验报告

实验名称：				
姓名：	学号：	班级：		日期：
一、实验目的				
二、实验原理：元素及化合物的主要化学性质及鉴别方法				
三、实验内容				

简要步骤	试样	现象预测	实验现象	解释和反应	结论
△ 观察 2~3 滴试样 0.5 mL 0.1 mol·L^{-1}试剂 干燥					

四、安全和注意事项
五、成功关键
六、讨论（包括结果分析、实验体会、出现的问题及解决办法、建议）
七、作业

2. 化合物的制备实验报告

实验名称 ＿＿＿＿＿＿＿＿＿＿＿＿＿＿＿＿＿＿＿＿
姓名 ＿＿＿＿＿＿＿＿ 班级 ＿＿＿＿＿＿＿ 学号 ＿＿＿＿＿＿＿
同组者姓名＿＿＿＿＿＿ 日期＿＿＿＿＿ 室温＿＿＿＿ 气压＿＿＿＿

一、实验目的
二、实验原理
三、主要试剂及产物的物理常数、用量与规格

名称	相对分子质量	沸点/°C	熔点/°C	密度	折射率	溶解性/（g/100 mL）			投料量	物质的量/mol	原料规格
						水	醇	醚			

四、主要反应装置图
五、实验步骤及现象

步骤	现象	解释或反应

六、注意事项（主要为仪器和人身安全问题）
七、成功关键
八、产品外观、质量及产率计算
九、讨论（包括结果分析、实验体会、出现的问题及解决办法、建议）
十、粗产品的纯化原理
十一、思考题解答

3. 理化参数测定、定量分析实验报告

实验名称＿＿＿＿＿＿＿＿＿＿＿＿＿＿＿＿＿＿＿＿＿＿

姓名＿＿＿＿＿＿＿＿＿ 班级＿＿＿＿＿＿＿＿ 学号＿＿＿＿＿＿＿＿＿

同组者姓名＿＿＿＿＿＿＿ 日期＿＿＿＿＿＿ 室温＿＿＿＿ 气压＿＿＿＿

一、实验目的

二、实验原理

三、主要试剂的物理常数、用量与规格

名称	相对分子质量	沸点 /°C	熔点 /°C	密度	折射率	溶解性 /（g/100 mL）			投料量	物质的量 /mol	原料规格
						水	醇	醚			

四、实验步骤

五、注意事项（主要为仪器和人身安全问题）

六、成功关键

七、数据记录与处理

八、讨论（包括结果分析、实验体会、出现的问题及解决办法与建议）

九、思考题解答

无论是何种格式的实验报告，填写的共同要求如下。

（1）条理清楚。

（2）详略得当。陈述清楚，又不繁琐。

（3）语言准确。除讨论栏外，尽可能不使用"如果""可能"等模棱两可的字词。

（4）数据完整。重要的操作步骤、现象和实验数据不能漏掉。

（5）实验装置图应按比例画规范。

（6）讨论栏可写实验体会、成功经验、失败教训、改进的设想等。

（7）真实。无论装置图或操作规程，如果自己使用的或做的与书上不同，按实际操作的程序记录，不要照搬书上的，更不可伪造实验数据和现象。

第2章 化学实验基本操作

2.1 试剂的保存与取用

2.1.1 试剂的保存

一般的化学试剂应保存在通风良好、清洁干燥的房间内，以防止水分、灰尘和其他物质对试剂的沾污。对于有毒、易燃、有腐蚀性和潮解性的试剂，应采用不同的保管方法。

（1）见光易分解的试剂（如 $AgNO_3$、$KMnO_4$ 等）应装在棕色瓶中。H_2O_2 虽然也是见光易分解的物质，但不能存放在棕色的玻璃瓶中，而需要存放于不透明的塑料瓶中，并放置于阴凉的暗处，以免棕色玻璃中含有的重金属氧化物成分对 H_2O_2 催化分解。

（2）易氧化的试剂（如氯化亚锡、低价铁盐等）和易风化或潮解的试剂（如氯化铝、无水碳酸钠、苛性钠等），应放在密闭容器内，必要时应用石蜡封口。对氯化亚锡、低价铁盐这类性质不稳定的试剂，配制的溶液不能久放，宜现配现用。

（3）盛强碱性试剂（如 KOH、NaOH）及 Na_2SO_3 溶液的试剂瓶要用橡皮塞。易腐蚀玻璃的试剂（如氟化物等）应保存在塑料容器内。

（4）对于易燃、易爆、强腐蚀性、强氧化剂及剧毒品的存放应特别注意，一般需要分类单独存放，如强氧化剂要与易燃、可燃物分开，隔离存放。对于许多低沸点的有机溶剂，如乙醚、甲醇、汽油等易燃药品要远离明火。剧毒药品〔如氰化钾（KCN）、三氧化二砷、高汞盐等〕和贵重试剂（如 Au、Pt、Ag 等贵重金属）要由专人保管，取用时应严格做好记录，以免发生事故。

盛装试剂的试剂瓶都应贴上标签，写明试剂的名称、纯度、浓度和配制日期，标签外面应涂蜡或用透明胶带等保护。要定期检查试剂和溶液，变质的或受污染的试剂要及时清理，发现标签脱落应及时更换。脱落标签的试剂在未查明之前不可使用。

2.1.2 试剂的取用

1. 固体试剂的取用

（1）取用试剂前应看清楚标签。取用时，先打开瓶塞，将瓶塞倒放在实验台上。如果瓶塞一端不是平顶而是扁平的，可用食指和中指将瓶塞夹住（或放在清洁的表面皿上），决不可将它横置桌面上，以免污染。不能用手接触化学试剂，应根据用量用药匙或小纸条取用试剂。取用完毕，一定要把瓶塞盖严，绝不允许将瓶塞张冠李戴。

（2）要用清洁、干燥的药匙取试剂。用过的药匙必须洗净擦干后才能再使用。

（3）注意取药不要超过指定用量，多取的不能倒回原瓶，可放在指定的容器中供他人使用。

（4）往试管（特别是湿的试管）中加入固体试剂时，可用药匙或对折的纸槽伸进试管约 2/3 处，小心地将药品倒入试管内。加入块状固体试剂时，应将试管倾斜，使其沿着试管壁慢慢滑下，以免碰破试管。

（5）要求取一定质量的固体时，可把固体放在纸上或表面皿上，再在台秤上称量。具有腐蚀性或易潮解的固体不能放在纸上，而应放在玻璃容器内进行称量。要求准确称取一定质量的固体时，可在分析天平上用直接法或差减称量法称取。

2. 液体试剂的取用

（1）从滴瓶中取液体试剂时，必须注意保持滴管垂直，避免倾斜，尤忌倒立，防止试剂流入橡皮头内而被污染。滴管的尖端不可接触试管内壁，也不得把滴管放在原滴瓶以外的任何地方，以免杂质沾污。

（2）用倾注法取液体试剂时，取出瓶盖倒放在桌上，右手握住瓶子，使试剂标签朝着掌心（防止标签被腐蚀），以瓶口靠住容器壁，缓缓倾出所需液体，让液体沿着器壁往下流。若所用容器为烧杯，则倾注液体时可用玻璃棒引入，用完后，即将瓶盖盖上。

（3）加入反应器内所有液体的总量不超过其容积的 2/3，如用试管不能超过其容积的 1/2。

（4）定量量取液体试剂时，可用量筒或移液管。读取体积时，应使视线与量筒或移液管内液体弯月面的最低处保持水平，偏高或偏低都会造成误差。

3. 特种试剂的取用

剧毒、强腐蚀性、易爆、易燃试剂的取用需要特别小心，必须采用其他适当的方法来处理。请参考其他有关书籍。

2.2 加热与冷却

化学反应往往需要在加热或冷却的条件下进行，许多基本实验操作也离不开加热或冷却，因此加热和冷却在化学实验中应用非常普遍。

2.2.1 加热仪器

在化学实验室中，常用的加热仪器有酒精灯、酒精喷灯、电炉、电加热套、恒温水浴装置以及管式炉和马弗炉等。

1. 酒精灯

酒精灯由灯罩、灯芯和灯壶三部分组成，如图 2-1 所示。加入酒精应在灯熄灭的情况下，借助漏斗将酒精注入，最多加入量为灯壶容积的 2/3，如图 2-2 所示。点燃酒精灯时绝不能用另一个燃着的酒精灯去点燃，以免洒落的酒精引起火灾或烧伤，如图 2-3 所示。熄灭时，用灯罩盖上即可，不要用嘴吹，如图 2-4 所示。片刻后，还应将灯罩再打开一次，以免冷却后，盖内负压使以后打开困难。

图 2-1　酒精灯的构造
1—灯帽；2—灯芯；3—灯壶

图 2-2　添加酒精

图 2-3　点燃酒精灯

图 2-4　熄灭酒精灯

酒精灯提供的温度不高，通常为 400～500 ℃，适用于不需太高加热温度的实验。灯芯短时温度低，长则高些，所以可根据需要加以调节。

2. 酒精喷灯

需要 700～1 000 ℃ 的高温加热时可用酒精喷灯。酒精喷灯的形式较多，有座式、链式、壁挂式等，一般由铜或其他金属制成。常用的座式喷灯和挂式喷灯的构造如图 2-5 所示，它们的结构原理相同，都是先将酒精汽化后与空气混合再燃烧。它们的区别仅在于座式灯的酒精贮存在下面的空心灯壶里，挂式喷灯贮存在悬挂于高处的贮罐内。

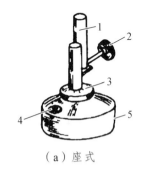
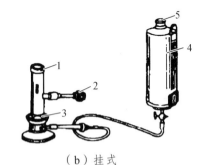

（a）座式

（b）挂式

1—灯管；2—空气调节器；3—预热盘；
4—铜帽；5—酒精壶

1—灯管；2—空气调节器；3—预热盘；
4—酒精贮罐；5—盖子

图 2-5　酒精喷灯的类型和构造

使用时首先在预热盘中贮满酒精并点燃，待灯管温度足够高时，开启灯管处的火力调节器，让酒精蒸气出来与喷火孔的空气混合并由管口喷出，点燃酒精蒸气。火焰温度可通过上下移动火力调节器来控制。使用完毕，座式喷灯用金属片或木板盖住灯管口，挂式喷灯关闭贮罐开关，让火焰熄灭。

必须注意：座式喷灯酒精贮量只能是贮器容量的 1/3 ~ 1/2，连续使用的时间一般不超过 0.5 h。若需更长时间的加热，则中途需添加酒精，此时应先熄灭火焰，稍后再加酒精，重新点燃。挂式喷灯要在保证灯管充分灼热后才能开启酒精贮罐开关并点燃酒精蒸气，此时应控制酒精的流入量，不要太多，等火焰正常后再调大酒精流量，否则酒精在灯管内不能充分汽化，液态酒精从管口喷出，从而形成"火雨"甚至引起火灾。

3. 电 炉

电炉可以代替酒精灯或煤气灯加热容器中的液体。根据发热量不同，电炉有不同规格，如 500 W、800 W、1 000 W 等，温度的高低可以通过调节变压器来控制（见图 2-6）。

图 2-6 电炉

4. 电热板

电炉做成封闭式的称电热板。其加热面积比电炉大，多用于加热体积较大或数量较多的试样，但电热板升温速度较慢，且加热是平面的，不适合加热圆底容器。

5. 电加热套

电加热套是专为加热圆底容器设计的，电热面为凹形半球面的电加热设备（见图 2-7）。可取代油浴、沙浴对圆底容器加热，有 50 mL、100 mL、250 mL 等各种规格。使用时应根据圆底容器的大小选用合适的型号。受热容器应悬挂在加热套的中央，不能接触套的内壁。电加热套相当于一个均匀加热的空气浴。为有效地保温，可在套口和容器之间用玻璃布围住，里面温度最高可达 450 ~ 500 ℃。

图 2-7 电加热套

6. 管式炉

管式炉有一管状炉膛，利用电热丝或硅碳棒加热，温度可达 1 000 ℃以上，炉膛中插入一根瓷管或石英管，管内放入盛有反应物的反应舟（见图 2-8）。反应物可在空气或其他气氛中加热反应，一般用来焙烧少量物质或对气氛有一定要求的试样。

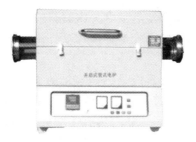

图 2-8　管式炉

7. 马弗炉（或箱式炉）

马弗炉有一个长方形炉膛，与管式炉一样，也用电热阻或硅碳棒加热，打开炉门就可放入各种要加热的器皿和样品（见图 2-9）。

管式炉和马弗炉的炉温由高温计测量。由一对热电偶和一只毫伏表组成温度控制装置，可以自动调温和控温。

图 2-9　马弗炉

2.2.2　加热方法

1. 直接加热

在较高温度下不分解的溶液或纯液体可装在烧坏、烧瓶中，放在石棉网上加热。直接加热玻璃器皿很少被采用，因为玻璃对于剧烈的温度变化和这种不均匀的加热是不稳定的。由于局部过热，可能引起化合物的部分分解。此外，从安全的角度来看，许多有机化合物能燃烧甚至爆炸，应该避免用火焰直接接触被加热的物质。可根据物料及反应特性采用适当的间接加热方法。

2. 水　浴

当所加热温度在 100 ℃ 以下时，可将容器浸入水浴中，使用水浴加热。但是，必须强调指出，当用到金属钾或钠的操作时，决不能在水浴上进行。使用水浴时，热浴液面应略高于容器中的液面，勿使容器底触及水浴锅底。控制温度稳定在所需范围内。若长时间加热，水浴中的水会汽化蒸发，适当时要添加热水，或者在水面上加几片石蜡，石蜡受热熔化铺在水面上，可减少水的蒸发。

如果加热温度稍高于 100 ℃，则可选用适当无机盐类的饱和溶液作为热浴液，它们的沸点列于表 2-1。

表 2-1　某些无机盐饱和浴液的沸点

盐　　类	饱和水溶液的沸点/℃
NaCl	109
$MgSO_4$	108
KNO_3	116
$CaCl_2$	180

3. 油　浴

加热温度在 100 ~ 250 ℃ 可用油浴，也常用电热套加热。油浴所能达到的最高温度取决于所用油的种类。

（1）甘油可以加热到 140 ~ 150 ℃，温度过高时则会分解。甘油吸水性强，放置过久的甘油，使用前应首先加热蒸去所吸的水分，再用于油浴。

（2）甘油和邻苯二甲酸二丁酯的混合液可以加热到 140 ~ 180 ℃，温度过高则分解。

（3）植物油如菜油、蓖麻油和花生油等，可以加热到 220 ℃。若在植物油中加入 1% 的对苯二酚，可增加油在受热时的稳定性。

（4）液体石蜡可加热到 220 ℃，温度稍高虽不易分解，但易燃烧。

（5）固体石蜡也可加热到 220 ℃ 以上，其优点是室温下为固体，便于保存。

（6）硅油在 250 ℃ 时仍较稳定，透明度好，安全，是目前实验室中较为常用的油浴介质之一。

用油浴加热时，要在油浴中装置温度计（温度计感温头如水银球等，不应触及油浴锅底），以便随时观察和调节温度。加热完毕取出反应容器时，仍用铁夹夹住反应容器，离开液面悬置片刻，待容器壁上附着的油滴完后，用纸或干布拭干。

油浴所用的油中不能溅入水，否则加热时会产生泡珠或爆溅。使用油浴时，要特别注意防止油蒸气污染环境和引起火灾。为此，可用一块中间有圆孔的石棉板覆盖油锅。

4. 空气浴

空气浴就是让热源把局部空气加热，空气再把热能传导给反应容器。

电热套加热就是简便的空气浴加热，能从室温加热到 200 ℃ 左右。安装电热套时，要使反应瓶外壁与电热套内壁保持 2 cm 左右的距离，以便利用热空气传热和防止局部过热等。

5. 沙　浴

加热温度达 200 ℃ 以上时，往往使用沙浴。

将清洁干燥的细沙平铺在铁盘上，把盛有被加热物料的容器埋在沙中，加热铁盘。由于沙对热的传导能力较差而散热却较快，所以容器底部与沙浴接触处的沙层要薄些，以便于受热。由于沙浴温度上升较慢，且不易控制，因而使用不广。

除了以上介绍的几种加热方法外，还可用熔盐浴、金属浴（合金浴）、电热法等更多的加热方法，以适于实验的需要。无论用何种方法加热，都要求加热均匀而稳定，尽量减少热损失。

2.2.3　冷却方法

有时反应会产生大量的热，它使反应温度迅速升高，如果控制不当，可能引起副反应。反应热还会使反应物蒸发，甚至会发生冲料和爆炸事故。因此，要把温度控制在一定范围内，就要进行适当的冷却。有时为了降低溶质在溶剂中的溶解度或加速结晶析出，也要采用冷却的方法。常见的冷却方法如下。

1. 冰水冷却

可使冷水在容器外壁流动，或把反应器浸在冷水中，交换走热量。也可用水和碎冰的混合物作冷却剂，其冷却效果比单用冰块好，可冷却至 0 ~ – 5 ℃。进行时，也可把碎冰直接投入反应器中，以更有效地保持低温。

2. 冰盐冷却

要在 0 ℃ 以下进行操作时，常用按不同比例混合的碎冰和无机盐作为冷却剂。可把盐研细，把冰砸碎成小块（或用冰片花），使盐均匀包在冰块上。冰-食盐混合物（质量比 3∶1），可冷至 – 5 ~ – 18 ℃，其他盐类的冰-盐混合物的质量分数及冷却温度列于表 2-2。

表 2-2 冰盐混合物的质量分数及冷却温度

盐 名 称	盐的质量/g	冰的质量/g	温度/℃
六水氯化钙	100	246	– 9
	100	123	– 21.5
	100	70	– 55
	100	81	– 40.3
硝酸铵	45	100	– 16.8
硝酸钠	50	100	– 17.8
溴化钠	66	100	– 28

3. 干冰或干冰与有机溶剂混合冷却

干冰（固体的二氧化碳）和乙醇、异丙醇、丙酮、乙醚或氯仿混合，可冷却到 – 50 ~ – 100 ℃。使用时应将这种冷却剂放在杜瓦瓶（广口保温瓶）中或其他绝热效果好的容器中，以保持其冷却效果。

4. 液氮冷却

液氮可冷至 – 196 ℃（77 K），用有机溶剂可以调节所需的低温浴浆。一些可做低温恒温浴的化合物列于表 2-3。

表 2-3 可做低温恒温浴的化合物

化 合 物	冷浆浴温度/℃
乙酸乙酯	– 83.6
丙二酸乙酯	– 51.5
对异戊烷	– 160.0
乙酸甲酯	– 98.0
乙酸乙烯酯	– 100.2
乙酸正丁酯	– 77.0

液氮和干冰是两种方便而又廉价的冷冻剂，这种低温恒温冷浆浴的制法是：在一个清

洁的杜瓦瓶中注入纯的液体化合物，其用量不超过容积的 3/4，在良好的通风橱中缓慢地加入新取的液氮，并用一支结实的搅拌棒迅速搅拌，最后制得的冷浆稠度应类似于黏稠的麦芽糖的稠度。

5. 低温浴槽

低温浴槽是一个小冰箱，冰室口向上，蒸发面用筒状不锈钢槽代替，内装酒精，外设压缩机，循环氟利昂制冷。压缩机产生的热量可用水冷或风冷散去。可装外循环泵，使冷酒精与冷凝器连接循环。还可装温度计等指示器。反应瓶浸在酒精液体中。适于 $-30 \sim 30\ ^\circ C$ 的反应使用。

注意：温度低于 $-38\ ^\circ C$ 时，水银会凝固，因此不能用水银温度计。对于较低的温度，应采用添加少许颜料的有机溶剂（酒精、甲苯、正戊烷）温度计。

2.3 干燥与干燥剂

干燥是常用的除去固体、液体或气体中少量水分或少量有机溶剂的方法。如在进行定性或定量分析以及测试物理常数时，往往要求预先干燥，否则测定结果不准确。可见，在无机及分析化学实验中，试剂的干燥具有重要的意义。

干燥方法可分为物理方法和化学方法两种。物理方法中有烘干、晾干、吸附、分馏、共沸蒸馏和冷冻等。近年来，还常用离子交换树脂和分子筛等方法进行干燥。离子交换树脂是一种不溶于水、酸、碱和有机溶剂的高分子聚合物。分子筛是含水硅铝酸盐的晶体。化学方法采用干燥剂来除水。根据除水作用原理又可分为以下两种情况。一是干燥剂能与水可逆地结合，生成水合物；二是干燥剂能与水发生不可逆的化学变化，生成新的化合物。例如：

$$CaCl_2 + nH_2O \rightleftharpoons CaCl_2 \cdot nH_2O$$

$$2Na + 2H_2O \longrightarrow 2NaOH + H_2 \uparrow$$

使用干燥剂时要注意以下几点：①当干燥剂与水的反应为可逆反应时，反应达到平衡需要一定时间。因此，加入干燥剂后，一般最少 2 h 或更长的时间后才能达到较好的干燥效果。因反应可逆，不能将水完全除尽，故干燥剂的加入量要适当。当温度升高时，这种可逆反应的平衡向脱水方向移动，所以在蒸馏前，必须将干燥剂滤除，否则被除去的水将返回液体中。另外，若把盐倒（或留）在蒸馏瓶底，受热时会发生迸溅。②干燥剂与水发生不可逆反应的，使用这类干燥剂在蒸馏前不必滤除。③干燥剂只适用于干燥少量水分。若水的含量大，干燥效果不好。为此，萃取时应尽量将水层分净，这样干燥效果好，而且产物损失少。

2.3.1 液体的干燥

1. 干燥剂的选择

常用干燥剂的种类很多，选用时必须注意以下几点。

（1）干燥剂应不与被干燥的液体发生化学反应，包括络合、缔合和催化等作用，如酸性化合物不能用碱性干燥剂等。

（2）干燥剂应不溶于该液态化合物中。

（3）当选用与水结合生成水合物的干燥剂时，必须考虑干燥剂的吸水容量和干燥效能。干燥效能是指达到平衡时液体被干燥的程度。对于形成水合物的无机盐干燥剂，常用吸水后结晶水的蒸气压来表示干燥效能。如硫酸钠形成 10 个结晶水，蒸气压为 260 Pa；氯化钙最多能形成 6 个水的水合物，其吸水容量为 0.97，在 25 ℃ 时水蒸气压力为 39 Pa。因此硫酸钠的吸水容量较大，但干燥效能弱；而氯化钙吸水容量较小，但干燥效能强。在干燥含水量较大而又不易干燥的化合物时，常先用吸水容量较大的干燥剂除去大部分水，再用干燥效能强的干燥剂进行干燥。

2. 干燥剂的用量

根据水在液体中的溶解度和干燥剂的吸水量，可算出干燥剂的最低用量。但是，干燥剂的实际用量是大大超过计算量的。一般干燥剂的用量为每 10 mL 液体需 0.5～1 g 干燥剂。但在实际操作中，主要是通过现场观察判断。

（1）观察被干燥液体

干燥前，液体呈浑浊状，经干燥后变成澄清，这可简单地作为水分基本除去的标志，例如，在环己烯中加入无水氯化钙进行干燥，未加干燥剂之前，由于环己烯中含有水，环己烯不溶于水，溶液处于浑浊状态。当加入干燥剂吸水之后，环己烯呈清澈透明状，即表明干燥合格。否则应补加适量干燥剂继续干燥。

（2）观察干燥剂

例如，用无水氯化钙干燥乙醚时，乙醚中的水除净与否，溶液总是呈清澈透明状，如何判断干燥剂用量是否合适，则应看干燥剂的状态。加入干燥剂后，因其吸水变黏，粘在器壁上，摇动不易旋转，表明干燥剂用量不够，应适量补加无水氯化钙，直到新加的干燥剂不结块、不粘壁，干燥剂棱角分明，摇动时旋转并悬浮（尤其 $MgSO_4$ 等小晶粒干燥剂），表示所加干燥剂用量合适。

由于干燥剂还能吸收一部分液体，影响产品收率，故干燥剂用量应适中。加入少量干燥剂后静置一段时间，观察用量不足时再补加。

3. 干燥时的温度

对于生成水合物的干燥剂，加热虽可加快干燥速度，但远远不如水合物放出水的速度快，因此，干燥通常在室温下进行。

4. 液体干燥的操作步骤与要点

（1）首先把被干燥液中水分尽可能除净，不应有任何可见的水层或悬浮水珠。

（2）把待干燥的液体放入锥形瓶中，取颗粒大小合适（如无水氯化钙，应为黄豆粒大小并不夹带粉末）的干燥剂，放入液体中，用塞子盖住瓶口，轻轻振摇，经常观察，判断干燥剂是否足量，静置（半小时，最好过夜）。

（3）把干燥好的液体滤入蒸馏瓶中，然后进行蒸馏。

5. 常用干燥剂的种类及其性能

各类化合物常用的干燥剂及其性能分别列于表 2-4 和表 2-5。

表 2-4　各类化合物常用的干燥剂

化 合 物 类 型	干 燥 剂
烃	$CaCl_2$，Na，P_2O_5
卤代烃	$CaCl_2$，$MgSO_4$，Na_2SO_4，P_2O_5
醇	K_2CO_3，$MgSO_4$，CaO，Na_2SO_4
醚	$CaCl_2$，Na，P_2O_5
醛	$MgSO_4$，Na_2SO_4
酮	K_2CO_3，$CaCl_2$，$MgSO_4$，Na_2SO_4
酸、酚	$MgSO_4$，Na_2SO_4
酯	$MgSO_4$，Na_2SO_4，K_2CO_3
胺	KOH，$NaOH$，K_2CO_3，CaO
硝基化合物	$CaCl_2$，$MgSO_4$，Na_2SO_4

表 2-5　常用干燥剂的性能与应用范围

干燥剂	吸水作用	吸水作用性质及适用范围	不适用范围	说　明
氯化钙	$CaCl_2 \cdot nH_2O$（$n=1$，2，4，6）（30 ℃ 以上易失水）	中性。烃、卤代烃、烯烃、丙酮、醚和中性气体	与醇、氨、酚、氨基酸、酰胺、酮及某些醛和酯结合，不能用	吸水量大，作用快，效率中等，是良好的初步干燥剂，廉价，含有碱性杂质氢氧化钙
硫酸钠	$Na_2SO_4 \cdot 10H_2O$（38 ℃ 以上失水）	中性。可代替 $CaCl_2$ 并可用于干燥醇、酯、醛、腈、酰胺等不能用 $CaCl_2$ 干燥的化合物		吸水量大，作用慢，效率低，一般用于有机液体的初步干燥
硫酸镁	$MgSO_4 \cdot nH_2O$（$n=1$，2，4，5，6，7）（48 ℃ 以上失水）	中性。应用范围广，干燥范围同硫酸钠		比硫酸钠作用快，效率高
硫酸钙	$2CaSO_4 \cdot H_2O$（80 ℃ 以上失水）	中性。烷、芳烃、醚、醇、醛、酮等		吸水量小，作用快，效率高，可经初步干燥后再用
氢氧化钠（钾）	溶于水（吸湿性强）	强碱性。胺、杂环等碱性化合物（氨、胺、醚、烃）	醇、酯、醛、酮、酚、酸性化合物	快速有效
碳酸钾	$2K_2CO_3 \cdot H_2O$（有吸湿性）	弱碱性。醇、酮、酯、胺及杂环等碱性化合物	酸、酚及其他酸性化合物	作用慢

干燥剂	吸水作用	吸水作用性质及适用范围	不适用范围	说　明
金属钠	H_2+NaOH（忌水，遇水会燃烧并爆炸）	（强）碱性。限于干燥醚、烃、叔胺中的痕量水分	碱土金属及对碱敏感物、氯代烃(有爆炸危险)、醇及其他有反应之物	效率高，作用慢，需经初步干燥后才可用。干燥后需蒸馏。不能用于干燥器中
氧化钙氧化钡	$Ca(OH)_2$，$Ba(OH)_2$（热稳定、不挥发）	碱性。低级醇类、胺	酸类和酯类	效率高，作用慢，干燥后可直接蒸馏
五氧化二磷	H_3PO_4（吸湿性很强）	酸性。烃、卤代烃、醚、腈中的痕量水分，中性或酸性气体，如乙炔、二硫化碳	醇、酸、胺、酮、HCl，HF	吸水效率高，干燥后需蒸馏。因吸水后表面被粘浆物覆盖，操作不便
硫酸	$H_3^+OHSO_4^-$	强酸性。中性及酸性气体（用于干燥器和洗气瓶中）	烯、醚、醇、酮、弱碱性物质，H_2S、HI	脱水效率高
硅胶	—	用于干燥器中	HF	吸收残余溶剂
分子筛	物理吸附，仅允许水或其他小分子（如氨）进入	流动气体（温度可高于100 ℃）、有机溶剂（用于干燥器中）、各类有机化合物	不饱和烃	快速、高效，经初步干燥后再用。可在常压或减压下300～320 ℃加热脱水活化

2.3.2　固体的干燥

从重结晶得到的固体常带有少量低沸点溶剂，如水、乙醚、乙醇、丙酮、苯等。由于固体化合物的挥发性比溶剂小，所以采取蒸发和吸附的方法来达到干燥的目的。常用干燥法如下。

（1）晾干。

（2）烘干。烘干的方法主要又分两种，一是用恒温烘箱烘干或用恒温真空干燥箱烘干，二是用红外灯烘干。

（3）冻干。

（4）用滤纸吸干。若遇难抽干溶剂时，把固体从布氏漏斗中转移到滤纸上，上下均放2～3层滤纸，挤压，使溶剂被滤纸吸干。

（5）干燥器干燥。对易吸湿，或在较高温度干燥时会分解或变色的固体化合物，可用干燥器干燥。干燥器有普通干燥器、真空干燥器（见图2-10）和真空恒温干燥器三种（见图2-11）。

图 2-10　真空干燥器

图 2-11　真空恒温干燥器

2.3.3　气体的干燥

在化学实验中常用气体有 N_2、O_2、H_2、Cl_2、NH_3、CO_2，有时要求气体中含很少或几乎不含 CO_2、H_2O 等，就需要对上述气体进行干燥。

干燥气体常用仪器有干燥管、干燥塔、U 形管、各种洗气瓶（常用来盛液体干燥剂）等。常用气体干燥剂列于表 2-6。

表 2-6　常用气体干燥剂

干　燥　剂	可干燥气体
CaO、碱石灰、NaOH、KOH	NH_3
无水 $CaCl_2$	H_2、HCl、CO_2、CO、SO_2、N_2、O_2、低级烷烃、醚、烯烃、卤代烃
P_2O_5	H_2、N_2、O_2、CO_2、SO_2、烷烃、乙烯
浓 H_2SO_4	H_2、N_2、HCl、CO_2、Cl_2、烷烃
$CaBr_2$、$ZnBr_2$	HBr

2.4　搅拌与搅拌器

搅拌是化学实验常用的基本操作。搅拌的目的是使反应物混合更均匀，反应体系的热量容易散发和传导，使反应体系的温度更加均匀，从而有利于反应的进行，特别是非均相反应，搅拌是必不可少的操作。

搅拌的方法有三种：人工搅拌、机械搅拌和磁力搅拌。简单的、反应时间不长的，而且反应体系中放出的气体是无毒的制备实验可以用人工搅拌。比较复杂的、反应时间较长的，或者反应体系中放出的气体是有毒的制备实验则要用机械搅拌和磁力搅拌。

机械搅拌主要包括三个部分：电动机、搅拌棒和搅拌密封装置。电动机是动力部分，固定在支架上。搅拌棒与电动机相连，当接通电源后，电动机就带动搅拌棒转动而进行搅拌。搅拌密封装置是搅拌棒与反应器连接的装置，它可以防止反应器中的蒸气外逸。搅拌的效率很大程度上取决于搅拌棒的结构，图 2-12 介绍的各式搅拌棒是利用粗玻璃制成的。

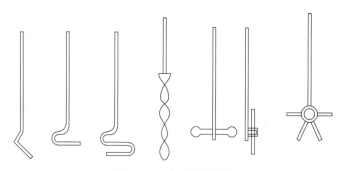

图 2-12 各式搅拌棒

根据反应器的大小、形状，瓶口的大小及反应条件的要求，搅拌棒可以有各种样式，图 2-12 中前三种较易制作，后四种搅拌效果较好。

实验室用的搅拌密封装置一般可以采用简易密封装置，其制作的方法是：在选择好的塞子中央打一个孔，孔道必须垂直，插入一根长 6~7 cm、内径较搅拌棒稍粗的玻璃管，使搅拌棒可以在玻璃管内自由地转动。把橡皮管套于玻璃管的上端，然后，由玻璃管的下端插入已制好的搅拌棒。这样，橡皮管的上端松松地裹住搅拌棒，棒的搅拌部分接近反应釜的底部，但不能相碰。在橡皮管和搅拌棒之间滴入少许甘油起润滑和密封作用。搅拌密封装置有商品供应。

搅拌密封装置还有油密封器（用石蜡油或甘油作为填充液）和水银密封器（用水银作为填充液，适当地加一些石蜡油或甘油，避免在快速搅拌下水银溅出及蒸发），由于水银有毒，尽量少用。

恒温磁力搅拌器，可用于液体恒温搅拌，使用方便，噪声小，搅拌力也较强，调速平稳，温度采用电子自动恒温控制。几种常见的恒温磁力搅拌器列于图 2-13。

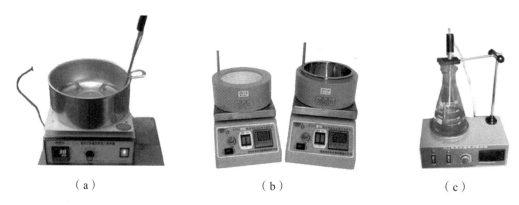

（a）　　　　　　　　　（b）　　　　　　　　　（c）

图 2-13　恒温磁力搅拌器

2.5　塞子的钻孔和简单玻璃加工操作

在化学实验中特别是制备实验中，如果不是使用标准接口玻璃仪器，而是使用普通玻璃仪器，常常要用到不同规格和形状的玻璃管和塞子等配件，才能将各种玻璃仪器正确地装配起来。因此，掌握玻璃管的加工和塞子的选用及钻孔的方法，是进行化学实验必不可少的基本操作。

2.5.1 塞子的钻孔

化学实验室常用的塞子有玻璃磨口塞、橡胶塞、塑料塞和软木塞。玻璃磨口塞能与带有磨口的瓶口很好地密合，密封性好。但不同瓶子的磨口塞不能任意调换，否则不能很好密合。使用前最好用塑料绳将瓶塞与瓶体系好。这种瓶子不适于装碱性物质。不用时洗净后应在塞子与瓶口之间夹一张纸条，防止久置后塞子与瓶口粘住打不开。橡胶塞可以把瓶子塞得很严密，并且可以耐强碱性物质的侵蚀，但它易被酸、氧化剂和某些有机物质（如汽油、苯、丙酮、二硫化碳等）侵蚀。软木塞不易与有机物质作用，但易被酸碱所侵蚀。

化学实验装配仪器时多用橡皮塞。在塞子内需要插入玻璃管或温度计时，必须在塞子上钻孔。钻孔的工具是钻孔器（见图2-14）。它是一组直径不同的金属管，一端有柄，另一端很锋利，可用来钻孔。另外还有一根带圆头的铁条，用来捅出钻孔时嵌入钻孔器中的橡胶。

钻孔的步骤如下。

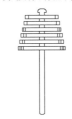

图 2-14　钻孔器

1. 塞子大小的选择

塞子的大小应与仪器的口径相适合，塞子进入瓶颈或管颈部分不能少于塞子本身高度的1/2，也不能多于2/3，如图2-15所示。

（a）不正确　　　　（b）正确　　　　（c）不正确

图 2-15　塞子的选择

2. 钻孔器的选择

选择一个比要插入橡胶塞的玻璃口径略粗的钻孔器，因为橡胶有弹性，孔道钻成后会收缩，使孔径变小。对于软木塞，应选用比管径稍小的钻孔器，因为软木质软而疏松，导管可稍用力挤插进去从而保持严密。

3. 钻孔的方法

软木塞使用前要放在木塞压榨器中把它压软压紧。木塞压榨器有虎型和回转型两种，见图2-16。使用虎型压榨器时，左手执塞子，右手按器柄，把木塞小端的一半放在压榨器的凹槽里，按下器柄，轻轻地把它压紧，边压边转动木塞，到塞子又软又紧为止。使用回转型压榨器时，把木塞放在固定的半圆体中，而把器柄上下按动，使塞子由槽的宽阔处滚到狭窄处，把木塞压软压紧。

软木塞和橡胶塞钻孔的方法完全一样。如图2-17所示，将塞子小的一端朝上，平放在桌面上的一块木板上（避免钻坏桌面），左手持塞，右手握住钻孔器的柄，并在钻孔器前端涂点甘油或水，将钻孔器按在选定的位置，以顺时针方向，一面旋转，一面用力向下压。钻孔器要垂直于塞子的面，不能左右摆动，更不能倾斜，以免把孔钻斜。钻至超过塞子高度 2/3 时，以反时针方向一面旋转，一面向上拉，拔出钻孔器。

图 2-16　压榨器

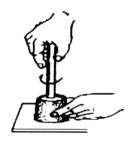

图 2-17　钻孔方法

按同样的方法从塞子大的一端钻孔，注意对准小的那端的孔位。直到钻通为止。拔出钻孔器，捅出钻孔器内嵌入的橡胶。

钻孔后，检查孔道是否合用，如果玻璃管可以毫不费力地插入圆塞孔，说明塞孔太大，塞孔和玻璃管之间不够严密，塞子不能使用；若塞孔稍小或不光滑，可用圆锉修整。

4．玻璃管插入橡胶塞的方法

用甘油或水把玻璃管的前端润湿后，按图 2-18 所示，先用布包住玻璃管，然后手握玻璃管的前半部，把玻璃管慢慢旋入塞孔内合适的位置。

注意：如果用力过猛或者手离橡胶塞太远，都可能把玻璃管折断，刺伤手掌。

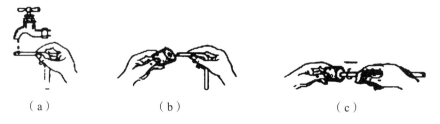

（a）　　　　　　　　（b）　　　　　　　　（c）

图 2-18　导管与塞子的连接

2.5.2　玻璃管的简单加工

需要加工的玻璃管（棒）应首先洗净和干燥。玻璃管内的灰尘可用水冲洗，如果玻璃管较粗，可以用两端系有绳的布条通过玻璃管来回拉动，将管内的脏物除去。制备熔点管的毛细管和薄板层析点样的毛细管，在拉制前均应用铬酸洗液浸泡，再用水洗净，经烘干后才能加工。

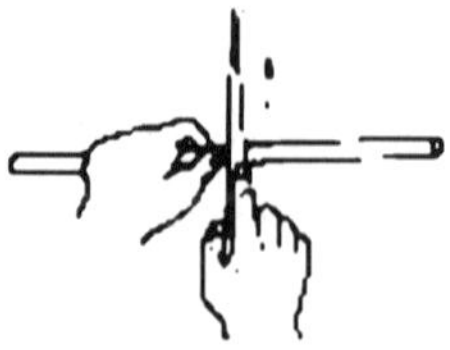

1．截割和熔烧玻璃管

第一步，锉痕（见图 2-19）。向前划痕，不能往复锯。

第二步，截断（见图 2-20）。拇指齐放在划痕的背后向前

图 2-19　玻璃管的锉割

推压，同时食指向外拉。

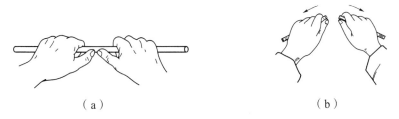

（a） （b）

图 2-20　玻璃管的截断

第三步，熔光（见图 2-21）。前后移动并不停转动，熔光截面。

图 2-21　熔烧玻璃管的断截面

2. 弯曲玻璃管

第一步，烧管（见图 2-22）。加热时均匀转动玻璃管，左右移动用力匀称，稍向中间渐推。

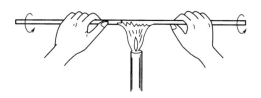

图 2-22　加热玻璃管

第二步，弯管。弯管有两种方法，一是吹气法（见图 2-23），用棉球堵住一端，掌握火候，取离火焰，迅速弯管。二是不吹气法（见图 2-24），掌握火候，取离火焰，用 "V" 字形手法，弯好后冷却变硬再撒手（弯小角管时可多次弯成，如图先弯成 M 部位的形状，再弯成 N 部位的形状）。

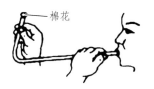

棉花

图 2-23　弯管方法（吹气）

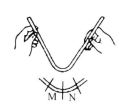

M N

图 2-24　弯管方法（不吹气）

弯管好坏的比较和分析如图 2-25 所示。

（a）里外均匀平滑　　（b）里外扁平　　　（c）里面扁平　　　（d）中间细
（正确）　　　（加热温度不够）　　（弯时吹气不够）　　（烧时两手外拉）

图 2-25　弯管好坏的比较和分析

3. 制备滴管（拉制玻璃管）

第一步，烧管。同上，但烧的时间长一些，玻璃软化程度大一些。

第二步，拉管（见图 2-26）。边旋转，边拉动，控制温度，使狭部至所需粗细。

拉管好坏比较如图 2-27 所示。

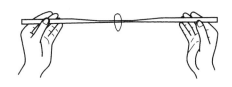

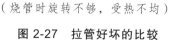

（a）良好　　　　　（b）不好
（烧管时旋转不够，受热不均）

图 2-26　拉管手法　　　　　　**图 2-27　拉管好坏的比较**

第三步，扩口（制滴管，见图 2-28）。管口灼烧至红热后，
用金属锉刀柄斜放管口内迅速而均匀旋转。

4. 拉毛细管

图 2-28　扩口

基本同制滴管步骤，但要注意：一是在烧管时，管稍稍变
软，两手轻轻向里挤，以加厚烧软处的管壁；二是当烧到很软时，才离开火焰，趁热边转
边拉。

2.6　固液分离

2.6.1　溶　解

用溶剂溶解试样，加入溶剂时应先把装有试样的烧杯适当倾斜，然后把量筒嘴靠近烧
杯壁，让溶剂慢慢顺着杯壁流入；或通过玻璃棒使溶剂沿玻璃棒慢慢流入，以防杯内溶液
溅出而损失。溶剂加入后，用玻璃棒搅拌，使试样完全溶解。对溶解时会产生气体的试样，
则应先用少量水将其润湿成糊状，用表面皿将烧杯盖好，然后再用滴管将溶剂自杯嘴逐滴
加入，以防生成的气体将粉状的试样带出。对于需要加热溶解的试样，应注意控制加热温
度和时间，加热时要盖上表面皿，防止溶液剧烈沸腾和迸溅。如需长时间加热，应防止将
溶剂蒸干，因为许多物质脱水后很难再溶解。加热后要用蒸馏水冲洗表面皿和烧杯内壁，
冲洗时也应使水顺杯壁流下。

2.6.2　蒸 发、浓 缩

当要将物质从稀溶液中析出晶体时，需要进行蒸发、浓缩、结晶的操作。将稀溶液放入蒸发皿中，缓缓加热并不断搅拌，溶液中的水分便不断蒸发，溶液不断浓缩，当蒸发至一定程度后，放置冷却即可析出晶体。溶液浓缩的程度与被结晶物质的溶解度大小及溶解度随温度的变化情况等因素有关。若被结晶物质的溶解度较小或随温度变化较大，则蒸发至出现晶膜即可。若被结晶物质的溶解度随温度变化不大，则蒸发至稀粥状后再冷却。若希望得到大颗粒的晶体，则不宜蒸发得太浓，蒸发浓缩的时间要短些，蒸发得要稀一些。

在实验室中，蒸发、浓缩的过程是在蒸发皿中完成的，蒸发皿中所盛放的溶液量不可超过其容积的 2/3。一般当物质的热稳定性较好时，可将蒸发皿直接放在石棉网上加热蒸发，否则需用水浴间接加热蒸发。

2.6.3　结 晶

结晶是晶体从溶液中析出的过程。晶体析出的颗粒大小和结晶的条件有关，溶液浓缩得较浓、溶解度随温度变化较大、冷却速度快、搅拌溶液，会使晶体的颗粒细小；反之，则可使晶体长成较大的颗粒。

结晶颗粒的大小也与晶体的纯度有关。若晶体颗粒太小且大小均匀，易形成糊状物，夹带母液较多，不易洗净，影响纯度。缓慢长成的大晶体，在生长过程中也易包裹母液，影响纯度。因此，粒度适中、均匀的结晶体纯度才高。

2.6.4　过 滤

常用的过滤方法有常压过滤（普通过滤）、减压过滤（抽滤）和热过滤。

1. 常压过滤

在常压下用普通漏斗过滤，适用于过滤胶体沉淀或细小的晶体沉淀，过滤速度比较慢。

（1）选择滤纸和漏斗

滤纸按孔隙大小分为"快速""中速"和"慢速"滤纸 3 种；按直径大小分为 7 cm、9 cm、11 cm 等几种。应根据沉淀的性质选择滤纸的类型，细晶形沉淀选用"慢速"滤纸过滤；粗晶形沉淀选用"中速"滤纸过滤；胶状沉淀需选用"快速"滤纸过滤。根据沉淀量的多少选择滤纸大小，一般要求沉淀的高度不得超过滤纸锥体高度的 1/3。滤纸的大小也应与漏斗的大小相适应，一般滤纸上沿应低于漏斗上沿约 1 cm。漏斗一般选长颈（颈长 15～20 cm）的，漏斗锥体角度应为 60°，颈的直径要小些（通常是 3～5 mm），以便在颈内容易保留液柱，这样才能因液柱的重力而产生抽滤作用，过滤才能迅速。在整个过滤过程中，漏斗颈内能否保持液柱，不仅与漏斗的选择有关，还与滤纸的折叠、滤纸是否贴紧在漏斗内壁上、漏斗内壁是否洗净、过滤操作是否正确等因素有关。

（2）滤纸的折叠和安放

用干净的手将滤纸对折，然后再对折，展开后成 60° 角的圆锥体，一边为一层，另一边为三层（见图 2-29）。为保证滤纸与漏斗密合，第二次对折不要折死，如果滤纸放入漏斗后上边缘不十分密合，可以稍微改变滤纸的折叠角度，直到与漏斗密合，此时可把第二次的折边折死。

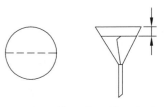

图 2-29　滤纸的折叠及安放

为了使滤纸和漏斗内壁贴紧而无气泡，常把滤纸三层处的外面两层折角处撕下一角，此小块滤纸保存在洁净干燥的表面皿上，以备擦拭烧杯中的沉淀用。滤纸上沿应在漏斗边缘下约 1 cm 处。滤纸放好后，用手按住滤纸三层的一边，从洗瓶吹出少量去离子水润湿滤纸，轻压滤纸，赶出气泡，使滤纸锥体上部与漏斗壁刚好贴合。加去离子水至滤纸边缘，漏斗颈内应全部充满水，形成水柱。形成水柱的漏斗，可借水柱的重力抽吸漏斗内的液体，使过滤速度加快。如漏斗颈内没有形成水柱，可用手指堵住漏斗下口，把滤纸的一边稍掀起，用洗瓶向滤纸与漏斗之间的空隙里加水，使漏斗颈和锥体的大部分被水充满，然后压紧滤纸边，松开堵住下口的手指，水柱即可形成。

（3）过滤装置

把洁净的漏斗放在漏斗架上，下面放一洁净的烧杯承接滤液。应使漏斗颈口斜面长的一边紧贴杯壁，这样滤液可沿杯壁流下，不致溅出。漏斗放置的高度应以其颈的出口不触及烧杯中的滤液为宜。

（4）过滤

一般采用倾斜法过滤，待沉淀沉降后，将上层清液先倒入漏斗中，沉淀尽可能留在烧杯中。溶液应沿着玻璃棒流入漏斗中，玻璃棒的下端对准三层滤纸处，但不要接触滤纸。一次倾入的溶液一般最多充满滤纸的 2/3，以免少量沉淀因毛细作用越过上层滤纸造成损失（见图 2-30、图 2-31）。

（a）沉淀的转移　（b）沉淀的洗涤　（c）沉淀集中到滤纸底部

图 2-30　沉淀的过滤　　　图 2-31　沉淀的转移和洗涤

2. 减压过滤

减压过滤简称抽滤。减压可以加速过滤，还可以把沉淀抽吸得比较干燥。但是胶态沉淀在过滤速度很快时会透过滤纸，颗粒很细的沉淀会因减压抽吸而在滤纸上形成一层密实的沉淀，使溶液不易透过，反而达不到加速的目的，故不宜用减压过滤法。

减压过滤的原理是利用抽气泵抽出抽滤瓶内的气体，造成抽滤瓶内的压力减小，使布氏漏斗上方与瓶内产生压力差，因而加快了过滤速度（图 2-32）。抽气泵与抽滤瓶之间装一个安全瓶，防止关闭抽气泵后，由于抽滤瓶内压力低于外界压力而使抽气泵中的水倒吸，沾污滤液。布氏漏斗管插入单孔橡胶塞内，与抽滤瓶相连接，注意漏斗管下方的斜口应对着抽滤瓶的支管口。

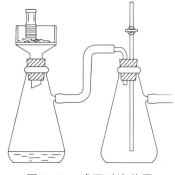

图 2-32　减压过滤装置

减压过滤操作步骤如下。

（1）铺滤纸。如图 2-32 所示，安装好仪器后，剪一张比布氏漏斗内径略小的滤纸，滤纸应能全部覆盖布氏漏斗上的小孔。用少量蒸馏水润湿滤纸，打开抽气泵，关闭安全瓶活塞，抽气使滤纸紧贴在漏斗的瓷板上。

（2）过滤。用倾斜法将上层清液沿玻璃棒倒入漏斗，每次倒入量不应超过漏斗容量的 2/3，然后打开抽气泵，待上层清液滤下后，再转移沉淀。最后，用少量滤液将黏附在容器壁上的沉淀洗出，继续抽气，并用玻璃钉挤压晶体，直到沉淀被吸干为止。注意抽滤瓶中的滤液不应超过吸气口。

（3）过滤完毕，先慢慢打开安全瓶上的活塞，再关抽气泵，以防止倒吸。

（4）洗涤沉淀。将少量冷溶剂均匀地滴在滤饼上，用玻璃棒轻轻翻动晶体，使全部结晶刚好被溶剂浸润，等待 30～60 s，打开水泵，关闭安全瓶活塞，抽去溶剂，重复操作两次，就可把滤饼洗净。

（5）取出沉淀和滤液。把漏斗取下，倒放在滤纸或容器中，在漏斗的边缘轻轻敲打或用洗耳球从漏斗管口处往里吹气，滤纸和沉淀即可脱离漏斗。滤液应从抽滤瓶的上口倒入洁净的容器中，不可从侧面的支管倒出，以免滤液被污染。

如果过滤的溶液具有强酸性或强氧化性，溶液会破坏滤纸，此时可用玻璃砂漏斗。玻璃砂漏斗也称为垂熔漏斗或砂芯漏斗，它是一种耐酸的过滤器，不能过滤强碱性溶液，过滤强碱性溶液时用玻璃纤维代替滤纸。

3. 热过滤

某些物质在溶液温度降低时，溶解度减小，易形成晶体从溶液中析出。为了滤除这类溶液中所含的其他难溶性杂质，通常使用热滤漏斗进行过滤，防止溶质结晶析出。过滤时，把玻璃漏斗放在铜质的热滤漏斗内，热滤漏斗内装有热水（水不要装太满，以免加热至沸后溢出），以维持溶液的温度（见图 2-33）。也可以事先把玻璃漏斗在水浴上用蒸气加热后再使用。热过滤选用的玻璃漏斗要求颈短而粗或无颈，以免过滤时溶液在漏斗颈内停留过久，因散热降温析出晶体而发生堵塞。

图 2-33　热水漏斗过滤装置

2.7 天平与称量

准确称量物体的质量是化学实验中最基本的操作之一。由于不同实验对物体质量称量的准确度要求不一样，因此进行实验时就需要选用不同精确度的称量仪器。常用的有托盘天平、电光天平和电子天平。

2.7.1 托盘天平

托盘天平又叫台秤（见图 2-34），是化学实验室常用的称量仪器。一般能称准至 0.1 g，可用于对称量精确度要求不高的实验。

称量前要先调节横梁上的平衡螺丝，使指针指零。称量时，应把被称量物品放在左盘，砝码（只能用镊子夹取，不能用手拿）放在右盘。添加 10 g以下的砝码时，可移动标尺上的游码。当指针最后的停点与零点相符时，砝码加游码的质量就是被称量物的质量。

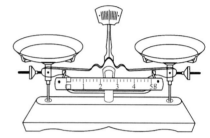

图 2-34　托盘天平

称量时应注意以下几点。

（1）称量的固体物品要放在表面皿中或蜡光纸上，不能直接放在托盘上，较湿的或具有腐蚀性的药品，应放在玻璃容器内；

（2）不能称量过冷或过热的物品；

（3）称量完毕，应把砝码放回砝码盒，把游码移至刻度"0"处，两盘放在同一边。

2.7.2 等臂（双盘）半机械加码电光分析天平

在许多分析化学实验中，往往需要准确称量物体质量到 0.1 mg，这就需要选用精确度高的分析天平。常用的分析天平有半自动电光天平、全自动电光天平、单盘电光天平和电子天平。这里重点介绍等臂（双盘）半机械加码电光分析天平和电子天平。

等臂（双盘）半机械加码电光分析天平是根据杠杆原理制造的。各种型号的等臂（双盘）天平的构造和使用方法大同小异。现以 TG328B 型半自动电光天平为例，介绍这类天平的构造和使用方法。

1. 天平构造

其构造如图 2-35 所示。

（1）天平横梁

它是电光天平的主要部件，一般由铝合金制成。天平梁上有三个玛瑙刀，一个装在横梁中间，刀口向下，称支点刀；另两个装在支点刀的两侧等距离处，刀口向上，为承重刀。三个刀口棱边必须在同一水平面上。玛瑙刀是天平极重要的部件，刀口的好坏直接影响称量的精确度。天平横梁两端装有两个平衡螺丝，用来调节横梁的平衡位置（即粗调零点），梁的中间装有垂直向下的指针，用以指示平衡位置。支点刀的后上方装有重心螺丝，用以调整天平的灵敏度。

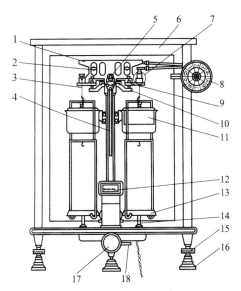

图 2-35　半自动电光天平

1—横梁；2—平衡螺丝；3—吊耳；4—指针；5—支点刀；6—天平箱；7—环码；
8—指数盘；9—承重刀；10—支架；11—空气阻尼器；12—投影屏；
13—秤盘；14—盘托；15—螺旋脚；16—垫脚；
17—升降旋钮；18—微调拨杆

　　分析天平必须具有足够的灵敏度。天平的灵敏度是指在一个秤盘上加 1 mg 物质时所引起指针偏斜的程度。一般以分度/mg 表示。指针偏斜程度越大，表示天平的灵敏度越高。设天平的臂长为 l，d 为天平横梁的重心与支点间的距离，m 为梁的质量，α 为在一个盘上加 1 mg 物质时所引起指针倾斜的角度，它们之间的关系为

$$\alpha = \frac{l}{m \cdot d}$$

α 即为天平的灵敏度。由上式可见，天平臂越长，梁越轻，支点与重心间距离越短即重心越高，则天平的灵敏度越高。由于同一台天平的臂长和梁的质量都是固定的，所以只能通过调整重心螺丝的高度来改变支点到重心的距离，以得到合适的灵敏度。另外，天平的臂在载重时略向下垂，因而臂的实际长度减小，梁的重心也略向下移，故天平载重后灵敏度会减小。

　　天平的灵敏度常用分度值或"感量"表示。分度值与灵敏度互为倒数。即

灵敏度 = 感量 = 1/分度值

　　检查电光天平的灵敏度时，通常在天平盘上加 10 mg 标准砝码，天平的指针偏 98 ～ 102 格即合格。灵敏度为 10 格/mg，分度值为 0.1 mg/格，常称之为"万分之一"的天平。

　　（2）天平立柱

　　安装在天平底板上。柱的上方嵌有一块玛瑙平板，与支点刀口相接触。柱的上部装有能升降的托梁架，关闭天平时它托住横梁，使刀口脱离接触，以减少磨损。柱的中部装有空气阻尼器的外筒。立柱后上方装有气泡水平仪，在调节螺旋脚时，用以判断天平是否处于水平位置。

（3）悬挂系统

① 吊耳　它的平板下面嵌有光面玛瑙，与支点刀相接触，使吊钩及秤盘、阻尼器内筒能自由摆动。

② 空气阻尼器　由两个特制的铝合金圆筒组成，外筒固定在立柱上，内筒悬挂在吊耳上。两筒间隙均匀，没有摩擦，开启天平后，内筒能自由上下运动，筒内空气的阻力作用使天平横梁很快停摆而达到平衡。

③ 秤盘　天平的两个秤盘分别挂在吊耳上，左盘放被称物，右盘放砝码。吊耳、阻尼器内筒、秤盘上一般都刻有"1""2"标记，安装时要分左、右配套使用。

（4）读数系统

指针下端装有缩微标尺，读数范围为 0～10 mg。通过光学系统将缩微标尺上的分度线放大，再反射到光屏上，从屏上可看到标尺的投影，中间为零，左负右正。投影屏中央有一条垂直刻线，标尺投影与该线重合处即天平的平衡位置。

（5）升降旋钮

位于天平底板正中，它连接托梁架、盘托和光源开关。开启天平时，顺时针旋转升降旋钮，托梁架即下降，三个刀口与相应的玛瑙平板接触，使吊钩及秤盘自由摆动，同时接通光源，投影屏上显出标尺投影，天平进入工作状态。停止称量时，反时针旋转升降旋钮，横梁、吊耳以及秤盘被托住，刀口与玛瑙平板脱离，光源切断，投影屏黑暗，天平进入休息状态。

（6）机械加码装置

转动圈码指数盘，可使天平梁右端吊耳上增加 10～990 mg 圈形砝码。指数盘上刻有圈码的质量值，内层为 10～90 mg 组，外层为 100～900 mg 组。

（7）砝码

每台天平都附有一盒配套使用的砝码。盒内装有 1 g，2 g，2 g，5 g，10 g，20 g，20 g，50 g，100 g 的 3 等砝码 9 个。取用砝码时要用镊子，用完及时放回盒内并盖严。

（8）天平箱

天平箱包括天平箱本身、底座、框罩、盘托、螺旋脚、垫脚和微调拨杆等部件。天平箱的左、右侧和前方各装有门，前门供安装及修理天平用，称量时不能开启。左门供取放被称物用，右门供取放砝码用。天平箱是为了保护天平免受损坏、沾污以及温度改变和空气对流等影响。天平箱底下装有三个脚，前面两个脚带有螺旋，可以改变高度，用以调节天平的水平位置。底座上还装有拨杆，用以微调天平零点。盘托装在秤盘下方，固定在天平箱底板上，在横梁休止状态时用来托住秤盘。

2. 天平的使用方法及注意事项

分析天平是精密仪器，使用时要认真、仔细，遵守"分析天平的使用规则"，做到正确使用分析天平，准确快速完成称量而又不损坏天平。

（1）天平称量前的检查与准备

取下防尘罩，叠好放在天平箱上。检查天平是否正常，是否水平，秤盘是否洁净，圈码指数盘是否在"000"位，圈码是否脱位，吊耳有无脱落、移位等。

接通电源，打开升降旋钮，调节零点。当标尺稳定后，如果投影屏中央的刻线与标尺上的"0"线不重合，可拨动微调拨杆，移动投影屏位置，使投影屏中央的刻线恰好与标尺中的"0"线重合，即调定零点。如果在微调拨杆移动范围内调节不到零点，需调节横梁上的平衡螺丝。

（2）称量

当要求快速称量，或怀疑被称物可能超过最大载荷时，可用托盘天平粗称。一般不提倡粗称。

将待称物置于天平左盘的中央，关上天平左门。按照"由大到小，中间截取，逐级试重"的原则在右盘加减砝码。试重时应半开天平，观察指针偏移方向或标尺投影移动方向，以判断左右两盘的轻重和所加砝码是否合适及如何调整。

注意：指针总是偏向轻盘，标尺总是向重盘方向移动。先调定克以上砝码，关上天平右门。再依次调整百毫克组、十毫克组圈码，每次都从中间量（500 mg 和 50 mg）开始调节。调定十毫克组圈码后，再完全开启天平，准备读数。

（3）读数

砝码调定，全开天平，待标尺停稳后即可读数。被称物的质量等于砝码总质量（包括圈码质量）加标尺读数（以克计）。标尺读数在 9～10 mg 时，可再加 10 mg 圈码，从投影屏上读标尺负值，记录时将此读数从砝码总质量中减去。

（4）复原

称量、记录完毕，随即关闭天平，取出被称物，将砝码夹回盒内，圈码指数盘退回到"000"位，关闭两侧门，拔掉电源，盖上防尘罩，并在天平使用登记本上登记。

2.7.3 电子天平

电子天平是新一代的天平，它是利用电子装置完成电磁力补偿的调节，使物体在重力场中实现力的平衡；或通过电磁力矩的调节，使物体在重力场中实现力矩的平衡。用电子天平称量全程不需砝码，放上被称物后，在几秒内即达到平衡，显示读数，称量速度快，精度高。它的支撑点用弹性簧片，取代机械天平的玛瑙刀口，用差动变压器取代升降旋钮，用数字显示代替指针刻度式。因而，具有使用寿命长、性能稳定、操作简便和灵敏度高的特点。此外，电子天平还具有自动校准、自动去皮、超载显示、故障报警等功能以及具有质量电信号输出功能，且可与打印机、计算机联用，进一步扩展其功能，如统计称量的最大值、最小值、平均值及标准偏差等。

电子天平按结构可分为上皿式和下皿式电子天平。秤盘在支架上面为上皿式，秤盘吊挂在支架下面为下皿式。目前，广泛使用的是上皿式电子天平。尽管电子天平种类繁多，但其使用方法大同小异，具体操作可参考各仪器的使用说明书。下面以上海天平仪器厂生产的 FA1604 型电子天平（见图 2-36）为例，简要介绍电子天平的使用方法。

（1）水平调节　在使用前观察水平仪，若水平仪水泡偏移，需调整水平调节脚，使水泡位于水平仪中心。

（2）预热　接通电源，预热 1 h 后，开启显示器进行操作。称量完毕，一般不用切断电源（若较短时间内暂不使用天平，如 2 h 内），再用可省去预热时间。

（3）开启显示器　轻按一下"ON"键，显示屏全亮，约 2 s 后显示天平的型号，然后是称量模式"0.0000 g"。读数时应关上天平门。

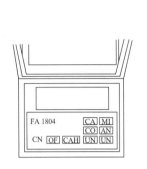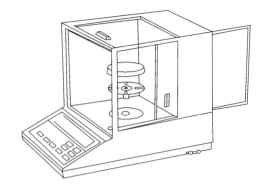

图 2-36　FA1604 型电子天平外形图

（4）天平基本模式的选定　天平通常为"通常情况"模式，并具有断电记忆功能。使用时若改为其他模式，使用后一经按"OFF"键，天平即恢复"通常情况"模式。量制单位的设置，由 UNT 控制，如显示"g"时松手，即设置单位为克。积分时间的选择，由 INT 控制，INT-0，快速；INT-1，短；INT-2，较短；INT-3，较长。灵敏度的选择，由 ASD 控制，灵敏度的顺序为：ASD-0，最高；ASD-1，高；ASD-2，较高；ASD-3，低（其中 ASD-0 是生产调试时用，用户不宜选择此模式）。ASD 和 INT 两者配合使用情况如下：

最快称量速度：　　　　　INT-1　　　　ASD-3

通常情况：　　　　　　　INT-3　　　　ASD-2

环境不理想时：　　　　　INT-3　　　　ASD-3

（5）校准　天平安装后，第一次使用前，应对天平进行校准。因存放时间较长、位置移动、环境变化或为获得精确测量，天平在使用前一般都应进行校准操作。

（6）称量　按"TAR"键，显示为零后，将被称物置于秤盘上，待数字稳定即显示器左下角的"0"标志熄灭后，该数字即为被称物的质量。

（7）去皮称量　按"TAR"键清零，将容器置于秤盘上，天平显示容器质量，再按"TAR"键，显示零，即去皮重。再置被称物于容器中，或将被称物（粉末状物或液体）逐步加入容器中直至达到所需质量，待显示器左下角的"0"标志熄灭后，这时显示的是被称物的净质量。将秤盘上的所有物品拿开后，天平显示负值，按"TAR"键，天平显示"0.000 0 g"。

若称量过程中秤盘上的总质量超过最大载荷，天平仅显示上部线段，此时应立即减小载荷。

（8）称量结束后，按"OFF"键关闭显示器。若当天不再使用天平，应拔下电源插头。

2.7.4　称量方法

根据不同的称量对象，选用不同的称量方法。常用的有以下三种称量方法。

1. 直接称量法

此法用于称量物体的质量。例如，称量某小烧杯的质量，容量器皿校正中称量某容量瓶的质量，重量分析实验中称量某坩埚的质量等，都使用这种称量法。这种称量方法适用于称量洁净、干燥、不易潮解或升华的固体试样。

2. 固定质量称量法

又称增量法。此法用于称量某一固定质量的试剂（如基准物质）或试样。这种称量操作速度很慢，适用于称量不易吸潮、在空气中能稳定存在的粉末状或小颗粒（最小颗粒应小于 0.1 mg）样品，以便容易调节其质量。

注意：固定质量称量法，先在天平上称出空的洗净干燥的器皿质量，然后调整好所需质量的砝码，用牛角匙或窄纸条慢慢将试样加到器皿中，使之平衡，即称得一定质量的试样。若不慎加入试剂超过指定质量，应先关闭升降旋钮，然后用牛角匙取出多余试剂。重复上述操作，直至试剂质量符合指定要求为止。严格要求时，取出的多余试剂应弃去，不要放回原试剂瓶中。操作时不能将试剂散落于天平左盘表面皿等容器以外的地方，称好的试剂必须定量地由表面皿等容器直接转入接收器，即"定量转移"。

3. 递减称量法

又称减量法。此法用于称量一定质量范围的样品或试剂。由于称量瓶和滴瓶都有磨口瓶塞，称量易吸水、易氧化或易与 CO_2 反应的样品时，可选择此法。由于称取试样的质量是由两次称量之差求得，故又称差减法。

称量步骤如下：将称量瓶用小纸条夹住，从干燥器中取出（见图 2-37）（注意：为避免手汗和体温的影响，不要用手直接接触称量瓶和瓶盖），用小纸片夹住盖柄打开瓶盖，用牛角匙加入适量试样（一般为称一份试样量的整数倍），盖上瓶盖。将称量瓶置于天平左盘，称出称量瓶加试样后的准确质量。将称量瓶取出，在接收器的上方倾斜瓶身，用称量瓶盖轻敲瓶口上部，使试样慢慢落入容器中（见图 2-38）。当倾出的试样质量接近所需量（可从体积上估计或试重得知）时，一边继续用瓶盖轻敲瓶口，一边逐渐将瓶身竖直，使黏附在瓶口的试样落下，然后盖好瓶盖，把称量瓶放回天平左盘，准确称取其质量。两次质量之差，即为试样的质量。按上述方法连续递减，可称取多份试样。有时一次很难得到合乎质量范围要求的试样，可多进行两次相同的操作过程。

图 2-37　称量瓶拿法

图 2-38　从称量瓶中敲出试样的操作

2.7.5　使用天平的注意事项

（1）开、关天平，放、取被称物品，开、关天平侧门以及加、减砝码等，动作都要轻、缓，切不可用力过猛、过快，以免造成天平部件脱位或损坏。

（2）调定零点和读取称量读数时，要留意天平门是否已关好；称量读数要立即记录在实验报告本中。调定零点和称量读数后，应随手关好天平。

（3）加、减砝码或被称物必须在天平处于关闭状态下进行（单盘天平允许在半开状态下调整砝码）。砝码未调定时不可完全开启天平。

（4）对于热的或过冷的被称物，应置于干燥器中直至其温度与天平室温度一致后才能进行称量。

（5）天平的前门仅供安装、检修和清洁时使用，通常不要打开。

（6）通常在天平箱内放置变色硅胶做干燥剂，当变色硅胶失效后应及时更换。注意保持天平、天平台和天平室的安全、整洁和干燥。

（7）必须使用指定的天平及该天平所附的砝码。如果发现天平不正常，应及时报告教师或实验室工作人员，不要自行处理。

（8）称量完成后，应及时对天平还原并在天平使用登记本上进行登记。

2.8　常用容量仪器的使用和校正

分析化学实验中能准确测量溶液体积的玻璃仪器称为容量仪器，即滴定管、移液管、吸量管（及微量进样器）和容量瓶。它们的正确使用是滴定分析实验最重要的基本操作技术。

2.8.1　滴定管

滴定管是滴定时用来准确测量滴定剂体积的玻璃量器。它的主要部分管身是用细长且内径均匀的玻璃管制成，上面刻有均匀的分度线，线宽不超过 0.3 mm。下端的流液口为一尖嘴，中间通过玻璃旋塞或乳胶管（配以玻璃珠）连接，以控制滴定速度。滴定管分为酸式滴定管［见图 2-39（a）］和碱式滴定管［见图 2-39（b）］。另有一种自动定零位滴定管［见图 2-39（c）］，是将储液瓶与具塞滴定管通过磨口塞连接在一起的滴定装置，加液方便，自动调零点，主要适用于常规分析中的经常性滴定操作。

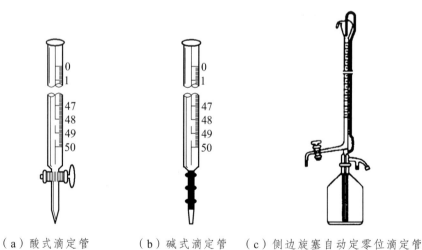

　（a）酸式滴定管　　　（b）碱式滴定管　　（c）侧边旋塞自动定零位滴定管

图 2-39　滴定管

滴定管的总容量最小的为 1 mL，最大的为 100 mL，常用的是 50 mL、25 mL 和 10 mL 的滴定管。国家规定的容量允差列于表 2-7（摘自国家标准 GB12805—91）。

表 2-7　常用滴定管的容量允差

标称总容量/mL		2	5	10	25	50	100
分度值/mL		0.02	0.02	0.05	0.1	0.1	0.2
容量允差/mL（±）	A	0.010	0.010	0.025	0.05	0.05	0.10
	B	0.020	0.020	0.050	0.10	0.10	0.20

滴定管的容量精度分为 A 级和 B 级。通常以喷、印的方法在滴定管上制出耐久性标志，如制造厂商标、标准温度（20 ℃）、量出式符号（Ex）、精度级别（A 或 B）和标称总容量（mL）等。

酸式滴定管用于盛放酸性、中性和氧化性溶液，不可盛放碱性溶液，因为碱性溶液会腐蚀玻璃的磨口和旋塞。碱式滴定管用于盛装碱性及无氧化性溶液，不能盛放 $KMnO_4$、$AgNO_3$、I_2 等能与乳胶管作用的溶液。目前新型的酸式滴定管，旋塞由聚四氟乙烯制造，能用于各种溶液的滴定。

1. 滴定管的准备

（1）检漏

使用前首先检查滴定管的密合性（不涂凡士林检查），将旋塞用水润湿后插入旋塞套中，旋紧关闭，充水至最高标线，垂直挂在滴定台上，20 min 后漏水不超过 1 个分度即为合格。

碱式滴定管要选择直径合适的乳胶管和大小适中的玻璃珠，否则会造成漏水或流出溶液困难。

（2）涂凡士林

为了使酸式滴定管的玻璃旋塞转动灵活，必须在塞子与塞座内壁涂少许凡士林。首先将滴定管平放在实验台上，抽出旋塞，用滤纸擦去旋塞表面和旋塞套内表面的水及油污。然后涂凡士林，可用下面两种方法进行：一是用手指将凡士林涂在旋塞的大头上（A 部），另用火柴杆或玻璃棒将凡士林涂在相当于旋塞 B 部的滴定管旋塞套内壁部分，如图 2-40（a）所示。另一种方法是用手指蘸上凡士林后，均匀地在旋塞 A、B 两部分涂上薄薄的一层（注意，滴定管旋塞套内壁不涂凡士林），如图 2-40（b）所示。

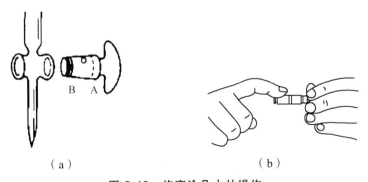

（a）　　　　　　　　　　　（b）

图 2-40　旋塞涂凡士林操作

涂凡士林时，不要涂得太多，以免旋塞孔被堵住，也不要涂得太少，达不到转动灵活和防止漏水的目的。涂凡士林后，将旋塞直接插入旋塞套内。插时旋塞孔应与滴定管平行，此时旋塞不要转动，这样可以避免将凡士林挤到旋塞孔中去。然后，沿同一方向不断旋转旋塞，直至旋塞全部呈透明状为止，如图 2-41 所示。旋转时，应有一定的向旋塞小头方向挤的力，以免来回移动旋塞，使塞孔受堵。最后将橡皮圈套在旋塞小头部分沟槽上（注意，不允许用橡皮筋绕！）。涂凡士林后的滴定管，旋塞应转动灵活，凡士林层中没有纹路，旋塞呈均匀的透明状态。

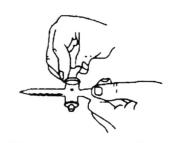

图 2-41　沿同一方向旋转旋塞

将滴定管灌满水夹在滴定台上，2 min 后观察是否渗漏；将旋塞转动 180°，再试一次。如果漏水应重新涂凡士林或更换滴定管。

若旋塞孔或出口尖嘴被凡士林堵塞，可将滴定管充满水后，将旋塞打开，用洗耳球在滴定管上部挤压、鼓气，将凡士林排出。

（3）洗涤

一般用自来水冲洗，零刻度以上部位可用毛刷沾洗涤剂刷洗；零刻度以下部位如不干净，则采用洗液洗涤（碱式滴定管应除去乳胶管，用橡胶乳头将滴定管下口堵住），可装入约 10 mL 洗液，双手平托滴定管的两端，不断转动滴定管，使洗液润洗滴定管内壁。操作时管口对准洗液瓶口，以防洗液外流。洗完后，将洗液分别由两端放出。如果滴定管太脏，可将滴定管装满洗液夹在滴定台上，浸泡一段时间。为防止洗液流出，可在滴定管下方放一烧杯。然后将洗液倒回原瓶，用自来水、蒸馏水洗净。洗净后的滴定管内壁应被水均匀润湿而不挂水珠。如挂水珠，应重新洗涤。

（4）操作液润洗

将操作液摇匀，使凝结在瓶壁上的水珠混入溶液。混匀后的操作液应直接倒入滴定管中，不得用其他容器（如烧杯、漏斗等）转移。先用该溶液润洗滴定管 2～3 次，每次 10～15 mL。然后装入溶液，左手持滴定管上端无刻度处，使滴定管略倾斜，右手握住盛溶液的细口试剂瓶，将溶液直接加入滴定管。

（5）气泡排除

滴定管充满操作液后，应检查管的出口下部尖嘴部分是否充满溶液，是否留有气泡。对于碱式滴定管，可将碱管垂直地夹在滴定管架上，左手拇指和食指捏住玻璃珠部位，使胶管向上弯曲翘起，并捏挤胶管，使溶液从管口喷出，即可排除气泡，如图 2-42 所示。对于酸式滴定管，一般用右手拿滴定管上部无刻度处，并使滴定管倾斜 30°，左手迅速打开旋塞，使溶液冲出管口，反复数次，一般即可达到排除酸管出口处气泡的目的，排除气泡后随即关闭旋塞。由于目前酸管制作有时不合规格要求，因此，有时按上法仍无法排除酸管出口处的气泡。这时可在出口尖嘴上接一根约 10 cm 的医用胶管，然后，按碱管排气泡的方法进行。

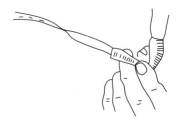

图 2-42　碱式滴定管
排气泡的方法

（6）调零点和读数

为使读数准确，在管装满或放出溶液后，等待 1～2 min，使附在内壁的溶液流下后再调节零点或读数。读数前，应注意管出口尖嘴上有无挂着水珠。若在滴定后挂有水珠，这时是无法准确读数的。读数时应将滴定管从滴定架上取下，用右手大拇指和食指捏住滴定管上部无刻度处，其他手指从旁辅助，使滴定管保持垂直，然后读数。

由于水的附着力和内聚力的作用，滴定管内的液面成弯月形，无色和浅色溶液的弯月面比较清晰，读数时，应读弯月面下缘实线的最低点，为此，读数时，视线应与弯月面下缘实线的最低点相切，即视线应与弯月面下缘实线的最低点在同一水平面上，如图 2-43（a）所示。对于深色溶液（如 $KMnO_4$、I_2 等），其弯月面不够清晰，最低点不易观察，读数时，视线应与液面两侧最高点相切，这样才较易读准，如图 2-43（b）所示。

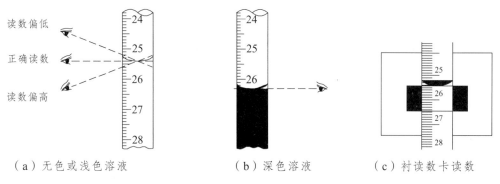

（a）无色或浅色溶液　　　　（b）深色溶液　　　　（c）衬读数卡读数

图 2-43　滴定管读数

为了使弯月面的下边缘更清晰，读数时可在滴定管后方衬一读数卡。读数卡是用贴有黑纸或涂有黑色长方形（约 3 cm × 1.5 cm）的白纸板制成的。使用时，将读数卡紧贴在滴定管背面，并使黑色部分的上边缘低于弯月面以下约 1 mm 处，此时即可看到弯月面的反射层全部成为黑色，如图 2-43（c）所示。然后，读取弯月面下缘的最低点。对深色溶液，读其两侧最高点，须用白色卡片作为背景。

读取的数值必须读至以毫升为单位的小数点后第二位，即要求估计到 0.01 mL。正确掌握估计 0.01 mL 读数的方法很重要。滴定管上两个小刻度之间为 0.1 mL，是如此之小，要估计其十分之一的值，对一个分析工作者来说是要进行严格训练的。为此，可以这样来估计：当液面在此两小刻度之间时，即为 0.05 mL；若液面在两小刻度的三分之一处，即为 0.03 mL 或 0.07 mL；若液面在两小刻度的五分之一处，即为 0.02 mL 或 0.08 mL；等等。

对于蓝带滴定管，读数方法与上述相同。当蓝带滴定管盛溶液后将有似两个弯月面的上下两个尖端相交，此上下两尖端相交点的位置，即为蓝带管读数的正确位置。

2. 滴定操作

滴定操作一般在锥形瓶或烧杯中进行，滴定台应是白色的。否则应衬一块白瓷板作为背景，这样便于观察滴定过程中溶液颜色的变化。

（1）滴定管的操作

将滴定管固定在滴定管架上，滴定管下端插入锥形瓶口下 1 ~ 2 cm 处。酸式滴定管的握塞方式如图 2-44 所示，用左手控制旋塞，拇指在前，中指和食指在后。无名指及小指向手心弯曲，轻轻地贴着出口部分，手心内凹，以防止顶着旋塞而造成漏液，适当转动旋塞，以控制流速。

注意：旋转旋塞时不要向外用力，以免推出旋塞造成漏液，应使旋塞稍有一点向手心的回力；当然，也不要过分往里用太大的回力，以免造成旋塞转动困难。

碱式滴定管的操作如图 2-45 所示。以左手拇指和食指捏玻璃珠部位，其他三个手指辅助夹住出口管。操作时，用拇指与食指的指尖捏挤玻璃珠右侧的乳胶管，即使玻璃珠向手心一侧移动，这样胶管与玻璃珠之间形成一个小缝隙，溶液即可流出。必须指出，不要用力捏玻璃珠，也不要使玻璃珠上下移动，不要捏玻璃珠下部胶管，以免空气进入而形成气泡，影响读数。

图 2-44　酸式滴定管的操作　　　图 2-45　碱式滴定管的操作

（2）滴定操作

① 在锥形瓶中滴定时，左手握滴定管滴加溶液，右手的拇指、食指和中指拿住锥形瓶，其余两指辅助在下侧，使瓶底离滴定台 2~3 cm。左手按前述方法控制滴速，边滴加溶液，边用右手摇动锥形瓶，边滴边摇配合好，其两手操作姿势如图 2-46 所示。

图 2-46　滴定操作姿势

② 在烧杯中滴定时，将烧杯放在滴定台上，调节滴定管的高度，使尖嘴伸进烧杯约 1 cm。滴定管下端应在烧杯中心的左后方处（放在中央影响搅拌，离杯壁过近不利搅拌均匀）。

左手滴加溶液，右手持玻璃棒搅拌溶液，如图 2-47 所示。当滴至接近终点时，所加的半滴溶液可用玻璃棒下端承接此悬挂的半滴溶液于烧杯中，但要注意，玻璃棒只能接触液滴，不能接触管尖。

③ 还有些测定如溴酸钾法、碘量法等需在碘量瓶中进行反应和滴定。碘量瓶是带有磨口玻璃塞和水槽的锥形瓶，如图 2-48 所示。喇叭形瓶口与瓶塞柄之间形成一圈水槽，槽中加入蒸馏水形成水封，可防止瓶中溶液反应生成的气体（Br_2、I_2）逸出。反应一定时间后提起瓶塞，水即流下并可冲洗瓶塞和瓶壁，然后进行滴定。碘量瓶磨口塞密封性好，使用

完毕宜用纸条夹在塞与瓶之间，以利再使用时容易打开。

图 2-47　在烧杯中的滴定操作

图 2-48　碘量瓶

（3）滴定注意事项

进行滴定操作时，应注意如下几点：

（1）最好每次滴定都从 0.00 mL 开始，或接近 0 的任意刻度开始，这样可以减少滴定误差。

（2）滴定时，左手不能离开旋塞，任溶液自流。

（3）摇瓶时，应微动腕关节，使溶液向同一方向旋转（左、右旋转均可），不能前后振动，以免溶液溅出。不要因摇动使瓶口碰在管口上，以免造成事故。摇瓶时，一定要使溶液旋转，出现一漩涡，因此，要求有一定速度，不能摇得太慢，影响化学反应的进行。

（4）滴定时，要观察滴落点周围颜色的变化。不要看滴定管上的刻度变化，而不顾滴定反应的进行。

（5）滴定速度控制方面，一般开始时，滴定速度可稍快，呈"见滴成线"，这时为 10 mL·min^{-1}，即每秒 3 ~ 4 滴左右。而不要滴成"水线"，这样滴定速度太快。接近终点时，应改为一滴一滴加入，即加一滴摇几下，再加，再摇。最后是每加半滴，摇几下锥形瓶，直至溶液出现明显的颜色变化为止。

半滴的控制和吹洗：快到滴定终点时，要一边摇动，一边逐滴滴入，甚至是半滴半滴地滴入。用酸管时，可轻轻转动旋塞，使溶液悬挂在出口管嘴上，形成半滴，用锥形瓶内壁将其沾落，再用洗瓶吹洗锥形瓶内壁。对于碱管，加半滴溶液时，应先松开拇指与食指，将悬挂的半滴溶液沾在锥形瓶内壁上，再放开无名指和小指，这样可避免出口管尖出现气泡。

滴入半滴溶液时，可采用倾斜锥形瓶的方法，将附于壁上的溶液冲刷至瓶中。这样可避免吹洗次数太多，被滴物过度稀释。

2.8.2　容量瓶的使用

容量瓶是一种细颈梨形的平底玻璃瓶，带有磨口玻璃塞或塑料塞，可用橡皮筋将塞子系在容量瓶的颈上。颈上有标度刻线，表示在所指温度（一般为 20 ℃）时，液体充满至标线时的准确容积。

容量瓶的精度级别分为 A 级和 B 级。国家规定的容量允差见表 2-8（摘自国家标准 GB12806—91）。

表 2-8　常用容量瓶的容量允差

标称容量/mL		5	10	25	50	100	200	250	500	1000	2000
容量允差/mL （±）	A	0.02	0.02	0.03	0.05	0.10	0.15	0.15	0.25	0.40	0.60
	B	0.04	0.04	0.06	0.10	0.20	0.30	0.30	0.50	0.80	1.20

容量瓶主要用于配制准确浓度的溶液或定量地稀释溶液，故常和分析天平、移液管配合使用，把配成溶液的某种物质分成若干等份或不同的质量。

1. 容量瓶的准备

（1）检查瓶塞是否漏水：容量瓶使用前应检查是否漏水，检查方法如下：注入自来水至标线附近，盖好瓶塞，将瓶外水珠拭净，如图 2-49 所示，用左手食指按住瓶塞，其余手指拿住瓶颈标线以上部分，用右手指尖托住瓶底边缘。将瓶倒立 2 min，观察瓶塞周围是否有水渗出，如果不漏，将瓶直立，把瓶塞旋转 180°，再倒立 2 min，如不漏水，即可使用。

（2）检查标度刻线距离瓶口是否太近。若标度刻线距离瓶口太近，不便混匀溶液，则不宜使用。

（3）洗涤：洗涤容量瓶的原则与洗涤滴定管的相同，也是尽可能只用自来水冲洗，必要时才用洗液浸洗。洗净的容量瓶内壁应被蒸馏水均匀润湿，不挂水珠。

使用容量瓶时，不要将其磨口玻璃塞随便取下放在桌面上，以免玷污或搞错，可用橡皮筋或细绳将瓶塞系在瓶颈上，如图 2-50 所示。当使用平顶的塑料塞时，操作时可将塞子倒置在桌面上。

图 2-49　检查漏水和混匀溶液操作

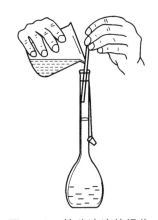

图 2-50　转移溶液的操作

2. 溶液的配制

用容量瓶配制标准溶液或分析试液时，最常用的方法是称量一定量的待溶固体，置于小烧杯中，加水或其他溶剂将固体溶解，然后将溶液定量转入容量瓶中。定量转移溶液时，右手拿玻璃棒，左手拿烧杯，使烧杯嘴紧靠玻璃棒，而玻璃棒则悬空伸入容量瓶口中，棒的下端应靠在瓶颈内壁上，使溶液沿玻璃棒和内壁流入容量瓶中，如图 2-50 所示。烧杯中溶液流完后,把玻璃棒和烧杯稍微向上提起,并使烧杯直立,再将玻璃棒放回烧杯中。然后,用洗瓶吹洗玻璃棒和烧杯内壁,再将溶液定量转入容量瓶中。如此吹洗、定量转移溶液的操作,一般应重复 5 次以上,以保证定量转移。然后加水至容量瓶的 3/4 左右容积,用右手食指和中指夹住瓶塞的扁头,将容量瓶拿起,按同一方向摇动几周,使溶液初步混匀。继续加水至距离标度刻线约 1 cm 处,等 1~2 min 使附着在瓶颈内壁上的溶液流下后,再用细而长的滴管加水至弯月面下缘与标度刻线相切(注意,勿使滴管接触溶液。也可用洗瓶加水至刻度)。无论溶液有无颜色,其加水位置均为弯月面下缘与标度刻线相切。当加水至容量瓶的标度刻线时,盖上干的瓶塞,用左手食指按住塞子,其余手指拿住瓶颈标线以上部分,而用右手的全部指尖托住瓶底边缘,如图 2-51 所示,然后将容量瓶倒转,使气泡上升到顶,振荡,混匀溶液。再将瓶直立过来,又再将瓶倒转,使气泡上升到顶部,振荡溶液。如此反复 10 次左右。

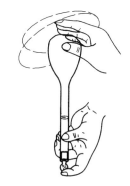

图 2-51　振荡容量瓶

3. 稀释溶液

用移液管移取一定体积的溶液于容量瓶中,加水至标度刻线。按前述方法混匀溶液。

注意:

(1)容量瓶不宜长期保存试剂溶液。如配好的溶液需保存,应转移至磨口试剂瓶中,不要将容量瓶当作试剂瓶使用。

(2)使用完毕应立即用水冲洗干净。如长期不用,磨口处应洗净擦干,并用纸片将瓶口与瓶塞隔开。

(3)容量瓶不得在烘箱中烘烤,也不能在电炉等加热器上直接加热。如需使用干燥的容量瓶,用乙醇等有机溶剂荡洗后晾干或用电吹风的冷风吹干。

2.8.3　移液管和吸量管

移液管是用于准确量取一定体积溶液的量出式玻璃量器,它的中间有一膨大部分(图 2-52),管颈上部刻有一圈标线,在标明的温度下,使吸入溶液的弯月面下缘与移液管标线相切,再让溶液按一定的方法自由流出,则流出的体积与管上标明的体积相同。移液管按其容量精度分为 A 级和 B 级。国家规定的容量允差见表 2-9(摘自国家标准 GB12808—91)。

表 2-9　常用移液管的容量允差

标称总容量/mL		2	5	10	20	25	50	100
容量允差/mL（±）	A	0.010	0.015	0.020	0.030	0.030	0.050	0.080
	B	0.020	0.030	0.040	0.060	0.060	0.100	0.160

吸量管是具有分刻度的玻璃管,如图 2-53 所示。它一般只用于量取小体积的溶液。常用的吸量管有 1 mL、2 mL、5 mL、10 mL 等规格。吸量管吸取溶液的准确度不如移液管。应该

注意，有些吸量管的分刻度不是刻到管尖，而是离管尖 1～2 cm，如图 2-53（c）所示。

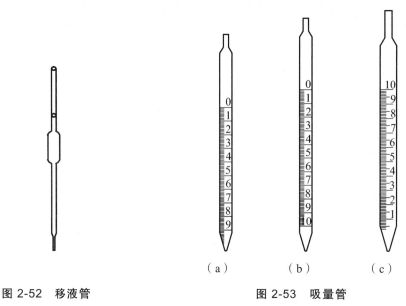

图 2-52　移液管　　　　　　　　　　图 2-53　吸量管

1. 洗　涤

使用前，移液管应用洗液浸泡，自来水冲净，蒸馏水淋洗 3 次至内外壁不挂水珠。

2. 润　洗

移取溶液前，可用滤纸片将洗干净的管尖端内外残留的水吸干，然后用待吸溶液润洗三次。方法是：用左手持洗耳球，将食指或拇指放在洗耳球的上方，其余手指自然地握住洗耳球，用右手的拇指和中指拿住移液管或吸量管标线以上的部分，无名指和小指辅助拿住移液管，将洗耳球对准移液管，将管尖伸入溶液或洗液中吸取，待吸液至球部的 1/4（注意，勿使溶液回流，以免稀释溶液）时，移出，荡洗、弃去。如此反复 3 次，润洗过的溶液应从尖口放出，弃去。润洗这一步骤很重要，它能保证管的内壁及有关部位与待吸溶液处于同一体系浓度状态。

3. 移取溶液

移取溶液时，将移液管管尖插入待吸溶液液面以下 1～2 cm 处。管尖不应伸入太浅，以免液面下降时造成吸空；也不应伸入太深，以免移液管外壁沾带溶液较多（见图 2-54）。吸液时，应注意容器中液面和管尖的位置，应使管尖随液面下降而下降。当洗耳球慢慢放松时，管中的液面徐徐上升，当液面上升至标线以上时，迅速移去洗耳球，与此同时，用右手食指堵住管口，左手改拿盛待吸液的容器。然后，将移液管提离液面，并将管的下端伸入溶液的部分沿待吸容器内部轻转两圈，以除去管外壁上的溶液。然后使容器倾斜约30°，其内壁与移液管尖紧贴，此时右手食指轻轻松动，使液面缓慢下降，直到视线平视时弯月面下缘与标线相切，这时立即用食指按紧管口。移开待吸溶液容器，左手改拿接收溶液的容器，并将接收容器倾斜，使内壁紧贴移液管尖，成 30° 左右。然后放松右手食指，使溶液自然地沿壁流下，如图 2-55 所示。待液面下降到管尖后，等 15 s 左右，取出移液管。这时，尚可见管尖部位仍留有少量溶液，对此，除特别注明"吹"（blow-out）字的以外，一般此管尖部位留存的溶液是不能吹入接收容器中的，因为在工厂生产检定移液管时是没有把这部分体积算进去的。但必须指出，由于一些管口尖部做得不很圆滑，留存在管尖部位的液体体积可能会随贴靠接收容器内壁的管尖部位不同而有大小的变化，为此，可在等 15 s 后，将管身往左右旋动一下，这样管尖部分每次留存的体积将会基本相同，不会导致平行测定时误差过大。

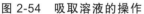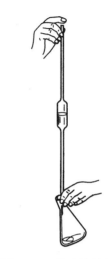

图 2-54　吸取溶液的操作　　　　　　　图 2-55　放出溶液的操作

用吸量管吸取溶液时，大体与上述操作相同。但吸量管上常标有"吹"字，特别是 1 mL以下的吸量管尤其如此，对此，要特别注意。实验中，要尽量使用同一支吸量管，以免带来误差。

2.8.4　常用容量仪器的校正

分析实验室常用的玻璃容量仪器如容量瓶、滴定管、移液管等，都具有刻度和标称容量，此标称容量是 20 ℃ 时以水体积标定的。合格产品的容量误差应小于或等于国家标准规定的容量允差，但也常有不合格产品流入市场，若预先不进行容量校正就会引起分析结果的系统误差。进行实验前，应对所用仪器的计量性能心中有数，使其测量的精度能满足对结果准确度的要求。进行精度较高的定量分析实验时，应使用经过校正的仪器，尤其是不清楚所用仪器的精度级别时，都有必要对仪器进行校正。

校正的方法：首先称量被校正的量器中量入或量出纯水的表观质量，再根据当时水温下的表观密度计算出该量器在 20 ℃ 时的实际容量。这里使用的应该是纯水在空气中的密度值，因为空气对物体的浮力作用和空气成分在水中的溶解因素，纯水在真空中和在空气中的密度值略有差别。

校正的操作一定要正确、规范。若校正不当，其误差可能超过允差或量器本身固有的误差。因此，校正时应仔细地进行操作，校正次数不可少于 2 次，两次校正数据的偏差应不超过该量器允差的 1/4，并以平均值为校正结果，从而使校正误差减至最小。

2.9 常用光电仪器的使用

2.9.1 pH 计

pH 计是一种常用的仪器设备，主要用来精密测量液体介质的酸碱度值，配上相应的离子选择电极也可以测量离子的电极电位值。pH 计的种类很多，这里主要介绍 PHS-3C 型（见图 2-56）数显 pH 计的原理及操作方法。

图 2-56　PHS-3C 型 pH 计

1. pH 计测量基本原理

水溶液 pH 的测量一般用玻璃电极作为指示电极，甘汞电极作为参比电极，当溶液中氢离子浓度（严格说是活度）即溶液的 pH 发生变化时，玻璃电极和甘汞电极之间产生的电位差也随之发生变化，而电位差变化关系符合下列公式：

$$\Delta E = -58.16 \times \Delta pH \times (273 + t)/293$$

式中　ΔE——电位差的变化，mV；

　　　ΔpH——溶液 pH 的变化；

　　　t——被测溶液的温度，℃。

常用的指示电极有玻璃电极、锑电极、氟电极、银电极等，其中玻璃电极使用最广。pH 玻璃电极头部由特殊的敏感薄膜制成，它对氢离子有敏感作用，当它插入被测溶液内，其电位随被测液中氢离子的浓度和温度而改变。在溶液温度为 25 ℃，pH 变化为 1 时，电极电位改变 59.16 mV，这就是常说的电极的理论斜率系数。

常用的参比电极为甘汞电极，其电位不随被测液中氢离子浓度而改变。

pH 测量的实质就是测量两电极间的电位差。当一对电极在溶液中产生的电位差等于零时，被测溶液的 pH 即为零电位 pH，它与玻璃电极内溶液有关。本仪器配用的是由玻璃电极和 Ag-AgCl 电极组成一体的复合电极，其零电位在（7±0.25）pH。

2. 操作方法

（1）仪器使用前的准备：将复合电极按要求接好，置于蒸馏水中，并使加液口外露。

（2）预热：按下电源开关，仪器预热 30 min，然后对仪器进行标定。

（3）仪器的标定（单点标定）

① 按下"pH"键，斜率旋钮调至 100% 位置。

② 将复合电极洗干净，并用滤纸吸干后，将复合电极插入一已知 pH 值的标准缓冲溶液中，温度旋钮调至标准缓冲溶液的温度，搅拌使溶液均匀。

③ 调节定位旋钮，使仪器读数为该标准缓冲溶液的 pH 值。仪器标定结束。

（4）测量 pH 值：将电极移出，用蒸馏水洗干净，并用滤纸吸干后将复合电极插入待测溶液中，搅拌使溶液均匀，仪器显示的数值即是该溶液的 pH 值。

（5）测量电极电位

① 将所需的离子选择性电极和参比电极按要求接好，按下"mV"键。

② 将电极用蒸馏水洗干净，并用滤纸吸干后插入待测溶液中，搅拌使溶液均匀，仪器显示的数值即是该溶液的电极电位值。

（6）注意事项

① 注意保护电极，防止损坏或污染。

② 电极插入溶液后要充分搅拌均匀（2～3 min），待溶液静止后（2～3 min）再读数。

③ 复合电极的外参比补充液是 3 mol·L^{-1} 的氯化钾溶液，补充液可以从电极上端小孔加入。复合电极不使用时，盖上橡皮塞，防止补充液干涸。

④ 离子选择性电极使用之前要用蒸馏水浸泡活化。

⑤ 仪器标定好后，不能再动定位和斜率旋钮，否则必须重新标定。

2.9.2　722 型分光光度计

1. 性能与结构

722 型分光光度计是以碘钨灯为光源，衍射光栅为色散元件的单光束数显式仪器。工作波长范围为 330～800 nm，波长精度为 −2～+2 nm，光谱带宽为 6 nm，吸光度显示范围为 0～1.999。

碘钨灯发出的连续光谱经滤光片选择（消除二级光谱）和聚光镜聚焦后投向单色器的入射狭缝，再通过平面反射镜反射到凹面镜的准直部分，变成平行光射向光栅，通过光栅色散按一定波长顺序排列的单色光谱，再经凹面镜聚焦成像在出射狭缝上。调节波长调节器可获得所需带宽的单色光，通过透镜将单色光聚焦在待测溶液中心，透过光经光门射到端窗式光电管上，产生的电流经放大由数字显示器直接读出吸光度 A 或透射比 T。722 型分光光度计的面板功能如图 2-57 所示。

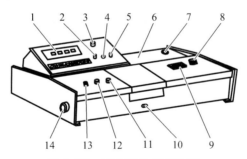

图 2-57　722 型分光光度计

1—数字显示器；2—吸光度调零旋钮；3—选择开关；4—吸光度调解率电位器；
5—浓度旋钮；6—光源室；7—电源开关；8—波长手轮；9—波长刻度窗；
10—试样架拉手；11—100%T 旋钮；12—0%T 旋钮；
13—灵敏度调节旋钮；14—干燥器

2. 操作方法

（1）将灵敏度调节旋钮置于"1"挡（信号放大倍率最小），选择开关置于"T"。

（2）按下电源开关，指示灯亮，调节波长旋钮，使所需波长对准标线。

（3）调节"100%T"旋钮，使透射比为 70% 左右。仪器预热 20 min。

（4）待数字显示器显示数字稳定后，打开试样室盖（光门自动关闭），调节"0%T"旋钮，使数字显示为"0.000"。

（5）将盛有参比溶液和待测溶液的吸收池分别置于试样架的第一格和第二格内，盖上试样室盖（光门打开）。将参比溶液置于光路中，调节"100%T"旋钮使数字显示为"100.0"（若显示不到"100.0"，则应适当增加灵敏度挡，然后再调节"100%T"旋钮，直到显示为"100.0"）。

（6）重复操作（4）和（5），直到显示稳定。

（7）将选择开关置于"A"挡（即吸光度），调节吸光度调零旋钮，使数字显示为"0.000"。将待测溶液置于光路中，显示值即为被测溶液的吸光度。

（8）若测量浓度，将选择开关置于"C"，将已知浓度的溶液置于光路中，调节浓度旋钮，使数字显示为其浓度值；将待测溶液移入光路，显示值即为待测溶液的浓度。

（9）测量完毕，打开试样室盖，取出吸收池，洗净擦干。然后关闭仪器电源，待仪器冷却后，盖上试样室盖，罩上仪器罩，做好仪器使用记录。

3．使用注意事项

（1）为了防止光电管疲劳，不测定时必须将比色皿暗箱盖打开，使光路切断，以延长光电管使用寿命。

（2）拿比色皿时，手指只能捏住其毛玻璃面，不要碰比色皿的透光面，以免沾污。清洗比色皿时，一般先用水冲洗，再用蒸馏水洗净。如比色皿被有机物沾污，可用盐酸-乙醇混合洗涤液（1∶2）浸泡片刻，再用水冲洗。不能用碱溶液或氧化性强的洗涤液洗比色皿，以免损坏。也不能用毛刷清洗比色皿，以免损伤它的透光面。每次做完实验后，应立即洗净比色皿。

（3）比色皿外壁的水用擦镜纸或细软的吸水纸吸干，以保护透光面。

（4）测定有色溶液的吸光度时，一定要用有色溶液洗比色皿内壁几次，以免改变有色溶液的浓度。

（5）在测定一系列溶液的吸光度时，通常都按由稀到浓的顺序测定，以减小测量误差。

（6）在实际分析工作中，通常根据溶液浓度的不同，选用液槽厚度不同的比色皿，使溶液的吸光度控制在 0.2 ~ 0.8。

2.9.3　DDS 型电导仪

1．操作方法

（1）接通电源，仪器预热 10 min。在没有接上电极接线的情况下，用调零旋钮将仪器的读数调为 0。

（2）若使用高周挡则按下 20 mS/cm 按钮；使用低周挡则放开此按钮。

（3）接上电极接线，将电极从电导池中取出，用滤纸将电极擦干，悬空放置，按下 2 µS/cm 量程按钮，调节电容补偿按钮，使仪器的读数为 0。

（4）将温度补偿按钮置于 25 ℃ 的位置上，仪器所测出的电导率则为此温度条件下的电导率。

（5）按仪器说明书的方法对电极的电极常数进行标定。

（6）将被测溶液注入电导池内，插入电极，将电导池浸入恒温水槽中恒温数分钟，按下合适的量程按钮，仪器的显示数值即为被测液的电导率。

注意：若仪器显示的首位为 1，后三位数字熄灭，表示被测液的电导率超过了此量程，可换用高一挡量程进行测量。

（7）使用完毕，按电源开关键关闭电源，拔下电源适配器。

2. 仪器维护

（1）防止湿气、腐蚀性气体进入机内。电极插座应保持干燥。
（2）电极使用完毕后应清洗干净，然后用干净布擦干，放好。
（3）盛放被测溶液的容器必须清洁，无离子沾污。

2.9.4 F-2500 型分子荧光分光光度计

1. 仪器原理

由高压汞灯或氙灯发出的紫外光和蓝紫光经滤光片照射到样品池中，激发样品中的荧光物质发出荧光，荧光经过滤和反射后，被光电倍增管所接收，然后以图或数字的形式显示出来。

在通常状况下，处于基态的物质分子吸收激发光后变为激发态，这些处于激发态的分子是不稳定的，在返回基态的过程中将一部分能量又以光的形式放出，从而产生荧光。

不同物质由于分子结构不同，其激发态能级的分布具有各自不同的特征，这种特征反映在荧光上，表现为各种物质都有其特征荧光激发和发射光谱，因此可以用荧光激发和发射光谱的不同来定性地进行物质的鉴定。

在溶液中，当荧光物质的浓度较低时，其荧光强度与该物质的浓度通常有良好的正比关系，即

$$I_f = KC$$

利用这种关系可以进行荧光物质的定量分析，与紫外-可见分光光度法类似，荧光分析通常也采用标准曲线法进行。

2. 操作方法

（1）开机顺序

① 接通电源开关，5 s 后按下氙灯按钮，氙灯点亮（"LAMP"绿灯亮）和"RUN"绿灯亮后，方可运行工作软件。

② 打开计算机，运行 FL SOLUTION 软件，显示"ready"后，进入测试状态。

（2）波长扫描的简易操作

① 点击快捷栏"METHOD"，设定参数："General" → "Measurement" → "Wavelength"。

② 根据需要编辑仪器条件、模拟监视、处理方法、报告格式等参数。

（3）光度计法的简易操作

① 点击快捷栏"METHOD"，设定参数："General" → "Measurement" → "Potometry"。

② 根据需要编辑定量条件、仪器条件、标准样品表、模拟监视、处理方法、报告格式等参数。

（4）关机顺序

① 退出工作软件 FL SOLUTION，关闭仪器电源。

② 关闭电源 5 s，再次通电 10 min（让风扇工作，灯室散热），最后关闭电源开关。

第 3 章　提纯、制备及常数测定实验

3.1　水的净化——离子交换法制备纯水

一、实验目的

1. 了解用离子交换法纯化水的原理和方法。
2. 掌握水质检验的原理和方法。
3. 学会电导率仪的正确使用方法。

二、实验原理

水是常用的溶剂，其溶解能力很强，很多物质易溶于水，因此天然水（河水、地下水等）中含有很多杂质。一般水中的杂质按其分散形态的不同可分为三类，见表 3-1。

表 3-1　天然水中的杂质

杂质种类	杂质
悬浮物	泥沙，藻类，植物遗体等
胶体物质	黏土胶粒，溶胶，腐殖质体等
溶解物质	Na^+，K^+，Ca^{2+}，Mg^{2+}，Fe^{3+}，CO_3^{2-}，HCO_3^-，Cl^-，SO_4^{2-}，O_2，N_2，CO_2 等

水的纯度对科研和工业生产影响甚大。在化学实验中，水的纯度直接影响实验结果的准确度。因此，了解水的纯度，掌握净化水的方法是每个化学工作者应具备的基本知识。

天然水经简单的物理、化学方法处理后得到的自来水，虽然除去了悬浮物质及部分无机盐类，但仍含有较多的杂质（气体及无机盐等）。因此，在化学实验中，自来水不能作为纯水使用。

天然水和自来水的净化，主要有以下几种方法。

1. 蒸馏法

将自来水（或天然水）在蒸馏装置中加热汽化，然后冷凝水蒸气即得蒸馏水。蒸馏水是化学实验中最常用的较为纯净、价廉的洗涤剂和溶剂。在 25 ℃ 时其电阻率为 $1 \times 10^5 \ \Omega \cdot cm$ 左右。

2. 电渗析法

电渗析法是将自来水通过电渗析器，除去水中阴、阳离子，实现净化的方法。

电渗析器主要由离子交换膜、隔板、电极等组成。离子交换膜是整个电渗析器的关键部分，是由具有离子交换性能的高分子材料制成的薄膜。其特点是对阴、阳离子的通过具有选择性。阳离子交换膜（简称阳膜）只允许阳离子通过；阴离子交换膜（简称阴膜）只允许阴离子通过。所以，电渗析法除杂质离子的基本原理是在外电场作用下，利用阴、阳离子交换膜对水中阴、阳离子的选择透过性，达到净化水的目的。

电渗析水的电阻率一般为 $10^4 \sim 10^5 \ \Omega \cdot cm$，比蒸馏水的纯度略低。

3. 离子交换法

离子交换法是使自来水通过离子交换柱（内装阴、阳离子交换树脂）除去水中杂质离子，实现净化的方法。用此法得到的去离子水纯度较高，25 ℃ 时的电阻率可达 $5 \times 10^6 \ \Omega \cdot cm$ 以上。

（1）离子交换树脂

离子交换树脂是一种由人工合成的带有交换活性基团的多孔网状结构的高分子化合物。它的特点是性质稳定，与酸、碱及一般有机溶剂都不发生反应。在其网状结构的骨架上，含有许多可与溶液中的离子起交换作用的"活性基团"。根据树脂可交换活性基团的不同，把离子交换树脂分为阳离子交换树脂和阴离子交换树脂两大类。

① 阳离子交换树脂：特点是树脂中的活性基团与溶液中的阳离子进行交换。例如：

$$Ar — SO_3^-H^+, \quad Ar — COO^-H^+$$

Ar 表示树脂中网状结构的骨架部分。

活性基团中含有 H^+，可与溶液中的阳离子发生交换的阳离子交换树脂称为酸性阳离子交换树脂或 H 型阳离子交换树脂。按活性基团酸性强弱的不同，又分为强酸性、弱酸性离子交换树脂。例如，$Ar — SO_3H$ 为强酸性离子交换树脂（如国产"732"树脂），$Ar — COOH$ 为弱酸性离子交换树脂（如国产"724"树脂）。目前，应用最广泛的是强酸性磺酸型聚乙烯树脂。

② 阴离子交换树脂：特点是树脂中的活性基团可与溶液中的阴离子发生交换，如 $Ar — NH_3^+OH^-$，$Ar — N^+(CH_3)_3^+OH^-$。活性基团含有 OH^-，可与溶液中阴离子发生交换的阴离子交换树脂称为碱性阴离子交换树脂或 OH 型阴离子交换树脂。按活性基团碱性强弱的不同，可分为强碱性、弱碱性离子交换树脂。例如，$Ar — N^+(CH_3)_3^+OH^-$ 为强碱性离子交换树脂（如国产"717"树脂），$Ar — NH_3^+OH^-$ 为弱碱性离子交换树脂（如国产"701"树脂）。

在制备去离子水时，使用强酸性和强碱性离子交换树脂。它们具有较好的耐化学腐蚀性、耐热性与耐磨性，在酸性、碱性及中性介质中都可以应用；同时离子交换效果好，可以对弱酸根离子进行交换。

（2）离子交换法制备纯水的原理

离子交换法制备纯水的原理是基于树脂中的活性基团和水中各种杂质离子间的可交换性。

离子交换过程是水中的杂质离子先通过扩散进入树脂颗粒内部，再与树脂活性基团中的 H^+ 或 OH^- 发生交换，被交换出来的 H^+ 或 OH^- 又扩散到溶液中去，并相互结合成 H_2O 的过程。

例如，Ar — $SO_3^-H^+$ 型阳离子交换树脂，交换基团中的 H^+ 与水中的阳离子杂质（如 Na^+、Ca^{2+}）进行交换后，使水中的 Ca^{2+}、Mg^{2+} 等离子结合到树脂上，并交换出 H^+ 于水中。反应如下：

$$Ar — SO_3^-H^+ + Na^+ \rightleftharpoons Ar — SO_3^-Na^+ + H^+$$

$$2Ar — SO_3^-H^+ + Ca^{2+} \rightleftharpoons (Ar — SO_3^-)_2Ca^{2+} + 2H^+$$

经过阳离子交换树脂交换后流出的水中有过剩的 H^+，因此呈酸性。

同样，水通过阴离子交换树脂，交换基团中的 OH^- 与水中的阴离子杂质（如 Cl^-、SO_4^{2-} 等）发生交换反应而交换出 OH^-。反应如下：

$$Ar — N^+(CH_3)_3OH^- + Cl^- \rightleftharpoons Ar — N^+(CH_3)_3Cl^- + OH^-$$

经过阴离子交换树脂交换后流出的水中含有过剩的 OH^-，因此呈碱性。

由以上分析可知，如果含有杂质离子的原料水（工业上称为原水）单纯地通过阳离子交换树脂或阴离子交换树脂，虽然能达到分别除去阳（或阴）离子的作用，但所得的水是非中性的。如果将原水通过阴、阳混合离子交换树脂，则交换出来的 H^+ 和 OH^- 又发生中和反应结合成水：

$$H^+ + OH^- \rightleftharpoons H_2O$$

从而得到纯度很高的去离子水。

在离子交换树脂上进行的交换反应是可逆的。杂质离子可以交换出树脂中的 H^+ 和 OH^-，而 H^+ 和 OH^- 又可以交换出树脂所包含的杂质离子。反应主要向哪个方向进行，与水中两种离子（H^+ 或 OH^- 与杂质离子）浓度的大小有关。当水中杂质离子较多时，杂质离子交换出树脂中的 H^+ 或 OH^- 的反应是主要方向；但当水中杂质离子减少，树脂上的活性基团大量被杂质离子所交换时，则酸或碱溶液中大量存在着的 H^+ 或 OH^- 反而会把杂质离子从树脂上交换下来，使树脂又转变成 H 型或 OH 型。由于交换反应的这种可逆性，只用两个离子交换柱（阳离子交换柱和阴离子交换柱）串联起来所生产的水仍含有少量未经交换而遗留在水中的杂质离子。为了进一步提高水质，可再串联一个由阳离子交换树脂和阴离子交换树脂均匀混合的交换柱，其作用相当于串联了很多个阳离子交换柱与阴离子交换柱，而且在交换柱床层任何部位的水都是中性的，从而减少了逆反应发生的可能性。

利用上述交换反应可逆的特点，既可以将原水中的杂质离子除去，达到纯化水的目的；又可以将盐型的失效树脂经过适当处理后重新复原，恢复交换能力，解决树脂循环再使用的问题。后一过程称为树脂的再生。

另外，由于树脂是多孔网状结构，具有很强的吸附能力，可以同时除去电中性杂质。又由于装有树脂的交换柱本身就是一个很好的过滤器，所以颗粒状杂质也能一同除去。

三、器材及试剂

器材：DDS-11A 型电导率仪，离子交换柱（3 支，$\Phi = 7\ mm \times 160\ mm$），自由夹（4个），试纸，乳胶管，橡胶塞，直角玻璃弯管，直玻璃管，烧杯。

试剂：732 型强酸性阳离子交换树脂，717 型强碱性阴离子交换树脂，钙试剂（0.1%），镁试剂（0.1%），HNO_3 溶液（2 mol·L^{-1}），HCl 溶液（5%），NaOH 溶液（5%，2 mol·L^{-1}），$AgNO_3$ 溶液（0.1 mol·L^{-1}），$BaSO_4$ 溶液（1 mol·L^{-1}）。

四、操作方法

主要介绍离子交换树脂的预处理、装柱和树脂再生的操作方法。

1. 树脂的预处理

阳离子交换树脂的预处理：自来水冲洗树脂至流出的水为无色后，改用纯水浸泡 4～8 h，再用 5% 盐酸浸泡 4 h。倾去盐酸，用纯水洗至 pH = 3～4。纯水浸泡备用。

阴离子交换树脂的预处理：将树脂如同上法漂洗和浸泡后，改用 5% NaOH 溶液浸泡 4 h。倾去 NaOH 溶液，用纯水洗至 pH = 8～9。纯水浸泡备用。

2. 装　柱

用离子交换法制备纯水或进行离子分离等操作，要求在离子交换柱中进行。本实验中的交换柱采用 $\Phi = 7\ mm$ 的玻璃管拉制而成，把玻璃管的下端拉成尖嘴，管长 16 cm，在尖嘴上套一根细乳胶管，用小夹子控制出水速度。

将少许润湿的玻璃棉塞在交换柱的下端，以防树脂漏出。然后在交换柱中加入柱高 1/3 的纯水，排除柱下部和玻璃棉中的空气。将处理好的湿树脂（连同纯水）一起加入交换柱中，同时调节小夹子让水缓慢流出（水的流速不能太快，防止树脂露出水面），并轻敲柱子，使树脂均匀自然下沉。在装柱时，应防止树脂层中夹有气泡。装柱完毕，最好在树脂层的上面盖一层湿玻璃棉，以防加入溶液时把树脂层掀动。

3. 树脂的再生

阳离子交换树脂的再生：按图 3-1 连接好装置，在 30 mL 试剂瓶中装入 6～10 倍于阳离子交换树脂体积的 2 mol·L^{-1}（5%～10%）HCl 溶液，通过虹吸管以每秒约一滴的流速淋洗树脂。可用夹子 2 控制酸液的流速，用夹子 1 控制树脂上液层的高度。注意在操作中切勿使液面低于树脂层。如此用酸淋洗，直到交换柱中流出液不含 Na^+ 为止（如何检验？）。然后用蒸馏水洗涤树脂，直至流出液的 pH≈6。

阴离子交换树脂的再生：可用 6～10 倍于阴离子交换树脂体积量的 2 mol·L^{-1}（或 5%）NaOH 溶液。再生操作同阳离子交换树脂，直至交换柱流出液中不

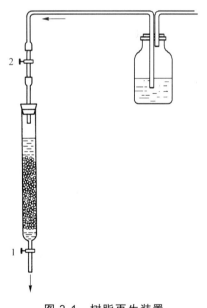

图 3-1　树脂再生装置

1—流出液控制夹；2—进液控制夹

含 Cl⁻ 为止（如何检验?）。然后用蒸馏水淋洗树脂，直至流出液的 pH≈7～8。

五、实验内容

1. 装　柱

用两只 10 mL 小烧杯，分别量取再生过的阳离子交换树脂约 7 mL（湿）或阴离子交换树脂约 10 mL（湿）。按照装柱操作要求进行装柱。第一个柱中装入约 1/2 柱容积的阳离子交换树脂，第二个柱中装入约 2/3 柱容积的阴离子交换树脂，第三个柱中装入 2/3 柱容积的阴阳离子混合交换树脂（阳离子交换树脂与阴离子交换树脂按 1∶2 体积比混合）。装置完毕，按图 3-2 所示将 3 个柱进行串联，在串联时同样使用纯水并注意尽量排除连接管内的气泡，以免液柱阻力过大而离子交换不畅通。

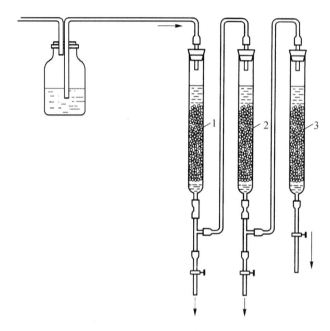

图 3-2　树脂交换装置

1—阳离子交换柱；2—阴离子交换柱；3—混合离子交换柱

2. 离子交换与水质检验

依次使原料水流经阳离子交换柱、阴离子交换柱、混合离子交换柱。并依次接收原料水、阳离子交换柱流出水、阴离子交换柱流出水、混合离子交换柱流出水试样，进行以下项目检验。

（1）用电导率仪测定各试样的电导率。

（2）取各试样水 2 滴分别加入点滴板的圆穴内，按表 3-2 方法检验 Ca^{2+}、Mg^{2+}、SO_4^{2-} 和 Cl^-。

将检验结果填入表 3-2 中，并根据检验结果作出结论。

表 3-2　检验结果及结论

检验项目	电导率		pH	Ca²⁺	Mg²⁺	Cl⁻	SO₄²⁻	结论
检验方法	测电导率 $\mu S \cdot cm^{-1}$		pH试纸	加入1滴2 mol·L⁻¹ NaOH溶液和1滴钙试剂,观察有无红色生成	加入1滴2 mol·L⁻¹ NaOH溶液和1滴镁试剂,观察有无蓝色沉淀生成	加入1滴2 mol·L⁻¹硝酸酸化,再加入1滴0.1 mol·L⁻¹硝酸银溶液,观察有无白色沉淀生成	加入1滴1 mol·L⁻¹ BaCl₂溶液,观察有无白色沉淀生成	—
试样水	自来水							
	阳离子交换柱流出水							
	阴离子交换柱流出水							
	混合离子交换柱流出水							

3. 再　生

按前述操作中所述的方法再生阴、阳离子交换树脂。

六、思 考 题

1. 天然水中主要的无机盐杂质是什么?
2. 试述离子交换法净化水的原理。
3. 用电导率仪测定水纯度的根据是什么?
4. 如何筛分混合的阴、阳离子交换树脂?

3.2　由粗食盐制备试剂级氯化钠

一、实 验 目 的

1. 学习由粗食盐制备试剂级氯化钠及其试剂纯度的检验方法。
2. 学习物质的溶解、蒸发、浓缩、结晶、气体的发生和净化、固-液分离、pH试纸的使用,无水盐的干燥等基本操作。
3. 了解用目视比色法和比浊进行限量分析的原理和方法。

二、实 验 原 理

一般粗食盐中含有泥沙等不溶性杂质及钙、镁、钾的卤化物和硫酸盐等可溶性杂质。不溶性杂质采用过滤的方法除去。可溶性杂质需采用化学法,即加入某些适量的化学试剂使可溶性杂质转化为沉淀物,再过滤除去。其方法是:加入稍过量的氯化钡溶液与食盐中的 SO_4^{2-} 反应,生成硫酸钡沉淀;再加入适量的氢氧化钠和碳酸钠溶液,使溶液中的 Ca^{2+}、Mg^{2+} 和过量的 Ba^{2+} 转化为沉淀物,相关化学反应方程式如下:

$$Ba^{2+} + SO_4^{2-} \longrightarrow BaSO_4\downarrow$$

$$Mg^{2+} + 2OH^- \longrightarrow Mg(OH)_2\downarrow$$

$$Ca^{2+} + CO_3^{2-} \longrightarrow CaCO_3\downarrow$$

$$Ba^{2+} + CO_3^{2-} \longrightarrow BaCO_3\downarrow$$

生成的沉淀物用过滤的方法除去。过量的氢氧化钠和碳酸盐可用盐酸中和除去。少许过量的盐酸在干燥氯化钠时，以氯化氢形式逸出，再蒸发、浓缩，得到氯化钠饱和溶液。用沉淀剂不能除去的 K^+ 及其他可溶性杂质，绝大部分在最后浓缩、结晶过程中仍留在母液内，与氯化钠晶体分离。

三、器材及试剂

器材：烧杯，量筒，玻璃棒，减压过滤装置，普通漏斗，三脚架，托盘天平，分析天平，表面皿，蒸发皿，比色管，比色管架，离心试管，滴定管，滤纸，pH 试纸。

试剂：粗食盐，氯化钠（CP），NaOH 溶液（2 mol·L^{-1}），Na$_2$CO$_3$ 溶液（1 mol·L^{-1}），BaCl$_2$ 溶液（1 mol·L^{-1}），HCl 溶液（3 mol·L^{-1}），乙醇（95%），Na$_2$SO$_4$ 标准溶液（SO$_4^{2-}$ 浓度为 0.001 g·L^{-1}），AgNO$_3$ 标准溶液（0.100 0 mol·L^{-1}），NaOH 标准溶液（0.100 0 mol·L^{-1}），淀粉溶液（1%），荧光素（0.5%），酚酞指示剂（1%）。

四、实验内容

1. 氯化钠的精制

（1）溶解粗食盐。在托盘天平上称取 20 g 粗食盐，放入 100 mL 小烧杯中，加入 80 mL 水，加热、搅拌，使其溶解。

（2）除去不溶物及 SO$_4^{2-}$。将食盐溶液加热至沸后改用小火维持微沸。为了使溶液中的 SO$_4^{2-}$ 全部转化成硫酸钡沉淀，边搅动，边逐滴加入 1 mol·L^{-1} BaCl$_2$ 溶液。记录氯化钡溶液的用量。待观察不到明显的沉淀生成时，继续加热煮沸溶液数分钟（目的何在？）后，停止加热，取 2 mL 溶液于离心管中，离心，向上层清液中滴加 3 滴氯化钡溶液，并将溶液煮沸，观察有无白色沉淀生成。如此反复检查，直至 SO$_4^{2-}$ 沉淀完全为止。将溶液沉降后，趁热用倾斜法分离，保留滤液。

（3）除去 Ca^{2+}、Mg^{2+} 和 Ba^{2+}。将滤液加热至沸并维持微沸，边搅拌边滴入 1 mL 2 mol·L^{-1} NaOH 溶液，再根据过量的 BaCl$_2$ 溶液物质的量，逐滴加入 1 mol·L^{-1} 碳酸钠溶液 4～5 mL 至沉淀完全，按前述方法检查 Ca^{2+}、Mg^{2+} 和 Ba^{2+} 是否沉淀完全。待确证上述离子已沉淀完全后，过滤，保留滤液，弃去沉淀。

（4）除去多余的 CO$_3^{2-}$。往滤液中滴加 3 mol·L^{-1} HCl，加热，搅拌，至 pH 试纸检测溶液呈酸性（pH = 1～2），赶尽 CO$_2$。

（5）蒸发、浓缩与结晶。将上述溶液转入蒸发皿（或 100 mL 烧杯）中，加热浓缩至液面刚刚出现微晶膜时停止加热。然后用减压过滤法把产品过滤、抽干，用干净滴管吸取少量 95% 乙醇淋洗产品 2 ~ 3 次。

（6）干燥。将制备的 NaCl 晶体转入有柄蒸发皿中，在石棉网上用小火烘炒，用玻璃棒不停翻炒，以防结块。待无水蒸气逸出时，再大火烘炒数分钟，得到洁白、松散的 NaCl 晶体。自然冷却，称量，计算产率。

2. 产品检验

（1）氯化钠含量的测定。称 0.15 g 干燥至恒重的氯化钠晶体产品，称准至 0.000 2 g，溶于 70 mL 水中，加 10 mL 1% 的淀粉溶液，在摇动下，用 0.100 0 mol·L^{-1} AgNO$_3$ 标准溶液避光滴定，接近终点时，加 3 滴 0.5% 荧光素指示剂，继续滴定至乳液呈粉红色即为终点。氯化钠的质量分数（w）由下式计算。

$$w = \frac{\dfrac{V}{1\,000} \times c \times 58.44}{m} \times 100\%$$

式中　V——硝酸银标准溶液的用量，mL；

　　　C——硝酸银标准溶液的物质的量浓度，mol·L^{-1}；

　　　m——试样的质量，g；

　　　58.44——NaCl 的摩尔质量，g·mol^{-1}。

（2）水溶液的反应。称取 5 g 晶体产品，称准至 0.01 g，溶于 50 mL 不含 CO$_2$ 的水中，加 2 滴 1% 酚酞指示剂，溶液应无色，加 0.05 mL 1 mol·L^{-1} NaOH 标准溶液，溶液应呈粉红色，表明水溶液反应合格。

（3）用比浊法检验试样中的 SO$_4^{2-}$。在小烧杯中称取 1 g 试样，称准至 0.01 g，加 10 mL 蒸馏水溶解后，完全转入 25 mL 比色管中。再加入 1 mL 3 mol·L^{-1} HCl、3.00 mL 25% BaCl$_2$ 溶液和 5 mL 95% 的乙醇，加蒸馏水稀释至刻度，摇匀，静置后与下列含 SO$_4^{2-}$ 质量的标准液[1] 进行比浊。根据溶液浑浊的程度，判断产品中 SO$_4^{2-}$ 杂质含量所达到的等级：一级，优级纯为 0.01 mg；二级，分析纯为 0.02 mg；三级，化学纯为 0.05 mg。

五、注　释

[1]　含 0.01 g·L^{-1} SO$_4^{2-}$ 的标准比浊液由实验室根据 GB 602—77 硫酸盐标准溶液的配制方法配制。配制方法：称取 0.148 g 于 105 ~ 110 °C 干燥至恒重的无水硫酸钠，溶于蒸馏水，移入 1 000 mL 容量瓶中，稀释至刻度。用吸量管分别吸取 1.00 mL、2.00 mL 及 5.00 mL 浓度为 0.01 g·L^{-1} 的 Na$_2$SO$_4$ 标准溶液，加到三支 25 mL 比色管中，再各加入 3.00 mL 25% BaCl$_2$ 溶液、1 mL 3 mol·L^{-1} HCl 溶液及 5 mL 95% 乙醇，用蒸馏水稀释至刻度，摇匀。

六、思　考　题

1. 粗盐中含有哪些杂质？如何用化学方法除去？怎样检验其可溶性杂质是否沉淀完全？

2. 为什么首先要把不溶性杂质与 SO$_4^{2-}$ 一起除去？为什么要将硫酸钡过滤掉后再加碳酸钠？

3. 为什么粗盐提纯过程中加氯化钡和碳酸钠后，均要加热至沸？

4. 在产品干燥前，为什么要将氯化钠抽干？有何好处？

5. 哪些情况会造成产品收率过高？

3.3 五水硫酸铜的提纯

一、实 验 目 的

1. 掌握重结晶法提纯物质的原理和方法。

2. 巩固加热、溶解、蒸发浓缩、结晶、常压过滤、减压过滤等基本操作。

二、实 验 原 理

$CuSO_4 \cdot 5H_2O$ 为可溶性晶体物质。根据物质的溶解度不同，可溶性晶体物质中的杂质包括难溶于水的杂质和易溶于水的杂质。一般可先用溶解、过滤的方法，除去可溶性晶体物质中所含的难溶于水的杂质，再用重结晶法将可溶性晶体物质中的易溶于水的杂质分离。

由于晶体物质的溶解度一般随温度的降低而减小，当热饱和溶液冷却时，待提纯的物质首先结晶析出，而少量杂质由于尚未达到饱和，仍留在母液中。

粗 $CuSO_4 \cdot 5H_2O$ 晶体中的杂质通常以 $FeSO_4$，$Fe_2(SO_4)_3$ 为最多。当蒸发浓缩 $CuSO_4$ 溶液时，亚铁盐易氧化为铁盐，而铁盐易水解，有可能生成 $Fe(OH)_3$ 沉淀，混杂于析出的 $CuSO_4 \cdot 5H_2O$ 晶体中，所以在蒸发浓缩的过程中，溶液应保持酸性。

若亚铁盐或铁盐含量较多，可先用 H_2O_2 将 Fe^{2+} 氧化为 Fe^{3+}，再调节溶液的 pH 值至约为 4，使 Fe^{3+} 水解为 $Fe(OH)_3$ 沉淀，过滤而除去。相关反应的化学方程式如下：

$$2Fe^{2+} + H_2O_2 + 2H^+ \Longrightarrow 2Fe^{3+} + 2H_2O$$

$$Fe^{3+} + 3H_2O_2 \xrightarrow{pH \approx 4} 2Fe(OH)_3 \downarrow + 3H^+$$

三、器 材 及 试 剂

器材：坩埚，泥三角，坩埚钳，干燥器，沙浴盘，温度计（300 ℃），酒精灯，分析天平，滤纸，沙子。

试剂：胆矾（s）。

四、实 验 内 容

1. 溶 解

用台秤称取 4 g 粗 $CuSO_4 \cdot 5H_2O$（大块的 $CuSO_4 \cdot 5H_2O$ 晶体应先在研钵中研细，每次研磨的量不宜过多。研磨时，不得用研棒敲击，应慢慢转动研棒，轻压晶体成细粉末），放入洁净的 100 mL 烧杯中，加入 20 mL 蒸馏水。然后将烧杯置于石棉网上加热，并用玻璃棒搅拌。当粗 $CuSO_4$ 完全溶解时，立即停止加热。

2. 沉　淀

往上述溶液中加入 10 滴 3% H_2O_2 溶液，加热，逐滴加入 0.5 mol·L^{-1} NaOH 溶液直至 pH = 4（用 pH 试纸检验），再加热片刻，放置，使 Fe^{3+} 全部转化为红棕色 $Fe(OH)_3$ 沉淀。

注意：用 pH 试纸（或石蕊试纸）检验溶液的酸碱性时，应将小块试纸放入干燥清洁的表面皿上，然后用玻璃棒蘸取待检验溶液点在试纸上，切勿将试纸投入溶液中检验。

3. 过　滤

趁热过滤硫酸铜溶液，滤液承接在清洁的蒸发皿中。洗涤烧杯及玻璃棒，洗涤水也应全部滤入蒸发皿中。

4. 蒸发浓缩、结晶

在滤液中滴入 2 滴 1 mol·L^{-1} H_2SO_4 溶液，使溶液酸化，然后放在石棉网上加热蒸发浓缩，同时用玻璃棒搅拌（加热不可过猛，以免液体溅失）。当溶液表面出现一层极薄的晶膜时，停止加热。静置冷却至室温，使 $CuSO_4·5H_2O$ 充分结晶析出。

5. 减压过滤

将蒸发皿中的母液和 $CuSO_4·5H_2O$ 晶体用玻璃棒全部转移到布氏漏斗中，减压过滤，尽量抽干，并用干净的玻璃棒轻轻挤压布氏漏斗中的晶体，尽可能除去晶体间夹的母液。停止减压过滤，将晶体转移到已备好的干净滤纸上，再用滤纸尽量吸干母液，称重，计算回收率。晶体倒入 $CuSO_4·5H_2O$ 回收瓶中。

五、思考题

1. 粗 $CuSO_4·5H_2O$ 溶解时，加热和搅拌起什么作用？
2. 用重结晶法提纯 $CuSO_4·5H_2O$，在蒸发滤液时，为什么加热不可过猛？为什么不可将滤液蒸干？
3. 滤液为什么必须经过酸化后才能进行加热浓缩？在浓缩过程中应注意哪些问题？
4. 在提纯 $CuSO_4·5H_2O$ 过程中，为什么要加 H_2O_2 溶液，并保持溶液的 pH 值约为 4？
5. 为了提高精制 $CuSO_4·5H_2O$ 的回收率，实验过程中应注意哪些问题？

3.4　纸色谱

一、实验目的

1. 学习纸色谱的原理与应用。
2. 掌握纸色谱的操作技术。

二、实验原理

纸色谱是一种分配色谱，以滤纸作为载体，纸纤维上吸附的水（一般纤维能吸附 20% ~

25%的水分）为固定相，与水不相混溶的有机溶剂作为流动相。当样品点在滤纸的一端，放在一个密闭的容器中，流动相从有样品的一端通过毛细管作用流向另一端时，溶质在两相间的分配系数不同，从而达到分离的目的。通常极性大的组分在固定相中分配得多，随流动相移动的速度会慢一些；极性小的组分在流动相中分配得少一些，随流动相移动速度就快一些。在给定条件下（展开剂的选择等），化合物移动的距离与展开剂前沿移动的距离之比值（R_f值）是给定化合物特有的常数（图3-3）。即

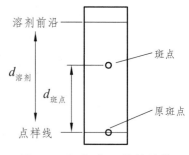

图 3-3　纸色谱 R_f 值的计算

$$R_f = \frac{\text{样品原点中心到斑点中心的距离}}{\text{样品原点中心到溶剂前沿的距离}} = \frac{d_{\text{斑点}}}{d_{\text{溶剂}}}$$

纸色谱可用比移值（R_f值）与已知物对比的方法，作为鉴定化合物的手段。

纸色谱法多数用于多官能团或极性较大的化合物如糖、氨基酸等的分离，对亲水性强的物质分离较好，对亲脂性的物质则较少用纸色谱。利用纸色谱进行分离，所费时间较长，一般需要几小时到几十小时；但由于它设备简单，试剂用量少，便于保存等优点，在实验室条件受限时常用此法。

三、器材及试剂

器材：8 cm×15 cm 滤纸，铅笔，毛细管，标本缸，玻璃片，烘箱，喷雾器。

试剂：三个标准氨基酸试样，三个标准氨基酸混合试样，展开剂（乙醇-水-醋酸），茚三酮溶液。

四、操作方法

纸色谱的操作方法分为滤纸和展开剂的选择、点样、展开、显色和结果处理五步。其中前两步是做好纸色谱的关键。

1. 滤纸的选择与处理

（1）滤纸要质地均匀、平整、无折痕、边缘整齐，以保证展开剂展开速度均一。滤纸应有一定的机械强度。

（2）纸纤维应有适宜的松紧度。太疏松易使斑点扩散，太紧密则展开剂流速太慢，所费时间长。

（3）纸质要纯，杂质少，无明显荧光斑点，以免与色谱斑点相混淆。

有时为了适应某些特殊化合物的分离，需将滤纸作特殊处理。如分离酸、碱性物质时为保持恒定的酸碱度，可将滤纸浸于一定的 pH 缓冲溶液中预处理后再用，或在展开剂中加一定比例的酸或碱。在选用滤纸型号时，应结合分离对象考虑。对 R_f 值相差很小的混合物，宜采用慢速滤纸，对 R_f 值相差较大的混合物，则可采用快速或中速滤纸。厚纸载量大，供制备或定量用，薄纸则一般供定性用。

2. 展开剂的选择

选择展开剂时，要从待分离物质在两相中的溶解度和展开剂的极性来考虑。对极性化合物来说，增加展开剂中极性溶剂的比例，可以增大比移值；增加展开剂中非极性溶剂的比例，可以减小比移值。此外，还应考虑分离的物质在两相中有恒定的分配比，最好不随温度而改变，易达到分配平衡。

分配色谱所选用的展开剂与吸附色谱有很大不同，多采用含水的有机溶剂。纸色谱最常用的展开剂是用水饱和的正丁醇、正戊醇、酚等，有时也加入一定比例的甲醇、乙醇等。加入这些溶剂，可增加水在正丁醇中的溶解度，增大展开剂的极性，增强对极性化合物的展开能力。

3. 样品的处理及点样

用于色谱分析的样品，一般需初步提纯，如氨基酸的测定，不能含有大量的盐类、蛋白质，否则互相干扰，分离不清。样品溶于适当的溶剂中，尽量避免用水，因水溶液斑点易扩散，并且水不易挥发除去，一般用丙酮、乙醇、氯仿等。最好用与展开剂极性相近的溶剂。若为液体样品，一般可直接点样，点样时用内径约 0.5 mm 的毛细管或微量注射器吸放试样，轻轻接触滤纸，控制点的直径在 2 ~ 3 mm，立即用冷风将其吹干。

4. 展　开

纸色谱需要在密闭的层析缸中展开。层析缸中先加入少量选择好的展开剂，放置片刻，使缸内空间为展开剂所饱和，再将点好样的滤纸放入缸内，展开剂的水平面应在点样线以下约 1 cm。也有在滤纸点好样后，将准备作为展开剂的混合溶剂振摇混合，分层后取下层水溶液作为固定相，上层有机溶剂作为流动相。方法是先将滤纸悬在用有机溶剂饱和的水溶液的蒸气中，但不和水溶液接触，密闭饱和一定时间，然后，再将滤纸点样的一端放入展开剂中进行展开。这样做的原因有两个：① 流动相若没有预先被水饱和，则展开过程中就会把固定相中的水分夺去，使分配过程不能正常进行。② 滤纸先在水蒸气中吸附足够量的作为固定相的水分。

按展开方式，纸色谱又分为上行法、下行法、水平展开法。

5. 显色与结果处理

当展开剂移动到滤纸长度的 3/4 距离时取出滤纸，用铅笔画出溶剂前沿，然后用冷风吹干。通常先在日光下观察，画出有色物质的斑点位置，然后在紫外灯下观察有无荧光斑点，并记录其颜色、位置及强弱，最后利用物质的特性反应喷洒适当的显色剂使斑点显色。按 R_f 值计算公式计算出各斑点的比移值。

五、实验内容

取一条 8 cm × 15 cm 滤纸，在滤纸短边 1 cm 处用铅笔轻轻画上一条线，在线上轻轻打上 4 个点（等距并编号）。用毛细管蘸试样在铅笔线的点上打三个标准氨基酸试样斑点（每打一个试样，换一根毛细管，以免弄脏样品）。再用毛细管打上一个混合物的斑点，把滤纸放在空气中晾干。斑点的直径约为 1.5 mm，不宜过大。将试样编号记于实验记录本上。

取一标本缸，加入 20 mL 乙醇-水-醋酸展开剂，盖上玻璃片使标本缸内形成此溶液的饱和蒸气。将滤纸小心放入上述标本缸中，不要碰及缸壁。当展开剂的前沿位置达到距滤纸上端约 1 cm 处，小心取出滤纸，用铅笔画出展开剂前沿位置。记下展开剂吸附上升所需的时间、温度和高度。将此滤纸于 105 ℃ 烘箱中烘干。

用洗相的方式将滤纸在茚三酮溶液中浸泡一下或用喷雾方式将茚三酮溶液均匀地喷在滤纸上，并放回烘箱中于 105 ℃ 烘干。此时，由于氨基酸与茚三酮溶液作用而使斑点显色。用铅笔划出斑点的轮廓以供保存。量出每个斑点中心到原点的距离，计算每个氨基酸的 R_f 值。

六、思考题

1. 纸色谱法所依据的原理是什么？
2. 纸色谱中，为什么样品点样处不能浸泡在展开剂中？
3. 测定 R_f 值的意义是什么？R_f 值常受哪些因素的影响？

3.5　一种钴（Ⅲ）配合物的制备

一、实验目的

1. 掌握制备金属配合物最常用的方法——水溶液中的取代反应和氧化还原反应。
2. 学习使用电导率仪测定配合物组成的原理和方法。

二、实验原理

运用水溶液中的取代反应来制取金属配合物，是在水溶液中的一种金属盐和一种配体之间的反应，实际上是用适当的配体来取代水合配离子中的水分子。氧化还原反应是将不同氧化态的金属配合物在配体存在下适当地氧化或还原，制得所需的金属配合物。

Co(Ⅱ)的配合物能很快地进行取代反应（是活性的），而 Co(Ⅲ)配合物的取代反应则很慢（是惰性的）。Co(Ⅲ)配合物的制备过程一般是，通过 Co(Ⅱ)（实际上是它的水合物）和配体之间的快速反应生成 Co(Ⅱ)的配合物，然后使它被氧化成为相应的 Co(Ⅲ)配合物（配位数均为 6）。

常见的 Co(Ⅲ)配合物有 $[Co(NH_3)_6]^{3+}$（黄色）、$[Co(NH_3)_5(H_2O)]^{3+}$（粉红色）、$[Co(NH_3)_5Cl]^{2+}$（紫红色）、$[Co(NH_3)_4CO_3]^+$（紫红色）、$[Co(NH_3)_3(NO_2)_3]$（黄色）、$[Co(CN)_6]^{3-}$（紫色）、$[Co(NO_2)_6]^{3-}$（黄色）等。

用化学分析方法确定某配合物的组成，通常先确定配合物的外界，然后将配离子破坏，再来看其内界。配离子的稳定性受很多因素影响，通常可用加热或改变溶液酸碱性来破坏它。本实验先初步推断，一般用定性、半定量甚至估量的分析方法。推定配合物的化学式后，可用电导率仪测定一定浓度配合物溶液的导电性，与已知电解质溶液进行对比，可确定该配合物化学式中含有几个离子，进一步确定其化学式。

游离的 Co(Ⅱ)离子在酸性溶液中可与硫氰化钾作用生成蓝色配合物 $[Co(SCN)_4]^{2-}$。因其在水中离解度大，故常加入硫氰化钾浓溶液或固体，并加入戊醇和乙醚，以提高其稳定性。由此可用来鉴定 Co(Ⅱ)离子的存在。其反应如下：

$$Co^{2+} + 4SCN^- \rightleftharpoons [Co(SCN)_4]^{2-} （蓝色）$$

游离的 NH_4^+ 可用奈氏试剂鉴定，其反应如下：

$$NH_4^+ + 2[HgI_4]^{2-} + 4OH^- \rightleftharpoons [O(Hg)_2(NH_2)]I\downarrow + 7I^- + 3H_2O$$

奈氏试剂　　　　　　　　　红褐色

三、器材及试剂

器材：电子台秤，烧杯，锥形瓶，量筒，研钵，漏斗，15 mL 试管，滴管，药勺，试管夹，漏斗架，温度计，电导率仪，pH 试纸，滤纸等。

试剂：氯化铵，氯化钴，硫氰化钾，浓氨水，浓硝酸，盐酸（6 mol·L⁻¹），浓 H_2O_2(30%)，$AgNO_3$（2 mol·L⁻¹），$SnCl_2$（0.5 mol·L，新配），奈氏试剂，乙醚，戊醇等。

四、实验内容

1. 制备 Co(Ⅲ)配合物

在锥形瓶中将 1.0 g 氯化铵溶于 6 mL 浓氨水中，待完全溶解后持锥形瓶颈不断振荡，使溶液均匀。分数次加入 2.0 g 氯化钴粉末，边加边摇动，加完后继续摇动使溶液呈棕色稀浆。再往其中滴加 30% 的过氧化氢 2 ~ 3 mL，边加边摇动，加完后再摇。当溶液中停止起泡时，慢慢加入 6 mL 浓盐酸，边加边摇动，并在酒精灯上微热（不能加热至沸，温度不要超过 85 ℃），边摇边加热 10 ~ 15 min，然后在室温下冷却混合物并摇动，待完全冷却后过滤。用 5 mL 冷水分数次洗涤沉淀，接着用 5 mL 冷的 6 mol·L⁻¹ 盐酸洗涤，产物在 105 ℃ 左右烘干并称量。

2. 组成的初步推断

（1）称取 0.25 g 所制的产物于小烧杯中，加入 25 mL 蒸馏水，溶解后用 pH 试纸检验其酸碱性。

（2）用试管取 5 mL 上述配制的溶液，慢慢滴加 2 mol·L⁻¹ 硝酸银溶液并振荡试管，直至加一滴硝酸银溶液后上部清液没有沉淀生成。然后过滤，往滤液中加 1 mL 浓硝酸并振荡试管，再往溶液中滴加硝酸银溶液，看有无沉淀，若有，比较一下与前面沉淀的量的多少。

（3）用试管取 2 ~ 3 mL（1）中所得的溶液，加几滴 0.5 mol·L⁻¹ 氯化亚锡溶液（为什么？），振荡后加入一粒绿豆粒大小的硫氰化钾固体，振荡后再加入 1 mL 戊醇、1 mL 乙醚。振荡后观察上层溶液的颜色（为什么？）。

（4）用试管取 2 mL（1）中所得的溶液，再加入少量蒸馏水，得清亮溶液后，加 2 滴奈氏试剂，观察现象。

（5）将（1）中剩下的溶液加热，看溶液变化，直至完全变成棕黑色后停止加热，冷却后用 pH 试纸检验溶液的酸碱性，然后过滤（必要时用双层滤纸）。取所得清液，再分别做一次（3）（4）实验。观察现象，与原来有什么不同？通过这些实验，你能推断出此配合物的组成吗？能写出其化学式吗？

（6）由上述自己初步推断的化学式配制该配合物浓度为 0.01 mol·L^{-1} 的溶液 100 mL，用电导率仪测量其电导率，然后稀释 10 倍再测其电导率，并与表 3-3 对比，确定其化学式中所含离子数。

表 3-3 几种电解质的电导率

电解质	类 型	电导率/S	
		0.01 mol·L^{-1}	0.001 mol·L^{-1}
KCl	1-1 型(2)	1230	133
BaCl$_2$	1-2 型(3)	2150	250
K$_3$[Fe(CN)$_6$]	1-3 型(4)	3400	420

注：电导率的 SI 制单位为西门子，符号为 S，1 S = 1 Ω^{-1}。

五、思考题

1. 要使本实验制备的产品的产率高，哪些步骤是比较关键的？为什么？

2. 将氯化钴加入氯化铵与浓氨水的混合液中，可发生什么反应，生成何种配合物？

3. 上述实验中加过氧化氢的作用是什么？如不用过氧化氢还可以用哪些物质，用这些物质有什么不好？

4. 上述实验中加浓盐酸的作用是什么？

5. 有 5 个不同的配合物，试分析其组成后确定有共同的实验式：K$_2$N$_2$H$_6$CoCl$_2$I$_2$；电导测定得知，在水溶液中 5 个化合物的电导率数值均与硫酸钠相近。请写出 5 个不同配离子的结构式，并说明不同配离子间有何不同。

3.6 碱式碳酸铜的制备

一、实验目的

1. 通过碱式碳酸铜制备条件的探求和生成物颜色、状态的分析，研究制备反应的合理配料比并确定制备反应合适的温度条件。

2. 初步培养学生独立设计实验、进行实验研究的能力。

二、实验原理

碱式碳酸铜 Cu$_2$(OH)$_2$CO$_3$ 为天然孔雀石的主要成分，呈暗绿色或淡蓝绿色，加热至 200 ℃ 即分解，在水中的溶解度很小，溶于酸，新制备的试样在沸水中很易分解。

三、器材及试剂

器材：托盘天平，容量瓶，玻璃棒，小烧杯，试管，水浴锅，量筒，抽滤装置，滤纸，试剂瓶。

试剂：CuSO$_4$，Na$_2$CO$_3$。

四、实验内容

1．反应物溶液配制

配制 0.5 mol·L^{-1} 的 $CuSO_4$ 溶液和 0.5 mol·L^{-1} 的 Na_2CO_3 溶液各 100 mL。

2．制备反应条件的探求

（1）$CuSO_4$ 和 Na_2CO_3 溶液的合适配比

4 支试管内均加入 2.0 mL 0.5 mol·L^{-1} 的 $CuSO_4$ 溶液，再分别取 0.5 mol·L^{-1} 的 Na_2CO_3 溶液 1.6 mL、2.0 mL、2.4 mL 及 2.8 mL，依次加入另外 4 支编号的试管中。将 8 支试管放在 75 ℃ 的恒温水浴中，几分钟后，依次将 $CuSO_4$ 溶液分别倒入不同体积的 Na_2CO_3 溶液中，振荡试管，比较各试管中沉淀生成的速度、沉淀的数量及颜色，从中得出两种反应物溶液以何种比例混合为最佳。

（2）反应温度的探索

在 3 支试管中各加入 2.0 mL 0.5 mol·L^{-1} 的 $CuSO_4$ 溶液，另取 3 支试管，各加入由上述实验（1）得到的合适用量的 0.5 mol·L^{-1} Na_2CO_3 溶液。从这两列试管中各取一支，将它们置于室温，数分钟恒温后将 $CuSO_4$ 溶液分别倒入 Na_2CO_3 溶液中，振荡并观察现象。按照同样操作过程试验在 50 ℃ 和 100 ℃ 恒温后进行反应，由实验结果确定制备反应的合适温度。

（3）碱式碳酸铜的制备

取 60 mL 0.5 mol·L^{-1} 的 $CuSO_4$ 溶液，根据上面实验确定的反应物合适比例及适宜温度制备碱式碳酸铜。待沉淀完全后，放置 15 min，减压过滤，用蒸馏水洗涤沉淀数次，直到沉淀中不含 SO_4^{2-} 为止，吸干。

将所得产品在烘箱中于 100 ℃ 烘干，待冷至室温后称量，并计算产率。

五、思考题

1．哪些铜盐适用于制取碱式碳酸铜？写出硫酸铜和碳酸钠反应的化学方程式。

2．估计反应的条件，如反应温度、反应物浓度及反应物配比对反应产物是否有影响。

3．除反应物的配比和反应的温度对本实验的结果有影响外，反应物的种类、反应进行的时间等因素是否对产物的质量有影响？

4．自行设计一个实验，测定产物中铜及碳酸根的含量，从而分析所制得的碱式碳酸铜的质量。

3.7　硝酸钾的制备和提纯

一、实验目的

1．观察验证盐类的溶解度和温度的关系。

2．利用物质溶解度随温度变化的差别，学习用转化法制备硝酸钾。

3. 进一步练习溶解、过滤、结晶等基本操作，学习用重结晶法提纯物质。

二、实验原理

本实验采用转化法由 $NaNO_3$ 和 KCl 制备硝酸钾，其反应如下：

$$NaNO_3 + KCl \Longrightarrow NaCl + KNO_3$$

该反应是可逆的，因此可以改变反应条件使反应向右进行。

$NaNO_3$、KCl、$NaCl$、KNO_3 在不同温度下的溶解度（g/100 g 水）如表 3-4 所示。

表 3-4　$NaNO_3$、KCl、$NaCl$、KNO_3 在不同温度下的溶解度

g/100 g 水

盐	温度/°C							
	0	10	20	30	40	60	80	100
$NaNO_3$	13.3	20.9	31.6	45.8	63.9	110.0	169	246
KCl	27.6	31.0	34.0	37.0	40.0	45.5	51.1	56.7
KNO_3	73	80	88	96	104	124	148	180
$NaCl$	35.7	35.8	36.0	36.3	36.6	37.3	38.4	39.8

根据表 3-4 绘制温度-溶解度曲线，如图 3-4 所示。

由图 3-4 可以看出，4 种盐的溶解度在不同温度下的差别是非常显著的，氯化钠的溶解度随温度变化不大，而硝酸钾的溶解度随温度的升高却迅速增大。因此，将一定量的固体硝酸钾和氯化钠在较高温度溶解后加热浓缩时，由于氯化钠的溶解度增加很少，随着浓缩，溶剂水减少，氯化钠晶体首先析出。而硝酸钾溶解度增加很多，达不到饱和，所以不析出。趁热减压抽滤，可除去氯化钠晶体。然后将此滤液冷却至室温，硝酸钾因溶解度急剧下降而析出，过滤后可得含少量氯化钠等杂志的硝酸钾晶体。再经过重结晶提纯，可得硝酸钾纯品。KNO_3 中的杂质 $NaCl$ 利用 Cl^- 和 Ag^+ 生成 $AgCl$ 沉淀来检验。

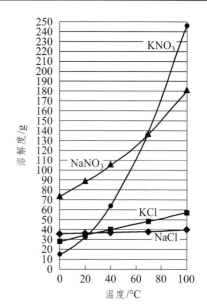

图 3-4　$NaNO_3$、KCl、$NaCl$、KNO_3 的温度-溶解度曲线

三、器材及试剂

器材：托盘天平，小烧杯，量筒，玻璃棒，温度计，水浴锅，抽滤装置，滤纸。

试剂：硝酸钠，氯化钾，0.1 mol·L^{-1} 硝酸银溶液。

四、实验内容

（1）称取 10 g 硝酸钠和 8.5 g 氯化钾固体，倒入 100 mL 烧杯中，加入 20 mL 蒸馏水。

（2）将盛有原料的烧杯放在石棉网上加热，并不断搅拌，至固体全溶，记下烧杯中液面的位置。当溶液沸腾时用温度计测溶液此时的温度，并记录。

（3）继续加热并不断搅拌溶液，当加热至烧杯内溶液剩下原有体积的 2/3 时，已有氯化钠析出，趁热快速减压抽滤（布氏漏斗在沸水中预热）。

（4）将滤液转移至烧杯中，并用 5 mL 热的蒸馏水分数次洗涤吸滤瓶，洗液转入盛滤液的烧杯中，记下此时烧杯中液面的位置。加热至滤液体积只剩原有体积的 3/4 时，冷却至室温，观察析出的晶体状态。用减压抽滤把硝酸钾晶体尽量抽干，得到粗产品，称量。

（5）除留下绿豆粒大小的晶体供纯度检验外，按粗产品、水的质量比 2∶1 将粗产品溶于蒸馏水中，加热，搅拌，待晶体全部溶解后停止加热。待溶液冷却至室温后抽滤，得到纯度较高的硝酸钾晶体，称量。

（6）纯度检验

分别取绿豆粒大小的粗产品和一次重结晶得到的产品，放入两支小试管中，各加入 2 mL 蒸馏水配成溶液。在溶液中分别滴加 0.1 mol·L^{-1} 硝酸银溶液 2 滴，观察现象，进行对比，重结晶后的产品溶液应为澄清。若重结晶后的产品中仍然检验出氯离子，则产品应再次重结晶。

五、思 考 题

1. 产品的主要杂质是什么？
2. 溶液沸腾后为什么温度高达 100 ℃ 以上？
3. 能否将除去氯化钠后的滤液直接冷却制取硝酸钾？

3.8 硫酸铝钾大晶体的制备

一、实 验 目 的

1. 了解硫酸铝钾大晶体的制备方法，认识铝和氢氧化铝的两性。
2. 进一步练习溶解、过滤、结晶等基本操作。

二、实 验 原 理

铝屑溶于浓氢氧化钠溶液，可生成可溶性的四羟基合铝(Ⅲ)酸钠 $Na[Al(OH)_4]$，再用稀硫酸调节溶液的 pH 值，将其转化为氢氧化铝，使氢氧化铝溶于硫酸生成硫酸铝。硫酸铝能同碱金属硫酸盐如硫酸钾在水溶液中结合成一类在水中溶解度较小的同晶的复盐，此复盐称为硫酸铝钾，俗名明矾$[KAl(SO_4)_2·12H_2O]$。当冷却溶液时，硫酸铝钾则以大块结晶体析出来。

制备反应的化学方程式如下：

$$2Al+2NaOH+6H_2O \rule{2em}{0.5pt} 2Na[Al(OH)_4]+3H_2\uparrow$$

$$2Na[Al(OH)_4]+H_2SO_4 \rule{2em}{0.5pt} 2Al(OH)_3\downarrow+Na_2SO_4+2H_2O$$

$$2Al(OH)_3+3H_2SO_4 \rule{2em}{0.5pt} Al_2(SO_4)_3+6H_2O$$

$$Al_2(SO_4)_3 + K_2SO_4 + 24H_2O = 2KAl(SO_4)_2 \cdot 12H_2O$$

三、器材及试剂

器材：烧杯，量筒，漏斗，抽滤装置，表面皿，蒸发皿，酒精灯等。

试剂：$3\ mol \cdot L^{-1}\ H_2SO_4$，废拉罐，氢氧化钠，硫酸钾。

四、实验内容

1. 制备 Na[Al(OH)₄]

在台秤上用表面皿快速称量固体氢氧化钠 2.0 g，迅速将其转移至 250 mL 烧杯中，加 40 mL 蒸馏水溶解。称量 1 g 废易拉罐，切碎，分次加入溶液中。将烧杯置于热水浴中加热（反应激烈，防止溅出）。反应完毕后，趁热常压过滤。

2. 氢氧化铝的生成和洗涤

在上述四羟基合铝酸钠溶液中加入 8 mL 左右 $3\ mol \cdot L^{-1}\ H_2SO_4$ 溶液，使溶液的 pH 值在 8～9 为止（应充分搅拌后再检验溶液的酸碱性）。此时溶液中生成大量的白色氢氧化铝沉淀，抽滤，并用热水洗涤沉淀，洗至溶液的 pH 值至 7～8 为止。

3. 硫酸铝钾大晶体的制备

将抽滤后所得的氢氧化铝沉淀转入蒸发皿中，加入 10 mL H_2SO_4（1∶1）溶液，再加 15 mL 水，小火加热使其溶解，加入 4 g 硫酸钾，继续加热至溶解，将所得溶液在空气中自然冷却。待结晶完全后，减压过滤，用 10 mL 1∶1 的水-酒精混合液洗涤晶体 2 次，将晶体用滤纸吸干，称量，计算产率。

注意：

（1）第 2 步用热水洗涤氢氧化铝沉淀一定要彻底，以免后面所制得的产品不纯。

（2）制得的硫酸铝钾溶液一定要自然冷却得到晶体，而不能骤冷。

五、思考题

1. 本实验是在哪一步中除掉铝中的杂质铁的？
2. 用热水洗涤氢氧化铝沉淀时，是除去什么离子？
3. 制得的硫酸铝钾溶液为何采用自然冷却得到结晶，而不采用骤冷的办法？

3.9 二氧化碳相对分子质量的测定

一、实验目的

1. 学习气体相对密度法测定相对分子质量的原理和方法。
2. 加深理解理想气体状态方程和阿伏伽德罗定律。
3. 巩固启普气体发生器的使用，熟悉洗涤、干燥气体的装置。

二、实验原理

根据阿伏伽德罗定律，在同温同压下，同体积的任何气体含有相同数目的分子。

对于 p、V、T 相同的 A、B 两种气体。若以 m_A、m_B 分别代表 A、B 两种气体的质量，M_A、M_B 分别代表 A、B 两种气体的摩尔质量。其理想气体状态方程分别为

气体 A：
$$pV = \frac{m_A}{M_A}RT \tag{3.1}$$

气体 B：
$$pV = \frac{m_B}{M_B}RT \tag{3.2}$$

由式（3.1）、（3.2）整理得：

$$\frac{m_A}{m_B} = \frac{M_A}{M_B} \tag{3.3}$$

于是得出结论：在同温同压下，同体积的两种气体的质量之比等于其摩尔质量之比。由于摩尔质量在数值上等于该分子的相对分子质量，故摩尔质量之比也等于其相对分子质量之比。

因此，我们应用上述结论，以同温同压下，同体积二氧化碳与空气相比较。因为已知空气的平均相对分子质量为 29.0，所以只要测得二氧化碳与空气在相同条件下的质量，便可根据式（3.3）求出二氧化碳的相对分子质量。即

$$M_r(CO_2) = \frac{m(CO_2)}{m_{空气}} \times 29.0 \tag{3.4}$$

式中　29.0——空气的平均相对分子质量。

式中体积为 V 的二氧化碳的质量 $m(CO_2)$ 可直接从分析天平上称出。同体积空气的质量可根据实验时测得的大气压（p）和温度（T），利用理想气体状态方程计算得到。

三、器材及试剂

器材：分析天平，托盘天平，启普气体发生器，洗气瓶，干燥管，磨口锥形瓶，玻璃棉，玻璃管，橡皮管。

试剂：石灰石，无水氯化钙，HCl 溶液（6 mol·L^{-1}），NaHCO$_3$ 溶液（1 mol·L^{-1}），CuSO$_4$ 溶液（1 mol·L^{-1}），浓硫酸。

四、实验内容

按图 3-5 装配好制取二氧化碳的实验装置。因石灰石中含有硫，所以在气体发生过程中有硫化氢、酸雾和水汽产生。此时可通过硫酸铜溶液、碳酸氢钠溶液以及无水氯化钙（或浓硫酸）除去硫化氢、酸雾和水汽。

取一洁净而干燥的磨口锥形瓶，并在分析天平上称量（空气+瓶+瓶塞）的质量。

在启普气体发生器中产生二氧化碳气体，经过净化、干燥后导入锥形瓶中。由于二氧化碳的密度略大于空气，所以必须把导管插至瓶底。等 4~5 min 后，轻轻取出导管，用塞

子塞住瓶口，在锥形瓶颈上记下塞子下沿的位置。在分析天平上称量二氧化碳、瓶、塞的总质量。重复通二氧化碳气体和称量的操作，直到前后两次称量的质量相差≤2 mg。最后在锥形瓶内装入水，使水的液面和瓶颈上先前画的标记相齐，在托盘天平上准确称量锥形瓶、水和塞子的质量。

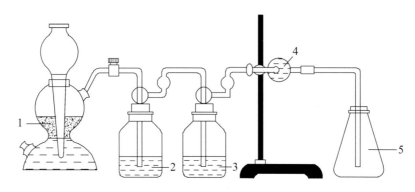

图 3-5　制取、净化和收集 CO_2 装置图

1—石灰石＋稀盐酸；2—$CuSO_4$溶液；3—$NaHCO_3$溶液；4—无水氯化钙；5—锥形瓶

然后根据所测数据，利用式（3.4）求得二氧化碳的相对分子质量。

五、思考题

1. 为什么二氧化碳气体、瓶、塞的总质量要在分析天平上称量，而水+瓶+塞的质量可以在托盘天平上称量？两者的要求有何不同？

2. 哪些物质可用此法测定相对分子质量？哪些不可以？为什么？

3. 指出实验装置中各部分的作用，并写出有关反应方程式。

3.10　化学反应速率与活化能的测定

一、实验目的

1. 了解浓度、温度和催化剂对反应速率的影响。

2. 测定过二硫酸铵与碘化钾的反应速率，并计算反应级数、反应速率常数和反应的活化能。

二、实验原理

在水溶液中，过二硫酸铵和碘化钾发生如下反应：

$$(NH_4)_2S_2O_8 + 3KI \Longrightarrow (NH_4)_2SO_4 + K_2SO_4 + KI_3$$

$$S_2O_8^{2-} + 3I^- \Longrightarrow 2SO_4^{2-} + I_3^- \qquad (1)$$

其反应的微分速率方程可表示为

$$v = kc^m(S_2O_8^{2-})c^n(I^-) \tag{3.5}$$

式中　v——此条件下反应的瞬时速率，若 $c(S_2O_8^{2-})$、$c(I^-)$ 是起始浓度，则 v 表示初速率（v_0）；

　　　k——反应速率常数；

　　　m 与 n 之和——反应的总级数。

实验能测定的速率是在一段时间间隔（Δt）内反应的平均速率（$\overline{v}$）。如果在 Δt 时间内 $S_2O_8^{2-}$ 浓度的改变为 $\Delta c(S_2O_8^{2-})$，则平均速率为

$$\overline{v} = \frac{-\Delta c(S_2O_8^{2-})}{\Delta t}$$

近似地用平均速率代替初速率，即得

$$v_0 = kc^m(S_2O_8^{2-})c^n(I^-) = \frac{-\Delta c(S_2O_8^{2-})}{\Delta t} \tag{3.6}$$

为了能够测出反应在 Δt 时间内 $S_2O_8^{2-}$ 浓度的改变值，需要在混合 $(NH_4)_2S_2O_8$ 和 KI 溶液的同时，加入一定体积已知浓度的 $Na_2S_2O_3$ 溶液和淀粉溶液，这样在反应（1）进行的同时还进行下面的反应。

$$2S_2O_3^{2-} + I_3^- \Longrightarrow S_4O_6^{2-} + 3I^- \tag{2}$$

反应（2）进行得非常快，几乎瞬间完成，而反应（1）比反应（2）慢得多。因此，由反应（1）生成的 I_3^- 立即与 $S_2O_3^{2-}$ 反应，生成无色的 $S_4O_6^{2-}$ 和 I^-。所以，在反应开始阶段看不到碘与淀粉反应而显示的特有蓝色。但是一旦 $Na_2S_2O_3$ 耗尽，反应（1）继续生成的 I_3^- 就与淀粉反应而呈现出特有的蓝色。

由于从反应开始到蓝色出现标志着 $S_2O_3^{2-}$ 全部耗尽，所以从反应开始到出现蓝色这段时间 Δt 里，$S_2O_3^{2-}$ 浓度的改变 $\Delta c(S_2O_3^{2-})$ 实际上就是 $Na_2S_2O_3$ 的起始浓度。

再从反应式（1）和（2）可以看出，$S_2O_8^{2-}$ 减少的量为 $S_2O_3^{2-}$ 减少量的一半，所以 $S_2O_8^{2-}$ 在 Δt 时间内减少的量可以从下式求得：

$$\Delta c(S_2O_8^{2-}) = \frac{c(S_2O_3^{2-})}{2} \tag{3.7}$$

实验中，通过改变反应物 $S_2O_8^{2-}$ 和 I^- 的初始浓度，测定消耗相等物质的量浓度 $\Delta c(S_2O_8^{2-})$ 所需要的不同的时间间隔（Δt），计算得到反应物不同初始浓度的初速率，进而确定该反应的微分速率方程和反应速率常数。测定多个不同温度下的反应速率常数，再根据阿伦尼乌斯指数定律，通过作图法就可以计算出活化能 E_a。

三、器材及试剂

器材：烧杯，大试管，量筒，秒表，温度计。

试剂：冰，$(NH_4)_2S_2O_8$ 溶液（$0.20\ mol \cdot L^{-1}$），KI 溶液（$0.20\ mol \cdot L^{-1}$），$Na_2S_2O_3$ 溶液（$0.010\ mol \cdot L^{-1}$），KNO_3 溶液（$0.20\ mol \cdot L^{-1}$），$(NH_4)_2SO_4$ 溶液（$0.20\ mol \cdot L^{-1}$），$Cu(NO_3)_2$ 溶液（$0.20\ mol \cdot L^{-1}$），淀粉溶液（$5\ g \cdot L^{-1}$）。

四、实验内容

1. 浓度对化学反应速率的影响

在室温条件下进行表 3-5 中编号 I 的实验。用量筒分别量取 20.0 mL 0.20 mol·L^{-1} KI 溶液、8.0 mL 0.010 mol·L^{-1} Na$_2$S$_2$O$_3$ 溶液和 2.0 mL 淀粉溶液,全部加入烧杯中,混合均匀。然后用另一量筒取 20.0 mL 0.20 mol·L^{-1} (NH$_4$)$_2$S$_2$O$_8$ 溶液,迅速倒入上述混合液中,同时启动秒表,并不断搅拌,仔细观察。当溶液刚出现蓝色时,立即按停秒表,记录反应时间和室温。

用同样方法按照表 3-5 的用量进行编号 II、III、IV、V 的实验。

表 3-5　浓度对反应速率的影响

室温＿＿＿＿＿＿＿＿＿°C

	实验编号	I	II	III	IV	V
试剂用量/mL	(NH$_4$)$_2$S$_2$O$_8$ 溶液（0.20 mol·L^{-1}）	20.0	10.0	5.0	20.0	20.0
	KI 溶液（0.20 mol·L^{-1}）	20.0	20.0	20.0	10.0	5.0
	Na$_2$S$_2$O$_3$ 溶液（0.010 mol·L^{-1}）	8.0	8.0	8.0	8.0	8.0
	淀粉溶液	2.0	2.0	2.0	2.0	2.0
	KNO$_3$ 溶液（0.20 mol·L^{-1}）	0	0	0	10.0	15.0
	(NH$_4$)$_2$SO$_4$ 溶液（0.20 mol·L^{-1}）	0	10.0	15.0	0	0
反应时间 Δt/s						
S$_2$O$_8^{2-}$ 的浓度变化 Δc(S$_2$O$_8^{2-}$)/mol·L^{-1}						
反应速率 v/mol·L^{-1}·s^{-1}						

2. 温度对化学反应速率的影响

按表 3-5 实验 IV 中的药品用量,将装有碘化钾、硫代硫酸钠、硝酸钾和淀粉混合溶液的烧杯以及装有过二硫酸铵溶液的小烧杯同时放入冰水浴中冷却,待它们温度冷却到低于室温 10 °C 时,将过二硫酸铵溶液迅速加入碘化钾等混合溶液中,同时计时,并不断搅动,当溶液刚出现蓝色时,记录反应时间。此实验编号记为 VI。

用同样方法在热水浴中进行高于室温 10 °C 的实验。此实验编号记为 VII。

将此两次实验数据 VI、VII 和实验 IV 的数据记入表 3-6 中进行比较。

表 3-6　温度对化学反应速率的影响

实验编号	VI	IV	VII
反应温度 t/°C			
反应时间 Δt/s			
反应速率 v/mol·L^{-1}·s^{-1}			

3. 催化剂对化学反应速率的影响

按表 3-5 实验Ⅳ的用量，把碘化钾、硫代硫酸钠、硝酸钾和淀粉混合溶液加到 150 mL 烧杯中，再加入 2 滴 0.20 mol·L^{-1} Cu(NO$_3$)$_2$ 溶液，搅匀，然后迅速加入过二硫酸铵溶液，搅动、计时。将此实验的反应速率与表 3-5 中实验Ⅳ的反应速率定性地进行比较，可得到什么结论？

五、思考题

1. 下列操作对实验有何影响？
（1）取用试剂的量筒没有分开专用；
（2）先加 (NH$_4$)$_2$S$_2$O$_8$ 溶液，最后加 KI 溶液；
（3）(NH$_4$)$_2$S$_2$O$_8$ 溶液慢慢加入 KI 等混合溶液中。
2. 为什么在实验Ⅱ、Ⅲ、Ⅳ、Ⅴ中，分别加入 KNO$_3$ 溶液或 (NH$_4$)$_2$SO$_4$ 溶液？
3. 每次实验的计时操作要注意什么？
5. 若不用 S$_2$O$_8^{2-}$，而用 I$^-$ 或 I$_3^-$ 的浓度变化表示反应速率，则反应速率常数 k 是否相同？
6. 化学反应的反应级数是怎样确定的？用本实验的结果加以说明。
7. 用 Arrhenius 公式计算反应的活化能。并与作图法得到的值进行比较。
8. 已知 A（g）$\longrightarrow$ B（l）是二级反应，其数据如表 3-7 所示：

表 3-7 某反应的数据

p_A/kPa	40	26.6	19.1	13.3
t/s	0	250	500	1 000

试计算反应速率常数 k。

3.11 五水硫酸铜结晶水的测定

一、实验目的

1. 了解结晶水合物中结晶水的测定原理和方法。
2. 进一步熟悉分析天平的使用，学习研钵、干燥器等仪器的使用和沙浴加热、恒重等基本操作。

二、实验原理

很多离子型的盐类从水溶液中析出时，常含有一定量的结晶水（或称水合水）。结晶水与盐类结合得比较牢固，但受热到一定温度时，可以脱去结晶水的一部分或全部。胆矾（CuSO$_4$·5H$_2$O）晶体在不同温度下按下列反应逐步脱水。

$$CuSO_4 \cdot 5H_2O \xrightarrow{48\ ℃} CuSO_4 \cdot 3H_2O + 2H_2O$$

$$CuSO_4 \cdot 3H_2O \xrightarrow{99\ ^\circ C} CuSO_4 \cdot H_2O + 2H_2O$$

$$CuSO_4 \cdot H_2O \xrightarrow{218\ ^\circ C} CuSO_4 + H_2O$$

因此，对于经加热能脱去结晶水，又不会发生分解的结晶水合物中结晶水的测定，通常是把一定量的结晶水合物（不含吸附水）置于已灼烧至恒重的坩埚中，加热至较高温度（以不超过被测定物质的分解温度为限）脱水，然后把坩埚移入干燥器中，冷却至室温，再取出用分析天平称量。由结晶水合物经高温加热后的失重值可算出该结晶水合物的质量分数，以及 1 mol 该盐所含结晶水的物质的量，从而可确定结晶水合物的化学式。由于压力不同、粒度不同、升温速度不同，有时可以得到不同的脱水温度及脱水过程。

三、器材及试剂

器材：坩埚，泥三角，坩埚钳，干燥器，铁架台，铁圈，沙浴盘，温度计（300 ℃），酒精灯，分析天平，滤纸，沙子。

试剂：胆矾（s）。

四、实验内容

1. 恒重坩埚

将一洗净的坩埚及坩埚盖置于泥三角上。小火烘干后，用氧化焰灼烧至红热。将坩埚冷却至略高于室温，再用干净的坩埚钳将其移入干燥器中，冷却至室温（注意：热坩埚放入干燥器后，一定要在短时间内将干燥器盖子打开 1 ~ 2 次，以免内部压力降低，难以打开）后取出，用分析天平称量。重复上述加热、冷却、称重过程，直至恒重。

2. $CuSO_4 \cdot 5H_2O$ 脱水

（1）在已恒重的坩埚中加入 1.0 ~ 1.2 g 研细的 $CuSO_4 \cdot 5H_2O$ 晶体，铺成均匀的一层，再在分析天平上准确称量坩埚及 $CuSO_4 \cdot 5H_2O$ 的总质量，减去已恒重坩埚的质量即为 $CuSO_4 \cdot 5H_2O$ 晶体的质量。

（2）将已称量的、内装有 $CuSO_4 \cdot 5H_2O$ 晶体的坩埚置于沙浴盘中。将其 3/4 体积埋入沙内，再在靠近坩埚的沙浴中插入一支温度计（300 ℃），其末端应与坩埚底部大致处于同一水平。加热沙浴至 210 ℃ 左右，然后慢慢升温至 280 ℃ 左右，调节酒精灯火焰以控制沙浴温度在 260 ~ 280 ℃。当坩埚内粉末由蓝色全部变为白色时停止加热（需 15 ~ 20 min）。用干净的坩埚钳将坩埚移入干燥器内，冷却至室温。将坩埚外壁用滤纸擦干净后，在分析天平上称量坩埚和无水硫酸铜的总质量。计算无水硫酸铜的质量。重复沙浴加热、冷却、称量，直到"恒重"（本实验要求两次称量之差≤1 mg）。实验后将无水硫酸铜倒入回收瓶中。

由实验所得数据，计算 1 mol $CuSO_4$ 中所结合的结晶水的物质的量（计算出结果后，四舍六入五成双取整数），确定胆矾的化学式。

五、思考题

1. 在胆矾结晶水的测定中，为什么用沙浴加热并控制温度在 280 ℃ 左右？

2. 加热后的坩埚能否未冷却至室温就称量？加热后的热坩埚为什么要放在干燥器内冷却？

3. 在高温灼烧过程中，为什么必须用氧化焰而不能用还原焰加热坩埚？

4. 为什么要进行重复的灼烧操作？什么叫恒重？其作用是什么？

3.12　电离平衡与沉淀溶解平衡

一、实验目的

1. 了解弱酸、弱碱解离平衡及影响平衡移动的因素。

2. 了解缓冲溶液的性质。

3. 试验沉淀生成、溶解及转化条件。

二、实验原理

1. 水溶液中可溶电解质的酸、碱性

酸碱质子理论认为：凡能给出质子的物质是酸，凡能接受质子的物质是碱。酸和碱均既可以是中性分子，也可以是带正、负电荷的离子。酸和碱在水溶液中的解离平衡可分别用下列通式表示（以一元酸碱为例）：

$$HA（aq）+ H_2O（l）\rightleftharpoons H_3O^+（aq）+ A^-（aq）$$

$$A^-（aq）+ H_2O（aq）\rightleftharpoons HA（aq）+ OH^-（aq）$$

酸、碱溶液的 pH 值，既可以根据给定条件进行计算，也可以利用 pH 试纸或 pH 计等进行测量。

2. 缓冲溶液与 pH 的控制

在一定条件下，具有保持 pH 相对稳定性能的溶液，叫缓冲溶液。缓冲溶液能在一定程度上抵抗外来酸、碱或稀释的影响，即当加入少量酸、碱或稍加稀释时，混合溶液的 pH 基本保持不变。缓冲溶液一般由具有同离子效应的弱酸及其共轭碱或弱碱及其共轭酸组成，而且系统中共轭酸碱对的浓度都比较大。

例如，酸性缓冲溶液的 pH 计算公式为：

$$pH = pK_a - \lg(c_a/c_b)$$

式中　　c_a，c_b——共轭酸和共轭碱的浓度；

　　　　K_a——共轭酸的解离常数。

从上式可以看出：若在缓冲溶液中加入少量酸、碱或加去离子水稀释时，c_a 和 c_b 均会略有变化，但由于共轭酸碱对的浓度都比较大，所以其比值可以基本保持不变，因而可以维持 pH 的稳定。

3. 水溶液中单相离子平衡及其移动

对于酸或碱的解离平衡，根据反应商（J）判据：$J < K_a$（或 K_b），反应正向进行，即酸、碱解离；$J = K_a$（或 K_b），平衡状态；$J > K_a$（或 K_b），反应逆向进行，即酸、碱生成。

（1）若增加生成物的浓度，或减小反应物的浓度，则 $J > K$，平衡向生成酸或碱的方向移动，即酸或碱的解离度减小。

（2）若减小生成物的浓度，或是增大反应物的浓度，则 $J < K$，平衡向酸或碱解离的方向移动。

减小生成物浓度的方法主要是形成难溶电解质、气体或更难解离的酸、碱等。

4. 难溶电解质的多相离子平衡及其移动

在难溶电解质的饱和溶液中，未溶解的固体与溶解后形成的离子之间存在着多相离子平衡。例如，在过量 $PbCl_2$ 存在的饱和溶液中，有下列溶解平衡。

$$PbCl_2（s）\rightleftharpoons Pb^{2+}（aq）+ 2Cl^-（aq）$$

$$K_{sp}(PbCl_2) = c(Pb^{2+})c^2(Cl^-)$$

同理，根据反应商判据：$J < K_{sp}$，不发生沉淀反应，或沉淀溶解；$J > K_{sp}$，发生沉淀反应，或沉淀不溶解。

（1）同离子效应可使 $J > K_{sp}$，导致溶解平衡向生成沉淀的方向移动，即减小了难溶电解质的溶解度。

（2）若减小难溶电解质离子的浓度，则 $J < K_{sp}$，溶解平衡向沉淀溶解的方向移动，因而可通过减小离子浓度的方法，使难溶电解质溶解。

（3）若溶液中同时存在多种离子，当加入沉淀剂时，哪种离子的溶度积首先得到满足，就先析出，这种先后沉淀的现象叫做分步沉淀。

（4）使一种难溶电解质转化成另一种更难溶电解质的反应常称为沉淀的转化。对于同类难溶电解质，沉淀在转化时向生成 K_{sp} 值较小的难溶电解质的方向进行；对于不同类型的难溶电解质（如 AgCl 和 Ag_2CrO_4），K_{sp} 值的大小与溶解度大小不一定同步，而沉淀的转化总是向溶解度较小的难溶电解质的方向进行。

三、器材及试剂

器材：pH 计，普通试管，离心试管，离心机，烧杯。

试剂：NaAc，NH_4Cl，酚酞指示剂，甲基橙指示剂，HAc 溶液（0.1 mol·L⁻¹、2 mol·L⁻¹），HCl 溶液（0.1 mol·L⁻¹、2 mol·L⁻¹），NaAc 溶液（0.1 mol·L⁻¹），NaOH 溶液（0.1 mol·L⁻¹、2 mol·L⁻¹），$FeCl_3$ 溶液（0.2 mol·L⁻¹），$SbCl_3$ 溶液（0.2 mol·L⁻¹），NaCl 溶液（0.1 mol·L⁻¹、0.2 mol·L⁻¹），$MgCl_2$ 溶液（0.2 mol·L⁻¹），$BaCl_2$ 溶液（0.2 mol·L⁻¹），$AgNO_3$ 溶液（0.1 mol·L⁻¹），$NH_3·H_2O$（0.1 mol·L⁻¹、2 mol·L⁻¹），NH_4Ac 溶液（6 mol·L⁻¹），Na_2CO_3 溶液（0.2 mol·L⁻¹），K_2CrO_4 溶液（0.2 mol·L⁻¹），Na_2SO_4 溶液（0.2 mol·L⁻¹），HNO_3 溶液（6 mol·L⁻¹）。

四、实 验 内 容

1. 同离子效应

用 0.1 mol·L^{-1} HAc 和 NH$_3$·H$_2$O、固体 NaAc 和 NH$_4$Cl，酚酞指示剂和甲基橙指示剂，设计两个能说明同离子效应的实验。

2. 缓冲溶液的配制与性质

（1）取 30 mL 蒸馏水于小烧杯中，用 pH 计测定其 pH 值。往蒸馏水中加 2 滴 0.1 mol·L^{-1} HCl 溶液，搅匀后再测定它的 pH，变化了多少？

（2）用 0.1 mol·L^{-1} HAc 和 0.1 mol·L^{-1} NaAc 溶液配制 pH 为 4.7 的缓冲溶液 60 mL，测定它的实际 pH 值。将缓冲溶液分成两份，第一份加入 2 滴 0.1 mol·L^{-1} NaOH 溶液，混合均匀后测定它的 pH 值。往第二份缓冲溶液中加 2 滴 0.1 mol·L^{-1} HCl 溶液，测定其 pH 值。再加入 10 mL 0.1 mol·L^{-1} HCl 溶液，混匀后测定其 pH 是多少。

通过上述实验（1）、（2），总结缓冲溶液的性质。

3. 盐类的水解平衡及其影响因素

（1）取几滴 FeCl$_3$ 溶液，分别加入含有冷水和热水的试管中，观察溶液颜色，说明原因。

（2）取几滴 0.2 mol·L^{-1} SbCl$_3$ 溶液于试管中，加水稀释，观察沉淀的生成，往沉淀中滴加 2 mol·L^{-1} HCl 溶液至沉淀刚好消失，再加水稀释，观察沉淀重又出现。结合反应方程式加以解释。

4. 沉淀的生成和溶解

（1）往离心试管中加入 5 滴 0.1 mol·L^{-1} NaCl 溶液，逐滴滴入 0.1 mol·L^{-1} AgNO$_3$ 溶液，待反应完全后，将沉淀离心分离，在沉淀上加数滴 2 mol·L^{-1} NH$_3$·H$_2$O 溶液，观察现象。请结合反应方程式解释实验现象。

（2）用 2 mol·L^{-1} NaOH 分别与 MgCl$_2$、FeCl$_3$ 溶液作用，制得沉淀量相近的 Mg(OH)$_2$、Fe(OH)$_3$，离心分离，弃去清液，往 Mg(OH)$_2$ 沉淀中滴加 6 mol·L^{-1} NH$_4$Ac 溶液至沉淀溶解，再往 Fe(OH)$_3$ 沉淀中加入同量的 NH$_4$Ac 溶液，观察沉淀是否溶解。从平衡移动的原理解释实验现象。

（3）在 3 支离心试管中分别加入 2 滴 0.2 mol·L^{-1} Na$_2$CO$_3$ 溶液、K$_2$CrO$_4$ 溶液、Na$_2$SO$_4$ 溶液，各加 2 滴 0.2 mol·L^{-1} BaCl$_2$ 溶液，观察 BaCO$_3$、BaCrO$_4$、BaSO$_4$ 沉淀的生成；试验沉淀能否溶于 2 mol·L^{-1} HAc 溶液中，将不溶者离心分离，弃去溶液，实验沉淀在 2 mol·L^{-1} HCl 溶液中的溶解情况，并加以解释。

总结沉淀生成和溶解的条件。

5. 沉淀的转化和分步沉淀

（1）取 2 支离心试管，分别滴加几滴 0.2 mol·L^{-1} K$_2$CrO$_4$ 溶液、NaCl 溶液，各滴入 2 滴 0.1 mol·L^{-1} AgNO$_3$ 溶液，观察 Ag$_2$CrO$_4$ 和 AgCl 沉淀的生成和颜色。离心、弃去清液，

往 Ag_2CrO_4 沉淀中加入 $0.2\ mol\cdot L^{-1}\ NaCl$ 溶液，往 AgCl 沉淀中加入 $0.2\ mol\cdot L^{-1}\ K_2CrO_4$ 溶液，充分搅动，哪种沉淀的颜色发生了变化？实验说明 Ag_2CrO_4 和 AgCl 中何者溶解度较小？

（2）往试管中加入 2 滴 $0.2\ mol\cdot L^{-1}\ NaCl$ 溶液和 K_2CrO_4 溶液，混合均匀后，逐滴加入 $0.1\ mol\cdot L^{-1}\ AgNO_3$ 溶液，摇荡试管，观察沉淀的出现与颜色的变化。最后得到的外观为砖红色的沉淀中有无 AgCl 沉淀？用实验证实你的想法（提示：可往沉淀中加入 $6\ mol\cdot L^{-1}\ HNO_3$ 溶液，使其中的 Ag_2CrO_4 沉淀溶解后再观察）。

用溶度积规则解释实验现象，并总结沉淀转化条件。

五、思考题

1. 将 Na_2CO_3 溶液与 $AlCl_3$ 溶液作用，产物是什么？写出反应方程式。

2. 使用电动离心机应注意哪些事项？

3. 是否一定要在碱性条件下才能生成氢氧化物沉淀？不同浓度的金属离子溶液，开始生成氢氧化物沉淀时，溶液的 pH 是否相同？

4. 计算下列反应的平衡常数.

（1） $Mg(OH)_2 + 2NH_4^+ \rightleftharpoons Mg^{2+} + 2NH_3\cdot H_2O$

（2） $Fe(OH)_3 + 3NH_4^+ \rightleftharpoons Fe^{3+} + 3NH_3\cdot H_2O$

（3） $Ag_2CrO_4 + 2Cl^- \rightleftharpoons 2AgCl + CrO_4^{2-}$

（4） $2AgCl + CrO_4^{2-} \rightleftharpoons Ag_2CrO_4 + 2Cl^-$

比较 4 个平衡常数的大小，可得出什么结论？与实验结果是否一致？

第 4 章　元素化学实验

4.1　p 区非金属元素性质

一、实验目的

1. 掌握次氯酸盐、氯酸盐强氧化性的区别。
2. 掌握 H_2O_2 的某些重要性质。掌握不同氧化态 S 的化合物的主要性质。
3. 试验并掌握不同氧化态 N 的化合物的主要性质。试验磷酸盐的酸碱性和溶解性。
4. 掌握硅酸盐，硼酸及硼砂的主要性质。

二、实验原理

p 区非金属元素的价电子构型为 $ns^2np^{1\sim6}$，包括硼族、碳族、氮族、氧族、卤族及稀有气体 6 族中的 22 种元素。

p 区非金属元素的价电子在原子最外层的 $ns np$ 轨道上。这些元素随价电子数的增多，由失电子的倾向逐渐过渡为共享电子，以致被得电子倾向所代替。故在周期表中，同周期元素从左到右随着原子序数的增加，非金属活泼性逐渐增强；同族元素，从上至下，得电子能力依次减弱，非金属活泼性逐渐减弱。

1. 卤　素

卤素的价电子构型为 ns^2np^5，是典型的非金属元素。除负一价的卤离子 X^- 外，卤素的任何价态均有较强的氧化性。卤素单质在常温下都以双原子分子存在，它们都有强氧化性，能发生置换、倒置换、歧化等反应。卤素单质的氧化性顺序是 $F_2 > Cl_2 > Br_2 > I_2$，卤素离子的还原能力顺序为 $I^- > Br^- > Cl^- > F^-$。

卤素单质 X_2 在碱液中发生歧化，既可生成 X^- 和 XO^-，也可生成 X^- 和 XO_3^-，这主要由卤素本身的性质和反应的温度所决定，以氯为例：

$$Cl_2 + 2OH^- \xrightarrow{\text{冷水}} Cl^- + ClO^- + H_2O$$

$$Cl_2 + 6OH^- \xrightarrow[\triangle]{348\ K} 5Cl^- + ClO_3^- + 3H_2O$$

除氟以外，卤素（Cl、Br、I）能形成 4 种氧化态的含氧酸（次、亚、正、高）。这些含氧酸及其盐在性质上呈现明显的规律性。再以氯化物水溶液为例，总结如下：

$$\xrightarrow{\text{热稳定性增强，氧化能力减弱，酸性增强}}$$

氧化能力减弱 ↓ 热稳定性增强

| HClO | HClO₂ | HClO₃ | HClO₄ |

HClO　　HClO₂　　HClO₃　　HClO₄

NaClO　NaClO₂　NaClO₃　NaClO₄

2. 氧和硫

氧族元素位于周期表中ⅥA族，其价电子构型为 ns^2np^4。其中氧和硫为较活泼的非金属元素。

在氧的化合物中，H_2O_2 是一种淡蓝色的黏稠液体，通常所用的 H_2O_2 溶液为含 H_2O_2 3% 或 30% 的水溶液。H_2O_2 不稳定，易分解放出 O_2。光照、受热、增大溶液碱度或存在痕量重金属物质(如 Cu^{2+}、MnO_2 等)都会加速 H_2O_2 的分解。H_2O_2 中氧的氧化态居中，所以 H_2O_2 既有氧化性又有还原性。

在酸性溶液中，H_2O_2 能与 $Cr_2O_7^{2-}$ 反应生成深蓝色的 $CrO(O_2)_2$。$CrO(O_2)_2$ 不稳定，在水溶液中与 H_2O_2 进一步反应生成 Cr^{3+}，蓝色消失。

$$4H_2O_2 + Cr_2O_7^{2-} + 2H^+ === 2CrO(O_2)_2 + 5H_2O$$

$$2CrO(O_2)_2 + 7H_2O_2 + 6H^+ === 2Cr^{3+} + 7O_2\uparrow + 10H_2O$$

由于 $CrO(O_2)_2$ 能与某些有机溶剂如乙醚、戊醇等形成较稳定的蓝色配合物，故此反应常用来鉴定 H_2O_2。

硫的化合物中，H_2S、S^{2-} 具有强还原性，而浓 H_2SO_4、$H_2S_2O_8$ 及其盐具有强氧化性。如：

$$2H_2S + O_2 === 2S\downarrow + 2H_2O$$

$$5S_2O_8^{2-} + 2Mn^{2+} + 8H_2O \xrightarrow{Ag^+} 2MnO_4^- + 10SO_4^{2-} + 16H^+$$

氧化数在 +6 ~ −2 的硫的化合物既有氧化性又有还原性，但以还原性为主。如：

$$2S_2O_3^{2-} + I_2 === S_4O_6^{2-} + 2I^-$$

$$2S_2O_3^{2-} + 4Cl_2 + 5H_2O === 2SO_4^{2-} + 8Cl^- + 10H^+$$

在水溶液中不存在 $H_2S_2O_3$ 和 H_2SO_3，而只存在 $S_2O_3^{2-}$ 和 SO_3^{2-} 的盐溶液。这些盐溶液遇酸则分解。

$$2S_2O_3^{2-} + 2H^+ === SO_2\uparrow + S\downarrow + H_2O$$

大多数金属硫化物溶解度小，且具有特征的颜色。

3. 氮和磷

氮、磷位于周期表 ⅤA族，其价电子层中有 5 个电子，主要形成氧化数为 − 3、+3、+5 的化合物。

HNO_2 极不稳定，常温下即发生歧化分解。

$$2HNO_2 \Longrightarrow NO_2\uparrow + NO\uparrow + H_2O$$

铵盐的热分解随组成铵盐的酸根的性质及分解条件的不同而有不同的分解方式，硝酸盐的热分解则随金属元素活泼性的不同而不同。

硝酸具有强氧化性。亚硝酸及其盐有氧化性也有还原性，当遇到强氧化剂时它显示还原性，遇到强还原剂时它显示氧化性。

磷酸为非氧化性的三元中强酸，分子间易脱水缩合而成环状的多磷酸，如偏磷酸、焦磷酸等，这些酸根对金属离子有很强的配位能力，故可用作金属离子的掩蔽剂、软水剂、去垢剂等。

与磷酸的分级解离相对应，易溶的磷酸盐发生分级水解。在难溶的磷酸盐中，正盐的溶解度最小。

4. 硅和硼

硅酸是一种几乎不溶于水的二元弱酸，由于硅酸易发生缩合作用，从水溶液中析出时一般呈凝胶状，烘干、脱水后得到干燥剂——硅胶。

硼的价电子构型为 $2s^2 2p^1$，其价电子数少于其价层轨道数，故硼的化学性质主要表现在缺电子性质上。

硼酸是一元弱酸，它在水溶液中不是本身释放 H^+，而是分子中的硼原子加合了来自水的 OH^-，使水释放出 H^+。

$$H_3BO_3 + H_2O \Longrightarrow H^+ + [B(OH)_4]^-$$

向硼酸溶液中加入多羟基化合物（如甘油），由于生成了比 $[B(OH)_4]^-$ 更稳定的配离子，上述平衡右移，从而大大增强硼酸的酸性。

在浓硫酸存在下，硼酸能与醇（如甲醇、乙醇）发生酯化反应生产硼酸酯，该硼酸酯燃烧呈特有的绿色火焰。此性质可用于鉴别硼酸根。

硼酸可缩合为链状或环状的多硼酸。常见的多硼酸是四硼酸，其盐为硼砂。硼砂、B_2O_3、H_3BO_3 在熔融状态均能溶解一些金属氧化物，并随金属的不同而显示特征的颜色。如：

$$3Na_2B_4O_7 + Cr_2O_3 \Longrightarrow 6NaBO_2 \cdot 2Cr(BO_2)_3 \text{（绿色）}$$

$$CoO + B_2O_3 \Longrightarrow Co(BO_2)_2 \text{（蓝色）}$$

三、器材及试剂

器材：滴管，试管（离心），点滴板，离心机，表面皿，锥形瓶，温度计，玻璃棒，pH试纸，冰，滤纸，淀粉-KI试纸，木条，石蕊试纸。

试剂：氯酸钾，过二硫酸钾，氯化铵，硫酸铵，重铬酸铵，硝酸钠，硝酸铜，硝酸银，硫粉，锌片，HCl 溶液（浓、6 mol·L^{-1}、2 mol·L^{-1}），H$_2$SO$_4$溶液（浓、1 mol·L^{-1}、3 mol·L^{-1}），HNO$_3$溶液（浓、0.5 mol·L^{-1}），NaOH 溶液（40%、2 mol·L^{-1}），KOH 溶液（30%），KI 溶液（0.1 mol·L^{-1}、0.2 mol·L^{-1}），KBr 溶液（0.2 mol·L^{-1}），KMnO$_4$ 溶液（0.1 mol·L^{-1}、0.2 mol·L^{-1}），K$_2$Cr$_2$O$_7$ 溶液（0.5 mol·L^{-1}），Na$_2$S 溶液（0.2 mol·L^{-1}），Na$_2$S$_2$O$_3$ 溶液（0.2 mol·L^{-1}），Na$_2$SO$_3$ 溶液（0.5 mol·L^{-1}），CuSO$_4$ 溶液（0.2 mol·L^{-1}），MnSO$_4$溶

液（0.2 mol·L^{-1}、0.002 mol·L^{-1}），Pb(NO$_3$)$_2$ 溶液（0.2 mol·L^{-1}），AgNO$_3$ 溶液（0.1 mol·L^{-1}、0.2 mol·L^{-1}），H$_2$O$_2$（3%），氯水，溴水，碘水，CCl$_4$，乙醚，品红，硫代乙酰胺溶液（0.1 mol·L^{-1}），NaNO$_2$ 溶液（饱和、0.5 mol·L^{-1}），H$_3$PO$_4$ 溶液（0.1 mol·L^{-1}），Na$_4$P$_2$O$_7$ 溶液（0.1 mol·L^{-1}），Na$_3$PO$_4$ 溶液（0.1 mol·L^{-1}），Na$_2$HPO$_4$ 溶液（0.1 mol·L^{-1}），NaH$_2$PO$_4$ 溶液（0.1 mol·L^{-1}），CaCl$_2$ 溶液（0.5 mol·L^{-1}），氨水（2 mol·L^{-1}）。

四、实验内容

1. Cl$_2$、Br$_2$、I$_2$ 的氧化性及 Cl$^-$、Br$^-$、I$^-$ 的还原性

用所给试剂设计实验，验证卤素单质的氧化性顺序和卤离子的还原性强弱。根据实验现象写出反应方程式，查出有关的标准电极电势，说明卤素单质的氧化性顺序和卤离子的还原性顺序。

2. 卤素含氧酸盐的性质

（1）次氯酸钠的氧化性

取 4 支试管分别注入 0.5 mL 次氯酸钠溶液。于第一支试管中加入 4～5 滴 0.2 mol·L^{-1} KI 溶液，2 滴 1 mol·L^{-1} 的 H$_2$SO$_4$ 溶液；第二支试管加入 4～5 滴 0.2 mol·L^{-1} MnSO$_4$ 溶液；第三支试管加入 4～5 滴浓盐酸；第四支试管加入 2 滴品红溶液。观察以上实验现象，写出有关的反应方程式。

（2）氯酸钾的氧化性

取少量氯酸钾晶体，加水溶解配成 KClO$_3$ 溶液。向 0.5 mL 0.2 mol·L^{-1} KI 溶液中滴入几滴自制的 KClO$_3$ 溶液，观察有何现象；再用 3 mol·L^{-1} H$_2$SO$_4$ 酸化，观察溶液颜色的变化；继续往该溶液中滴加 KClO$_3$ 溶液，又有何变化？解释实验现象，写出相应的反应方程式。

根据实验，总结氯元素含氧酸盐的性质。

3. H$_2$O$_2$ 的性质

（1）设计实验

用 3% H$_2$O$_2$ 溶液、0.2 mol·L^{-1} Pb(NO$_3$)$_2$ 溶液、0.2 mol·L^{-1} KMnO$_4$ 溶液、0.1 mol·L^{-1} 硫化钠溶液、3 mol·L^{-1} H$_2$SO$_4$ 溶液、0.2 mol·L^{-1} KI 溶液、MnO$_2$（s）设计一组实验，验证 H$_2$O$_2$ 的分解和氧化还原性。

（2）H$_2$O$_2$ 的鉴定反应

在试管中加入 2 mL 3% H$_2$O$_2$ 溶液、0.5 mL 乙醚、1 mL 1 mol·L^{-1} H$_2$SO$_4$ 溶液和 3～4 滴 0.5 mol·L^{-1} 的 K$_2$Cr$_2$O$_7$ 溶液，振荡试管，观察溶液和乙醚层的颜色有何变化。

4. 硫的化合物的性质

（1）硫化物的溶解性

取 3 支试管，分别加入 0.2 mol·L^{-1} MnSO$_4$ 溶液、0.2 mol·L^{-1} Pb(NO$_3$)$_2$ 溶液、0.2 mol·L^{-1} CuSO$_4$ 溶液各 0.5 mL，然后各滴加 0.2 mol·L^{-1} Na$_2$S 溶液，观察现象。离心分离，弃去溶液，洗涤沉淀。试验这些沉淀在 2 mol·L^{-1} 盐酸、浓盐酸和浓硝酸中

的溶解情况。根据实验结果，对金属硫化物的溶解情况作出结论，写出有关的反应方程式。

（2）亚硫酸盐的性质

往试管中加入 2 mL 0.5 mol·L^{-1} Na$_2$SO$_3$ 溶液，用 3 mol·L^{-1} H$_2$SO$_4$ 酸化，观察有无气体产生。用润湿的 pH 试纸移近管口，有何现象？然后将溶液分成两份，一份滴加 0.1 mol·L^{-1} 硫代乙酰胺溶液，另一份滴加 0.5 mol·L^{-1} K$_2$Cr$_2$O$_7$ 溶液，观察现象。说明亚硫酸盐具有什么性质，写出有关的反应方程式。

（3）硫代硫酸盐的性质

用氯水、碘水、0.2 mol·L^{-1} Na$_2$S$_2$O$_3$ 溶液、3 mol·L^{-1} H$_2$SO$_4$ 溶液、0.2 mol·L^{-1} AgNO$_3$ 溶液设计实验，验证：① Na$_2$S$_2$O$_3$ 在酸中的不稳定性；② Na$_2$S$_2$O$_3$ 的还原性，氧化剂的氧化性强弱对 Na$_2$S$_2$O$_3$ 的还原产物的影响；③ Na$_2$S$_2$O$_3$ 的配位性。由以上实验总结硫代硫酸盐的性质，写出反应方程式。

（4）过二硫酸盐的氧化性

在试管中加入 3 mL 1 mol·L^{-1} H$_2$SO$_4$ 溶液、3 mL 蒸馏水、3 滴 0.002 mol·L^{-1} MnSO$_4$ 溶液，混合均匀后分为两份。在第一份中加入少量过二硫酸钾固体，第二份中加入 1 滴 0.2 mol·L^{-1} AgNO$_3$ 溶液和少量过二硫酸钾固体。将两支试管同时放入同一热水浴加热，溶液的颜色有何变化？写出反应方程式，比较以上实验结果并解释之。

5. 铵盐的热分解

在一支干燥的硬质试管中放入约 1 g 氯化铵，将试管垂直固定、加热，并用润湿的 pH 试纸横放在管口，观察试纸颜色的变化。在试管壁上部有何现象？解释现象，写出反应方程式。

分别用硫酸铵和重铬酸铵代替氯化铵重复以上实验，观察并比较它们的热分解产物，写出反应方程式。

根据实验结果总结铵盐热分解产物与阴离子的关系。

6. 亚硝酸和亚硝酸盐

（1）亚硝酸的生成和分解

将冰水中冷却了的 1 mL 3 mol·L^{-1} H$_2$SO$_4$ 溶液注入在冰水中冷却的 1 mL 饱和 NaNO$_2$ 溶液中，观察反应情况和产物的颜色。将试管从冰水中取出，放置片刻，观察有何现象发生，写出相应的反应方程式。

（2）亚硝酸的氧化性和还原性

在试管中加入 1~2 滴 0.1 mol·L^{-1} KI 溶液，用 3 mol·L^{-1} H$_2$SO$_4$ 酸化，然后滴加 0.5 mol·L^{-1} NaNO$_2$ 溶液，观察现象，写出反应方程式。

用 0.1 mol·L^{-1} KMnO$_4$ 溶液代替 KI 溶液重复上述实验，观察溶液的颜色有何变化，写出反应方程式。

总结亚硝酸的性质。

7. 硝酸和硝酸盐

（1）硝酸的氧化性

① 分别往 2 支各盛少量锌片的试管中加入 1 mL 浓硝酸和 1 mL 0.5 mol·L^{-1} HNO$_3$

溶液，观察两者反应速率和反应产物有何不同。将两滴锌与稀硝酸反应后的溶液滴到一只表面皿上，再将润湿的红色石蕊试纸贴于另一只表面皿凹处。向装有溶液的表面皿中加一滴 40% 浓碱，迅速将贴有试纸的表面皿倒扣其上并且放在热水浴上加热。观察红色石蕊试纸的变蓝色情况。此法称为气室法检验 NH_4^+。

② 在试管中放入少许硫粉，加入 1 mL 浓硝酸，水浴加热。观察有何气体产生。冷却，检验反应产物。

写出以上几个反应的方程式。

（2）硝酸盐的热分解

分别试验固体硝酸钠、硝酸铜、硝酸银的热分解，观察反应的情况与产物的颜色，检验反应生成的气体，写出反应方程式。总结硝酸盐的热分解与阳离子的关系。

8. 磷酸盐的性质

（1）酸碱性

① 用 pH 试纸测定 $0.1\ mol \cdot L^{-1}$ Na_3PO_4 溶液、Na_2HPO_4 溶液和 NaH_2PO_4 溶液的 pH。

② 分别往 3 三支试管中注入 0.5 mL Na_3PO_4 溶液、Na_2HPO_4 溶液和 NaH_2PO_4 溶液，再各滴入适量的 $0.1\ mol \cdot L^{-1}$ $AgNO_3$ 溶液，是否有沉淀产生？试验溶液的酸碱性有无变化？解释之。写出有关的反应方程式。

（2）溶解性

分别取 $0.1\ mol \cdot L^{-1}$ Na_3PO_4 溶液、Na_2HPO_4 溶液和 NaH_2PO_4 溶液各 0.5 mL，加入等量的 $0.5\ mol \cdot L^{-1}$ $CaCl_2$ 溶液，观察有何现象，用 pH 试纸测定它们的 pH。滴加 $2\ mol \cdot L^{-1}$ 氨水，各有何变化？再滴加 $2\ mol \cdot L^{-1}$ 盐酸，又有何变化？

比较磷酸钙、磷酸氢钙、磷酸二氢钙的溶解性，说明它们之间相互转化的条件，写出反应方程式。

（3）配位性

取 0.5 mL $0.2\ mol \cdot L^{-1}$ $CuSO_4$ 溶液，逐滴加入 $0.1\ mol \cdot L^{-1}$ 焦磷酸钠溶液，观察沉淀的生成。继续滴加焦磷酸钠溶液，沉淀是否溶解？写出相应的反应方程式。

五、思考题

1. 用碘化钾-淀粉试纸检验氯气时，试纸先呈蓝色，当在氯气中放置时间较长时，蓝色褪去。为什么？

2. 长久放置的硫化氢、硫化钠、亚硫酸钠水溶液会发生什么变化？如何判断变化情况？

3. 为什么一般情况下不用硝酸作为酸性反应介质？硝酸与金属反应和稀硫酸或稀盐酸与金属反应有何不同？

4. NaH_2PO_4 显酸性，是否酸式盐溶液都呈酸性？为什么？举例说明。

5. 氯能从含碘离子的溶液中取代碘，碘又能从氯酸钾溶液中取代氯，这两个反应有无矛盾？为什么？

6. 根据实验结果比较：

（1）$S_2O_8^{2-}$ 与 MnO_4^- 氧化性的强弱；

（2）$S_2O_3^{2-}$ 与 I^- 还原性的强弱。

7. 硫代硫酸钠溶液与硝酸银溶液反应时，为何生成物有时为硫化银沉淀，有时又为 $[Ag(S_2O_3)_2]^{3-}$ 配离子？

8. 如何区别下列各组化合物？

（1）次氯酸钠和氯酸钠；

（2）三种酸性气体：氯化氢、二氧化硫、硫化氢；

（3）硫酸钠、亚硫酸钠、硫代硫酸钠、硫化钠。

9. 总结一张硫的各种氧化态转化关系图。

10. 设计三种区别硝酸钠和亚硝酸钠的方案。

11. 用酸溶解磷酸银沉淀，在盐酸、硫酸、硝酸中选用哪一种最适宜？为什么？

12. 通过实验，可以用几种方法将无标签的试剂磷酸钠、磷酸氢钠、磷酸二氢钠一一鉴别出来？

13. 现有一瓶白色粉末状固体，可能是碳酸钠、硝酸钠、硫酸钠、氯化钠、溴化钠、磷酸钠中的任意一种。试设计鉴别方案。

4.2 常见非金属阴离子的分离与鉴定

一、实验目的

1. 掌握常见阴离子的分离方法。

2. 掌握常见阴离子的鉴定方法，以及离子检出的基本操作。

二、实验原理

ⅢA 族到ⅧA 族的 22 种非金属元素在形成化合物时常常生成阴离子。形成阴离子的元素虽然不多，但是同一元素常常不止形成一种阴离子。阴离子多数是由两种或两种以上元素构成的酸根或配离子，因此同一种元素的中心原子能形成多种阴离子，例如，S 可以构成 S^{2-}、SO_3^{2-}、SO_4^{2-}、$S_2O_3^{2-}$、$S_2O_8^{2-}$ 等常见的阴离子； N 可以构成 NO_3^-、NO_2^- 等。

在非金属阴离子中，有的可与酸作用生成挥发性物质，有的与试剂作用生成沉淀，也有的呈现氧化还原性质。利用这些特点，根据溶液中离子共存情况，应先通过初步试验或进行分组试验，以排除不可能存在的离子，然后鉴定可能存在的离子。

初步试验性质一般包括试液的酸碱性试验，与酸反应产生气体的实验，各种阴离子的沉淀性质、氧化还原性质。预先做初步检验，可以排除某些离子存在的可能性，从而简化分析步骤。初步试验包括以下内容。

1. 试液的酸碱性试验

若试液呈强酸性，则易被酸分解的离子，如 CO_3^{2-}、NO_2^-、$S_2O_3^{2-}$ 等不存在。

2. 是否产生气体的试验

若在试液中加入稀硫酸或稀盐酸，有气体产生，表示可能存在 CO_3^{2-}、SO_3^{2-}、$S_3O_3^{2-}$、S^{2-}、

NO_2^- 等离子。根据生成气体的颜色和气味以及生成气体具有某些特征反应，确证其含有的阴离子，如由 NO_2^- 被酸分解生成红棕色 NO_2 气体，能将润湿的碘化钾-淀粉试纸变蓝；由 S^{2-} 被酸分解产生 H_2S 气体，可使醋酸铅试纸变黑，可判断 NO_2^- 和 S^{2-} 分别存在于各自溶液中。

3. 氧化性阴离子的试验

在酸化的试液中加入 KI 溶液和 CCl_4，振荡后 CCl_4 层呈紫色，则有氧化性阴离子存在，如 NO_2^-。

4. 还原性阴离子的试验

在酸化的试液中，加入 $KMnO_4$ 稀溶液，若紫色褪去，则可能存在 SO_3^{2-}、$S_2O_3^{2-}$、S^{2-}、Br^-、I^-、NO_2^- 等离子；若紫色不褪，则上述离子都不存在。试液经酸化后，加入 I_2-淀粉溶液，蓝色褪去，则表示存在 SO_3^{2-}、$S_2O_3^{2-}$、S^{2-} 等离子。

5. 难溶盐阴离子试验

（1）钡组阴离子

在中性或弱碱性试液中，用 $BaCl_2$ 能沉淀 SO_4^{2-}、SO_3^{2-}、$S_2O_3^{2-}$、CO_3^{2-}、PO_4^{3-} 等阴离子。

（2）银组阴离子

用 $AgNO_3$ 能沉淀 Cl^-、Br^-、I^-、S^{2-}、$S_2O_3^{2-}$ 等阴离子，然后用稀硝酸酸化，沉淀不溶解。

可以根据 Ba^{2+} 和 Ag^+ 相应盐类的溶解性，区分易溶盐和难溶盐。加入一种阳离子（Ag^+）可以试验整组阴离子是否存在，这种试剂就是相应的组试剂。

经过初步试验后，可以对试液中可能存在的阴离子作出判断（表4-1），然后根据阴离子特性反应作出鉴定。

表 4-1　阴离子的初步试验

| 阴离子 | 气体放出试验（稀硫酸） | 还原性阴离子试验 | | 氧化性阴离子试验 KI（稀硫酸，CCl_4） | $BaCl_2$（中性或弱碱性） | $AgNO_3$（稀硝酸） |
		$KMnO_4$（稀硫酸）	I_2-淀粉（稀硫酸）			
CO_3^{2-}	+				+	
NO_3^-				（+）		
NO_2^-	+	+		+		
SO_4^{2-}					+	
SO_3^{2-}	（+）	+	+		+	
$S_2O_3^{2-}$	（+）	+	+		（+）	+
PO_4^{3-}					+	
S^{2-}	+	+	+			+
Cl^-						+
Br^-		+				+
I^-		+				+

注："＋"表示呈正反应，"（＋）"表示试验现象不明显，只有在适当条件下（如浓度大时）才发生反应。

三、器材及试剂

器材：试管（离心），点滴板，离心机，玻璃棒，pH 试纸。

试剂：硫酸亚铁，Zn（粉）或 Mg（粉），$CdCO_3$，Na_2S 溶液（0.1 mol·L⁻¹），Na_2SO_3 溶液（0.1 mol·L⁻¹），Na_2SO_4 溶液（1 mol·L⁻¹），$Na_2S_2O_3$ 溶液（0.1 mol·L⁻¹），Na_3PO_4 溶液（0.1 mol·L⁻¹），NaCl 溶液（0.1 mol·L⁻¹），NaBr 溶液（0.1 mol·L⁻¹），NaI 溶液（0.1 mol·L⁻¹），$NaNO_3$ 溶液（2 mol·L⁻¹），Na_2CO_3 溶液（1 mol·L⁻¹），$NaNO_2$ 溶液（0.1 mol·L⁻¹），$(NH_4)_2MoO_4$ 溶液（0.1 mol·L⁻¹），$BaCl_2$ 溶液（0.1 mol·L⁻¹），$KMnO_4$ 溶液（0.01 mol·L⁻¹），$ZnSO_4$ 溶液（饱和），$K_4[Fe(CN)_6]$ 溶液（0.5 mol·L⁻¹），$AgNO_3$ 溶液（0.1 mol·L⁻¹），H_2SO_4 溶液（浓、1 mol·L⁻¹、2 mol·L⁻¹），HNO_3 溶液（6 mol·L⁻¹），HCl 溶液（6 mol·L⁻¹），HAc 溶液（6 mol·L⁻¹），NaOH 溶液（2 mol·L⁻¹），$Ba(OH)_2$ 溶液（饱和）或新配制的石灰水，氨水（6 mol·L⁻¹），H_2O_2（3%），氯水，CCl_4，对氨基苯磺酸（1%），α-萘胺（0.4%），亚硝酰铁氰化钠（9%），$Pb(NO_3)_2$ 溶液（0.1 mol·L⁻¹）。

四、实验内容

1. 常见阴离子的鉴定

（1）CO_3^{2-} 的鉴定[1]

取 10 滴 1 mol·L⁻¹ 的 CO_3^{2-} 试液于离心管中，用 pH 试纸测定其 pH，然后加 10 滴 6 mol·L⁻¹ HCl 溶液，并立即将事先沾有一滴新配制的石灰水或 $Ba(OH)_2$ 溶液的玻璃棒置于试管口，仔细观察，如玻璃棒上溶液立刻变为浑浊（白色），结合溶液的 pH，可以判断有 CO_3^{2-} 存在。

（2）NO_3^- 的鉴定

取 2 滴 2 mol·L⁻¹ 的 NO_3^- 试液于点滴板上，在溶液的中央放一粒 $FeSO_4$ 晶体，然后在晶体上加 1 滴浓硫酸。如结晶周围有棕色出现，示有 NO_3^- 存在。

（3）NO_2^- 的鉴定

取 2 滴 0.000 1 mol·L⁻¹ 的 NO_2^- 试液于点滴板上（自己用 0.1 mol·L⁻¹ $NaNO_2$ 溶液稀释配制），加 2 滴 6 mol·L⁻¹ HAc 溶液酸化，再加 1 滴对氨基苯磺酸和 1 滴 α-萘胺。如溶液呈粉红色，示有 NO_2^- 存在。

（4）SO_4^{2-} 的鉴定

取 5 滴 1 mol·L⁻¹ 的 SO_4^{2-} 试液于试管中，加 2 滴 6 mol·L⁻¹ HCl 溶液和 1 滴 0.1 mol·L⁻¹ 的 Ba^{2+} 溶液，如有白色沉淀，示有 SO_4^{2-} 存在。

（5）SO_3^{2-} 的鉴定

取 5 滴 1 mol·L⁻¹ 的 SO_3^{2-} 试液于试管中，加 2 滴 1 mol·L⁻¹ 硫酸，迅速加入 1 滴 0.01 mol·L⁻¹ 的 $KMnO_4$ 溶液，如紫色褪去，示有 SO_3^{2-} 存在。

（6）$S_2O_3^{2-}$ 的鉴定

取 0.1 mol·L⁻¹ 的 $S_2O_3^{2-}$ 试液 3 滴于试管中，加 10 滴 0.1 mol·L⁻¹ $AgNO_3$ 溶液，摇动，如有白色沉淀，且迅速变棕变黑，示有 $S_2O_3^{2-}$ 存在。

（7）PO_4^{3-} 的鉴定

取 3 滴 0.1 mol·L⁻¹ 的 PO_4^{3-} 试液于离心管中，加 5 滴 6 mol·L⁻¹ HNO_3 溶液，再加 8～

10 滴 0.1 mol·L^{-1} (NH$_4$)$_2$MoO$_4$ 试剂，温热之，如有黄色沉淀生成，示有 PO$_4^{3-}$ 的存在。

（8）S^{2-} 的鉴定

取 3 ~ 5 滴 0.1 mol·L^{-1} 的 S^{2-} 试液于离心管中，加 2 滴 2 mol·L^{-1} NaOH 溶液碱化，再加 1 滴 0.1 mol·L^{-1} Pb(NO$_3$)$_2$，如有黑色沉淀，示有 S^{2-} 存在。

（9）Cl$^-$ 的鉴定

取 3 滴 0.1 mol·L^{-1} 的 Cl$^-$ 试液于离心管中，加入 1 滴 6 mol·L^{-1} HNO$_3$ 溶液酸化，再滴加 0.1 mol·L^{-1} AgNO$_3$ 溶液。如有白色沉淀产生，初步说明试液中可能有 Cl$^-$ 存在。将离心管置于水浴上微热，离心分离，弃去清液，于沉淀上加入 3 ~ 5 滴 6 mol·L^{-1} 的氨水，用细玻璃棒搅拌，沉淀立即溶解，再加入 5 滴 6 mol·L^{-1} HNO$_3$ 溶液酸化，如重新生成白色沉淀，示有 Cl$^-$ 存在。

（10）I$^-$ 的鉴定[2]

取 5 滴 0.1 mol·L^{-1} 的 I$^-$ 试液于离心管中，加入 2 滴 2 mol·L^{-1} H$_2$SO$_4$ 溶液及 3 滴 CCl$_4$，然后逐滴加入 Cl$_2$ 水，并不断振荡试管，如 CCl$_4$ 层呈现紫红色（I$_2$），然后褪至无色（IO$_3^-$），示有 I$^-$ 存在。

（11）Br$^-$ 的鉴定

取 5 滴 0.1 mol·L^{-1} 的 Br$^-$ 试液于离心管中，加入 3 滴 2 mol·L^{-1} H$_2$SO$_4$ 溶液及 2 滴 CCl$_4$，然后逐滴加入 5 滴 Cl$_2$ 水，并不断振荡试管，如 CCl$_4$ 层呈现黄色或橙红色，示有 Br$^-$ 存在。

2. 混合离子的分离

（1）Cl$^-$、Br$^-$、I$^-$ 混合物的分离和鉴定

常用方法是将卤素离子转化为卤化银 AgX，然后用氨水或 (NH$_4$)$_2$CO$_3$ 将 AgCl 溶解而与 AgBr、AgI 分离。在余下的 AgBr、AgI 混合物中加入稀 H$_2$SO$_4$ 酸化，再加入少许锌粉或镁粉，并加热将 Br$^-$、I$^-$ 转入溶液。酸化后，根据 Br$^-$、I$^-$ 的还原能力不同，用氯水分离和鉴定。

试按图 4-1 的分析方案对含有 Cl$^-$、Br$^-$、I$^-$ 的混合溶液进行分离和鉴定。

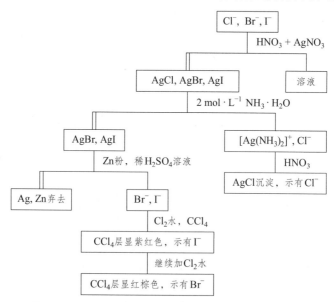

图 4-1　Cl$^-$、Br$^-$、I$^-$ 混合溶液的分离和鉴定方案

图中"∥"表示固相（沉淀或残渣），"｜"表示液相（溶液）

（2）S^{2-}、SO_3^{2-}、$S_2O_3^{2-}$ 混合物的分离和鉴定

通常的方法是取少量混合试液，加入 $2\ mol\cdot L^{-1}$ 的 NaOH 溶液碱化，再加入 $0.1\ mol\cdot L^{-1}$ 的 $Pb(NO_3)_2$ 溶液，若有黑色沉淀产生，示有 S^{2-} 存在。可用 $CdCO_3$ 固体除去 S^{2-}，再进行其他离子的分离、鉴定。

除去 S^{2-} 的混合溶液中含有 SO_3^{2-}、$S_2O_3^{2-}$ 和 CO_3^{2-}。向少量该溶液中加入 $0.1\ mol\cdot L^{-1}$ $SrCl_2$ 溶液。产生的沉淀组成为 $SrCO_3$ 和 $SrSO_3$，溶液中含有 $S_2O_3^{2-}$。在沉淀中加入 I_2-淀粉溶液，蓝色褪去，示有 SO_3^{2-}。向溶液中加入过量的 $AgNO_3$，若有沉淀由 白→棕→黑色 变化，示有 $S_2O_3^{2-}$ 存在。

实验方案如图 4-2 所示。

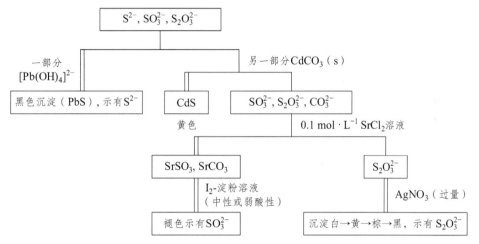

图 4-2　S^{2-}、SO_3^{2-}、$S_2O_3^{2-}$ 混合物的分离和鉴定方案

五、注　释

[1]　CO_3^{2-} 的鉴定中，用 $Ba(OH)_2$ 溶液检验时，SO_3^{2-}、$S_2O_3^{2-}$ 会有干扰，因为其酸化时产生的 SO_2 也会使 $Ba(OH)_2$ 溶液变浑浊：$SO_2+Ba(OH)_2 =\!=\!= BaSO_3\downarrow+H_2O$，故初步试验时检出有 SO_3^{2-}、$S_2O_3^{2-}$，则要在酸化前加入 $3\%\ H_2O_2$，把这些干扰离子氧化除去：

$$SO_3^{2-}+H_2O_2 =\!=\!= SO_4^{2-}+H_2O$$

$$S_2O_3^{2-}+4H_2O_2 =\!=\!= 2SO_4^{2-}+2H^++3H_2O$$

[2]　I_2 能与过量氯水反应生成无色溶液，其反应式为

$$I_2+5Cl_2+6H_2O =\!=\!= 2HIO_2+10HCl$$

六、思 考 题

1. 取下列盐之中两种混合，加水溶解时有沉淀产生。将沉淀分成两份，一份溶于 HCl 溶液，另一份溶于 HNO_3 溶液。试指出下列哪两种盐混合时可能有此现象？

$BaCl_2$、$AgNO_3$、Na_2SO_4、$(NH_4)_2CO_3$、KCl

2. 一个能溶于水的混合物,已检出含有 Ag^+ 和 Ba^{2+}。下列阴离子中哪几个可不必鉴定?

SO_3^{2-}、Cl^-、NO_3^-、SO_4^{2-}、CO_3^{2-}、I^-

3. 某阴离子未知液经初步试验结果如下:

（1）试液呈酸性时无气体产生;

（2）酸性溶液中加 $BaCl_2$ 溶液无沉淀产生;

（3）加入稀硝酸和 $AgNO_3$ 溶液,产生黄色沉淀;

（4）酸性溶液中加入 $KMnO_4$,紫色褪去,加 I_2-淀粉溶液,蓝色不褪去;

（5）与 KI 无反应。

由以上初步试验结果,推测哪些阴离子可能存在,说明理由,拟出进一步验证的步骤简表。

4. 加稀 H_2SO_4 溶液或稀 HCl 溶液于固体试样中,如观察到有气泡产生,则该固体试样中可能存在哪些阴离子?

5. 有一阴离子未知液,用稀 HNO_3 溶液调节至酸性后,加入 $AgNO_3$ 试剂,发现并无沉淀生成,则可以确定哪几种阴离子不存在?

6. 在酸性溶液中能使 I_2-淀粉溶液褪色的阴离子有哪些?

4.3　主族金属元素性质

一、实验目的

1. 比较碱金属、碱土金属的活泼性。

2. 试验并比较碱土金属、铝、锡、铅、锑、铋的氢氧化物和盐类的溶解性。

3. 练习焰色反应并熟悉使用金属钠、钾的安全措施。

二、实验原理

主族金属包括元素周期表的ⅠA族、ⅡA族和 p 区位于硼到砹元素梯形连线左下方的金属元素。

金属元素的金属性表现在:其单质在能量不高时,易参加化学反应,易呈现低的正氧化值（如+1、+2、+3）,并形成离子键化合物;标准电极电势有较低的负值,氧化物的水合物显碱性或两性偏碱性。

碱金属和碱土金属属于元素周期表的ⅠA族和ⅡA族。在同一族中,金属活泼性从上而下逐渐增强;在同一周期中从左至右金属性依次减弱。例如,ⅠA族中钠、钾与水作用活泼性依次增强,第 3 周期的钠、镁与水作用的活泼性依次减弱。碱金属和碱土金属都容易和氧化合。碱金属在室温下能迅速地与空气中的氧反应。钠、钾在空气中稍微加热即可燃烧,生成过氧化物和超氧化物（如 Na_2O_2 和 KO_2）。碱土金属活泼性略差,室温下这些金属表面会缓慢生成氧化膜。

碱金属盐类的最大特点是绝大多数易溶于水，而且在水中能完全解离，只有极少数盐类是微溶的，如六羟基锑酸钠 $Na[Sb(OH)_6]$、酒石酸氢钾 $KHC_4H_4O_6$、钴亚硝酸钠钾 $K_2Na[Co(NO_2)_6]$ 等。钠、钾的一些微溶盐常用于鉴定钠、钾离子。

碱土金属盐类的重要特征是它们的难溶性，除氯化物、硝酸盐、硫酸镁、铬酸镁、铬酸钙易溶于水外，其余碳酸盐、硫酸盐、草酸盐、铬酸盐等皆难溶。

碱金属和钙、钡的挥发性盐在氧化焰中灼烧时，能使火焰呈现出一定颜色，称为焰色反应。可以根据火焰的颜色定性地鉴别这些元素的存在。

铝、锡、铅是常见的金属元素。铝很活泼，在一般化学反应中它的氧化值为 +3，是典型的两性元素，又是一个亲氧元素。铝的标准电极电势的数值虽较低，但在水中稳定，主要是由于金属表面形成致密的氧化膜，不溶于水。这种氧化膜有良好的抗腐蚀作用。

锡、铅的价电子层结构为 ns^2np^2，它们为紧邻 ds 区的 p 区金属，是中等活泼的低熔金属，氧化值有 +2、+4，它们的氧化物不溶于水。Sn（Ⅱ）和 Pb（Ⅱ）的氢氧化物都是白色沉淀，具有两性；但相同氧化值锡的氢氧化物的碱性小于铅的氢氧化物的碱性，而酸性则相反。

铅的+2 氧化值较稳定，锡的 +4 氧化值较稳定，Sn（Ⅱ）具有还原性，而在酸性介质中 PbO_2 具有强氧化性。可溶于水的锡盐和铅盐易发生水解。

Pb_3O_4 俗称铅丹或红铅，当用硝酸处理红铅时，有 2/3 溶解变成 Pb^{2+}，有 1/3 是以棕黑色的 PbO_2 形式沉淀，其反应式为

$$Pb_3O_4 + 4H^+ \rightleftharpoons PbO_2 + 2Pb^{2+} + 2H_2O$$

$PbCl_2$ 是白色沉淀，微溶于冷水，易溶于热水，溶于浓盐酸中形成配合物 $H_2[PbCl_4]$。PbI_2 为金黄色丝状有亮光的沉淀，易溶于沸水，溶于过量 KI 溶液，形成可溶性配合物 $K_2[PbI_4]$。$PbCrO_4$ 为难溶的黄色沉淀，溶于硝酸和较浓的碱。$PbSO_4$ 为白色沉淀，能溶解于饱和的 NH_4Ac 溶液中。$Pb(Ac)_2$ 是可溶性铅化合物，它是弱电解质。

锑、铋以+3、+5 氧化态存在。而铋由于惰性电子对效应（$6s^2$），以+3 氧化态较稳定。锑、铋（Ⅲ）的氢氧化物，前者既溶于酸，又溶于碱，后者溶于酸，不溶于碱。

锡、铅、锑、铋都能生成有颜色的难溶于水的硫化物。SnS 呈棕色，SnS_2 呈黄色，PbS 呈黑色，Sb_2S_3 呈橘黄色，Bi_2S_3 呈棕黑色。

三、器材及试剂

器材：烧杯，试管（离心），小刀，镊子，坩埚，坩埚钳，漏斗，玻璃棒，pH 试纸，滤纸，砂纸，铂丝，钴玻璃。

试剂：钠，钾，镁条，铝片，醋酸钠，NaCl 溶液（1 mol·L^{-1}），KCl 溶液（1 mol·L^{-1}），$MgCl_2$ 溶液（0.5 mol·L^{-1}），LiCl 溶液（1 mol·L^{-1}），$BaCl_2$ 溶液（0.5 mol·L^{-1}），$SrCl_2$ 溶液（0.5 mol·L^{-1}），$CaCl_2$ 溶液（0.5 mol·L^{-1}），新配制的 NaOH 溶液（2 mol·L^{-1}、6 mol·L^{-1}），氨水（0.5 mol·L^{-1}、6 mol·L^{-1}），$AlCl_3$ 溶液（0.5 mol·L^{-1}），$SnCl_2$ 溶液（0.5 mol·L^{-1}），$Pb(NO_3)_2$ 溶液（0.5 mol·L^{-1}），$HgCl_2$ 溶液（0.2 mol·L^{-1}），$SbCl_3$ 溶液（0.5 mol·L^{-1}），$Bi(NO_3)_3$ 溶液（0.5 mol·L^{-1}），NH_4Cl 溶液（饱和），$SnCl_4$ 溶液（0.5 mol·L^{-1}），HCl 溶液（1 mol·L^{-1}、2 mol·L^{-1}、6 mol·L^{-1}），H_2SO_4 溶液（2 mol·L^{-1}），HNO_3 溶

液（浓、2 mol·L^{-1}、6 mol·L^{-1}），(NH$_4$)$_2$S$_x$ 溶液，(NH$_4$)$_2$S 溶液（新配制，1 mol·L^{-1}），K$_2$CrO$_4$ 溶液（0.5 mol·L^{-1}），KI 溶液（1 mol·L^{-1}），Na$_2$SO$_4$ 溶液（0.1 mol·L^{-1}），KMnO$_4$ 溶液（0.01 mol·L^{-1}），H$_2$S 溶液（饱和），酚酞试液。

四、实验内容

1. 钠、钾、镁、铝的性质

（1）钠与空气中氧气的作用

用镊子取一小块（绿豆大小）金属钠，用滤纸吸干其表面的煤油，立即放在坩埚中加热。当开始燃烧时，停止加热。观察反应情况和产物的颜色、状态。冷却后，往坩埚中加入 2 mL 蒸馏水使产物溶解，然后把溶液转移到一支试管中，用 pH 试纸测定溶液的酸碱性。再用 2 mol·L^{-1} H$_2$SO$_4$ 酸化，滴加 1～2 滴 0.01 mol·L^{-1} KMnO$_4$ 溶液。观察紫色是否褪去。由此说明水溶液中是否有 H$_2$O$_2$，从而推知钠在空气中燃烧是否有 Na$_2$O$_2$ 生成。写出以上有关反应方程式。

（2）金属钠、钾、镁、铝与水的作用

分别取一小块（绿豆大小）金属钠和钾，用滤纸吸干其表面煤油，把它们分别投入盛有半杯水的烧杯中，观察反应情况。为了安全起见，当金属块投入水中时，立即用倒置漏斗覆盖在烧杯口上。反应完后，滴入 1～2 滴酚酞试液，检验溶液的酸碱性。根据反应进行的剧烈程度，说明钠、钾的金属活泼性。写出反应方程式。

分别取一小段镁条和一小块铝片，用砂纸擦去其表面的氧化物，分别放入试管中，加入少量冷水，观察反应现象。然后加热煮沸，观察又有何现象发生，用酚酞指示剂检验产物的酸碱性。写出反应方程式。

另取一小片铝片，用砂纸擦去其表面的氧化物，然后在其上滴加 2 滴 0.2 mol·L^{-1} HgCl$_2$ 溶液，观察产物的颜色和状态。用棉花或纸将液体擦干后，将此金属置于空气中，观察现象。再将铝片置于盛水的试管中，观察现象，如反应缓慢可将试管加热，观察反应现象。写出有关反应方程式。

2. 镁、钙、钡、铝、锡、铅、锑、铋的氢氧化物的溶解性

（1）在 8 支试管中，分别加入浓度均为 0.5 mol·L^{-1} 的 MgCl$_2$ 溶液、CaCl$_2$ 溶液、BaCl$_2$ 溶液、AlCl$_3$ 溶液、SnCl$_2$ 溶液、Pb(NO$_3$)$_2$ 溶液、SbCl$_3$ 溶液、Bi(NO$_3$)$_3$ 溶液各 0.5 mL，均加入等体积新配制的 2 mol·L^{-1} NaOH 溶液，观察沉淀的生成并写出反应方程式。

把以上沉淀分成两份，分别加入 6 mol·L^{-1} NaOH 溶液和 6 mol·L^{-1} HCl 溶液，观察沉淀是否溶解，写出反应方程式。

（2）在 2 支试管中，分别加入 0.5 mL 0.5 mol·L^{-1} MgCl$_2$ 溶液、AlCl$_3$ 溶液，加入等体积的 0.5 mol·L^{-1} 氨水，观察反应生成物的颜色和状态。往有沉淀的试管中加入饱和 NH$_4$Cl 溶液，又有何现象？为什么？写出有关反应方程式。

3. ⅠA、ⅡA 族元素的焰色反应

取镶有铂丝（也可用镍铬丝代替）的玻璃棒一根（铂丝的尖端弯成小环状），先按下法

清洁之：将铂丝浸于纯 6 mol·L^{-1} HCl 溶液中（放在小试管内），然后取出在氧化焰中灼烧片刻，再浸入酸中，再灼烧，如此重复 2～3 次，至火焰不再呈现任何离子的特征颜色，可认为此铂丝已洁净。

用洁净的铂丝分别蘸取 1 mol·L^{-1} LiCl 溶液、NaCl 溶液、KCl 溶液、CaCl$_2$ 溶液、SrCl$_2$ 溶液、BaCl$_2$ 溶液在氧化焰中灼烧。观察火焰的颜色。在观察钾盐的焰色时要用一块钴玻璃片滤光后观察。

4. 锡、铅、锑和铋的难溶盐

（1）硫化物

① 硫化亚锡、硫化锡的生成和性质

在 2 支试管中分别注入 0.5 mL 0.5 mol·L^{-1} SnCl$_2$ 溶液和 SnCl$_4$ 溶液，分别注入少许饱和硫化氢水溶液，观察沉淀的颜色有何不同。分别试验沉淀物与 1 mol·L^{-1} HCl 溶液、(NH$_4$)$_2$S 溶液和 (NH$_4$)$_2$S$_x$ 溶液的反应。通过硫化亚锡、硫化锡的实验得出什么结论？写出有关反应方程式。

② 铅、锑、铋的硫化物

在 3 支试管中分别加入 0.5 mL 0.5 mol·L^{-1} Pb(NO$_3$)$_2$ 溶液、SbCl$_3$ 溶液、Bi(NO$_3$)$_3$ 溶液，然后各加入少许 0.1 mol·L^{-1} 饱和硫化氢水溶液，观察沉淀的颜色有何不同。分别实验沉淀物与浓盐酸、2 mol·L^{-1} NaOH 溶液、0.5 mol·L^{-1} (NH$_4$)$_2$S 溶液和(NH$_4$)$_2$S$_x$ 溶液、浓硝酸的反应。

（2）铅的难溶盐

① 氯化铅

在 0.5 mL 蒸馏水中滴入 5 滴 0.5 mol·L^{-1} Pb(NO$_3$)$_2$ 溶液，再滴入 3～5 滴稀盐酸，即有白色氯化铅沉淀生成。将所得白色沉淀连同溶液一起加热，观察沉淀是否溶解；再把溶液冷却，又有什么变化？说明氯化铅的溶解度与温度的关系。取以上白色沉淀少许，加入浓盐酸，观察沉淀溶解情况。

② 碘化铅

取 5 滴 0.5 mol·L^{-1} Pb(NO$_3$)$_2$ 溶液，用水稀释至 1 mL 后，滴加 1 mol·L^{-1} KI 溶液，即生成橙黄色碘化铅沉淀，试验它在热水和冷水中的溶解情况。

③ 铬酸铅

取 5 滴 0.5 mol·L^{-1} Pb(NO$_3$)$_2$ 溶液，再滴加几滴 0.5 mol·L^{-1} K$_2$CrO$_4$ 溶液，观察 PbCrO$_4$ 沉淀的生成。试验它在 6 mol·L^{-1} HNO$_3$ 溶液和 NaOH 溶液中的溶解情况。写出有关反应方程式。

④ 硫酸铅

在 1 mL 蒸馏水中滴入 5 滴 0.5 mol·L^{-1} Pb(NO$_3$)$_2$ 溶液，再滴入几滴 0.1 mol·L^{-1} Na$_2$SO$_4$ 溶液，即有白色 PbSO$_4$ 沉淀生成。加入少许固体 NaAc，微热，并不断搅拌，观察沉淀是否溶解，解释上述现象。写出有关反应方程式。

根据实验现象并查阅手册，填写表 4-2。

表 4-2　铅、锡部分盐的性质

名　称	颜　色	溶解性（水或其他试剂）	溶度积（K_{sp}）
PbCl$_2$			
PbI$_2$			
PbCrO$_4$			
PbSO$_4$			
PbS			
SnS			
SnS$_2$			

五、思考题

1. 实验中如何配制氯化亚锡溶液？

2. 预测二氧化铅和浓盐酸反应的产物是什么？写出其反应方程式。

3. 今有未贴标签无色透明的溶液各一瓶，已知其为氯化亚锡和四氯化锡，试设法鉴别。

4. 若实验室中发生镁燃烧的事故，可否用水或二氧化碳灭火器扑灭？应用何种方法灭火？

4.4　ds 区金属元素性质

一、实验目的

1. 了解铜、银、锌、镉、汞氧化物或氢氧化物的酸碱性，硫化物的溶解性。

2. 掌握 Cu（Ⅰ）、Cu（Ⅱ）重要化合物的性质及相互转化条件。

3. 试验并熟悉铜、银、锌、镉、汞的配位能力，以及 Hg_2^{2+} 和 Hg^{2+} 的转化。

二、实验原理

ds 区元素包括元素周期表中ⅠB族的 Cu、Ag、Au 和ⅡB族的 Zn、Cd、Hg 6 种元素，价电子构型为$(n-1)d^{10}ns^{1-2}$，它们的许多性质与 d 区元素相似，而与相应的主族ⅠA 和ⅡA 族比较，除了形式上均可形成氧化数为+1 和+2 的化合物外，更多地呈现较大的差异性。ⅠB、ⅡB 族除能形成一些重要化合物外，最大特点是其离子具有 18 电子构型，有较强的极化力和变形性，易于形成配合物。

Cu(OH)$_2$ 以碱性为主，溶于酸，但它又有微弱的酸性，溶于过量的浓碱溶液。AgNO$_3$ 是一个重要的化学试剂，易溶于水。卤化银 AgCl、AgBr、AgI 的颜色依次加深（白、浅黄、黄），溶解度则依次降低，这是由于阴离子按 Cl$^-$、Br$^-$、I$^-$ 的顺序变形性增大，使 Ag$^+$ 与它们之间极化作用依次增强。AgF 易溶于水。

氢氧化锌呈两性，氢氧化镉两性偏碱性，汞（Ⅱ）的氢氧化物极易脱水而转变为黄色

HgO，HgO 不溶于过量碱中。

铜、银、锌、镉、汞的硫化物是具有特征颜色的难溶物，如，CuS 黑色，Ag_2S 黑色，ZnS 白色，CdS 黄色，HgS 黑色。

Cu^+ 在水溶液中不稳定，自发歧化，生成 Cu^{2+} 和 Cu：

$$2Cu^+ \rightleftharpoons Cu^{2+} + Cu\downarrow \qquad K = 1.4 \times 10^6$$

Cu（Ⅰ）只能存在于稳定的配合物和固体化合物之中，如$[CuCl_2]^-$、$[Cu(NH_3)_2]^+$和 CuI，Cu_2O 等。

Hg_2^{2+} 能够稳定存在于水溶液中，可以十分方便地得到 Hg_2^{2+} 溶液。例如：

$$Hg（l）+ Hg^{2+} \rightleftharpoons Hg_2^{2+} \qquad K = 87.7$$

上述反应的平衡常数并不很大，若加入一种试剂降低 Hg^{2+} 浓度，Hg_2^{2+} 就将发生歧化。因此加入碱、硫化物等 Hg(Ⅱ)的沉淀剂或者氰离子等 Hg(Ⅱ)的强配合剂都会促使 Hg_2^{2+} 歧化，最终产物为 Hg 和相应的 Hg(Ⅱ)的稳定难溶盐或配合物，如 HgS、HgO、$HgNH_2Cl$ 沉淀和 $[Hg(CN)_4]^{2-}$ 等。

三、器材及试剂

器材：烧杯，试管（离心），离心机，玻璃棒，pH 试纸。

试剂：碘化钾，碎铜屑，HCl 溶液（浓、$2\ mol \cdot L^{-1}$），H_2SO_4 溶液（$2\ mol \cdot L^{-1}$），HNO_3 溶液（浓、$2\ mol \cdot L^{-1}$），NaOH 溶液（40%、$2\ mol \cdot L^{-1}$、$6\ mol \cdot L^{-1}$），氨水（浓、$2\ mol \cdot L^{-1}$），$CuSO_4$ 溶液（$0.2\ mol \cdot L^{-1}$），$ZnSO_4$ 溶液（$0.2\ mol \cdot L^{-1}$），$CdSO_4$ 溶液（$0.2\ mol \cdot L^{-1}$），$CuCl_2$ 溶液（$0.5\ mol \cdot L^{-1}$），$Hg(NO_3)_2$ 溶液（$0.2\ mol \cdot L^{-1}$），$SnCl_2$ 溶液（$0.2\ mol \cdot L^{-1}$），$AgNO_3$ 溶液（$0.1\ mol \cdot L^{-1}$），Na_2S 溶液（$1\ mol \cdot L^{-1}$），$Na_2S_2O_3$ 溶液（$0.5\ mol \cdot L^{-1}$），NaCl 溶液（$0.2\ mol \cdot L^{-1}$），金属汞，葡萄糖溶液（10%），KI 溶液（$0.2\ mol \cdot L^{-1}$）。

四、实验内容

1. 铜、银、锌、镉、汞氢氧化物或氧化物的生成和性质

（1）铜、锌、镉氢氧化物的生成和性质

往 3 支分别盛有 0.5 mL $0.2\ mol \cdot L^{-1}$ $CuSO_4$溶液、$ZnSO_4$ 溶液、$CdSO_4$ 溶液的试管中滴加新配制的 $2\ mol \cdot L^{-1}$ NaOH 溶液，观察溶液的颜色和沉淀的状态。将各试管中的沉淀分成 2 份：一份加 $2\ mol \cdot L^{-1}$ H_2SO_4 溶液，另一份继续滴加 $6\ mol \cdot L^{-1}$ NaOH 溶液。观察现象，写出反应方程式。

（2）银、汞氧化物的生成和性质

① 氧化银的生成和性质 取 0.5 mL $0.1\ mol \cdot L^{-1}$ $AgNO_3$ 溶液，滴加新配制的 $2\ mol \cdot L^{-1}$ NaOH 溶液，观察 Ag_2O（为什么不是 AgOH?）的颜色和状态。洗涤并离心分离沉淀，将沉淀分成两份：一份加入 $2\ mol \cdot L^{-1}$ HNO_3 溶液，另一份加入 $2\ mol \cdot L^{-1}$ 氨水。观察现象，写出反应方程式。

② 氧化汞的生成和性质 取 0.5 mL $0.1\ mol \cdot L^{-1}$ $Hg(NO_3)_2$ 溶液，滴加新配制的

2 mol·L⁻¹ NaOH 溶液，观察溶液的颜色和沉淀的状态。洗涤并离心分离沉淀，将沉淀分成 2 份：一份加入 2 mol·L⁻¹ HNO₃ 溶液，另一份加入 40% NaOH 溶液。观察现象，写出反应方程式。

2. 锌、镉、汞硫化物的生成和性质

往 3 支分别盛有 0.5 mL 0.2 mol·L⁻¹ ZnSO₄ 溶液、CdSO₄ 溶液、Hg(NO₃)₂ 溶液的离心试管中滴加 1 mol·L⁻¹ Na₂S 溶液，观察沉淀的生成和颜色。

把以上沉淀离心分离、洗涤，然后将每种沉淀分成 3 份：一份加入 2 mol·L⁻¹ 盐酸，另一份加入浓盐酸，第三份加入王水（自配），分别水浴加热。观察沉淀溶解情况。

根据实验现象并查阅有关数据，填写表 4-3，并对铜、银、锌、镉、汞硫化物的溶解情况作出结论，写出有关反应方程式。

表 4-3　铜、银、锌、镉、汞硫化物的性质

| 名称 | 颜色 | 溶解性（水或其他试剂） | | | | 溶度积（K_{sp}） |
		2 mol·L⁻¹ 盐酸	浓盐酸	浓硝酸	王水	
CuS						
Ag₂S						
ZnS						
CdS						
HgS						

3. 铜、银、锌、汞的配合物

（1）氨合物的生成

往 4 支分别盛有 0.5 mL 0.2 mol·L⁻¹ CuSO₄ 溶液、ZnSO₄ 溶液、Hg(NO₃)₂ 溶液和 0.5 mL 0.1 mol·L⁻¹ AgNO₃ 溶液的试管中滴加 2 mol·L⁻¹ 氨水。观察沉淀的生成，继续加入过量的 2 mol·L⁻¹ 氨水，又有何现象发生？写出有关反应方程式。

比较 Cu^{2+}、Ag^+、Zn^{2+}、Hg^{2+} 与氨水反应有何不同。

（2）汞配合物的生成和应用

① 往盛有 0.5 mL 0.2 mol·L⁻¹ Hg(NO₃)₂ 溶液的试管中，滴加 0.2 mol·L⁻¹ KI 溶液，观察沉淀的生成和颜色。再往该沉淀中加入少量碘化钾固体（直至沉淀刚好溶解为止，不要过量），溶液显何色？写出反应方程式。

在所得的溶液中滴入几滴 40% NaOH 溶液，再与氨水反应，观察沉淀的颜色。

② 往 5 滴 0.2 mol·L⁻¹ Hg(NO₃)₂ 溶液中，逐滴加入 0.1 mol·L⁻¹ KSCN 溶液，最初生成白色 Hg(SCN)₂ 沉淀，继续滴加 KSCN 溶液，沉淀溶解生成无色 [Hg(SCN)₄]²⁻ 配离子。再在该溶液中加几滴 0.2 mol·L⁻¹ ZnSO₄ 溶液，观察白色的 Zn[Hg(SCN)₄] 沉淀的生成（该反应可定性检验 Zn^{2+}），必要时用玻璃棒摩擦试管内壁。

4．铜、银、汞的氧化还原性

（1）取 0.5 mL 0.2 mol·L^{-1} CuSO$_4$ 溶液，滴加过量的 6 mol·L^{-1} NaOH 溶液，使最初生成的蓝色沉淀溶解成深蓝色溶液。然后在溶液中加入 1 mL 10% 葡萄糖溶液，混匀后微热，有黄色沉淀产生进而变成红色沉淀。写出有关反应方程式。

将沉淀离心分离、洗涤，然后分成两份。一份沉淀与 1 mL 2 mol·L^{-1} H$_2$SO$_4$ 溶液作用，静置一会，注意沉淀的变化。然后加热至沸，观察有何现象。向另一份沉淀中加入 1 mL 浓氨水，振荡后，静置一段时间，观察溶液的颜色。放置一段时间后，溶液为什么会变成深蓝色？

（2）氯化亚铜的生成和性质

取 10 mL 0.5 mol·L^{-1} CuCl$_2$ 溶液，加入 3 mL 浓盐酸和少量碎铜屑，加热煮沸至其中液体呈深棕色（绿色完全消失），继续加热，直至溶液近无色。取几滴上述溶液加入 10 mL 蒸馏水中，如有白色沉淀产生，则迅速把全部溶液倾入 100 mL 蒸馏水中，将白色沉淀洗涤至无蓝色为止。

取少许沉淀分成两份：一份与 3 mL 浓氨水作用，观察有何变化。另一份与 3 mL 浓盐酸作用，观察又有何变化。写出有关反应方程式。

（3）碘化亚铜的生成和性质

在盛有 0.5 mL 0.2 mol·L^{-1} CuSO$_4$ 溶液的试管中，边滴加 0.2 mol·L^{-1} KI 溶液边振荡，溶液变为棕黄色（CuI 为白色沉淀，I$_2$ 溶于 KI 呈黄色）。再滴加适量 0.5 mol·L^{-1} Na$_2$S$_2$O$_3$ 溶液以除去反应中生成的碘。观察产物的颜色和状态，写出反应方程式。

（4）汞（Ⅱ）与汞（Ⅰ）的相互转化

① Hg^{2+} 的氧化性

向 5 滴 0.2 mol·L^{-1} Hg(NO$_3$)$_2$ 溶液中，逐滴加入 0.2 mol·L^{-1} SnCl$_2$ 溶液（由适量到过量）。观察现象，写出反应方程式。

② Hg^{2+} 转化为 Hg$_2^{2+}$ 和 Hg$_2^{2+}$ 的歧化分解

在 0.5 mL 0.2 mol·L^{-1} Hg(NO$_3$)$_2$ 溶液中，滴入 1 滴金属汞，充分振荡。用滴管把清液转入 2 支试管中（余下的汞要回收），在一支试管中加入 0.2 mol·L^{-1} NaCl 溶液，另一支试管中滴入 2 mol·L^{-1} 氨水，观察现象，写出反应方程式。

五、思考题

1. 在白色氯化亚铜沉淀中加入浓氨水或浓盐酸后形成什么颜色的溶液？放置一段时间后会变成蓝色溶液，为什么？

2. 在氯化亚铜的生成和性质实验中，深棕色溶液是什么物质？将近无色溶液倾入蒸馏水中发生了什么反应？

3. 在碘化亚铜的生成和性质实验中，加入硫代硫酸钠是为了和溶液中产生的碘作用，而便于观察碘化亚铜白色沉淀的颜色；但若硫代硫酸钠过量，则看不到白色沉淀，为什么？

4. 使用汞时应注意什么？为什么汞要用水封存？

5. 用平衡原理预测在硝酸亚汞溶液中通入硫化氢气体后，生成的沉淀为何物，并加以解释。

6. 在制备氯化亚铜时，能否用氯化铜和碎铜屑在用盐酸酸化呈微弱的酸性条件下反应？为什么？若用浓氯化钠溶液代替盐酸，此反应能否进行？为什么？

7. 根据钠、钾、钙、镁、铝、锡、铅、铜、银、锌、镉、汞的标准电极电势，推测这些金属的活动顺序。

8. 将二氧化硫通入硫酸铜饱和溶液和氯化钠饱和溶液的混合溶液中，会发生什么反应？能看到什么现象？写出相应的反应方程式。

9. 选用什么试剂来溶解下列沉淀？

氢氧化铜、硫化铜、溴化铜、碘化银

10. 现有 3 瓶已经失去标签的溶液，已知它们分别为硝酸汞溶液、硝酸亚汞溶液和硝酸银溶液。至少用两种方法鉴别之。

11. 试用实验证明：黄铜的组成是铜和锌（其他组成可不考虑）。

4.5　d 区金属元素性质

一、实验目的

1. 掌握钒、铬、锰主要氧化态的化合物的重要性质及各氧化态之间相互转化的条件。
2. 掌握二价铁、钴、镍的还原性和三价铁、钴、镍的氧化性。
3. 掌握铁、钴、镍配合物的生成及性质。

二、实验原理

d 区金属包括元素周期表中ⅢB 至 Ⅷ族的金属元素。常见的重要元素是位于周期表中第四周期第一过渡系元素 V、Cr、Mn、Fe、Co、Ni。

1. V

属ⅤB 族元素，在化合物中的氧化值主要为+5。五氧化二钒是钒的重要化合物之一，可由偏钒酸铵加热分解制得。

$$2NH_4VO_3 \xrightarrow{\triangle} V_2O_5 + 2NH_3\uparrow + H_2O$$

五氧化二钒呈橙色至深红色，微溶于水，是两性偏酸性的氧化物，易溶于碱，能溶于强酸中。

$$V_2O_5 + 6NaOH === 2Na_3VO_4 + 3H_2O$$

$$V_2O_5 + H_2SO_4 === (VO_2)_2SO_4 + H_2O$$

五氧化二钒溶解在盐酸中时，钒（Ⅴ）被还原成钒（Ⅳ）。

$$V_2O_5 + 6HCl === 2VOCl_2 + Cl_2\uparrow + 3H_2O$$

在钒酸盐的酸性溶液中加入还原剂（如锌粉），可观察到溶液的颜色由黄色逐渐变成蓝色、绿色，最后成紫色。这些颜色各相应于钒（Ⅳ）、钒（Ⅲ）、钒（Ⅱ）的化合物。

$$NH_4VO_3 + 2HCl == VO_2Cl + H_2O + NH_4Cl$$

$$2VO_2Cl + Zn + 4HCl == 2VOCl_2 + ZnCl_2 + 2H_2O$$

$$2VOCl_2 + Zn + 4HCl == 2VCl_3 + ZnCl_2 + 2H_2O$$

$$2VCl_3 + Zn == 2VCl_2 + ZnCl_2$$

在钒酸盐溶液中加过氧化氢，当溶液呈弱碱性、中性或弱酸性时，得到黄色的二过氧钒酸根离子；当溶液呈强酸性时，得到红棕色的过氧钒阳离子，两者之间存在下列平衡。

$$[VO_2(O_2)_2]^{3-} + 6H^+ == [V(O_2)]^{3+} + H_2O_2 + 2H_2O$$

在分析上可用于鉴定钒和比色测定用。

2．Cr

属ⅥB族元素，最常见的是+3 和+6 氧化值的化合物。铬（Ⅲ）盐溶液与氨水或氢氧化钠溶液反应可制得灰蓝色氢氧化铬胶状沉淀。它具有两性，既溶于酸又溶于碱。

$$Cr^{3+} + 3OH^- == Cr(OH)_3 \downarrow$$

$$Cr(OH)_3 + 3H^+ == Cr^{3+} + 3H_2O$$

$$Cr(OH)_3 + OH^- == CrO_2^- + 2H_2O$$

在碱性溶液中铬（Ⅲ）有较强的还原性。

$$2CrO_2^- + 3H_2O_2 + 2OH^- == 2CrO_4^{2-} + 4H_2O$$

工业上和实验室中常见的铬（Ⅵ）化合物是它的含氧酸盐：铬酸盐和重铬酸盐。它们在水溶液中存在下列平衡：

$$2CrO_4^{2-} + 2H^+ \rightleftharpoons Cr_2O_7^{2-} + H_2O$$

除加酸、加碱可使上述平衡发生移动外，向溶液中加入 Ba^{2+}、Pb^{2+} 或 Ag^+，由于生成溶度积较小的铬酸盐，也能使上述平衡向左移动。所以，向重铬酸盐溶液中加入这些金属离子，生成的是铬酸盐沉淀。如：

$$Cr_2O_7^{2-} + 2Ba^{2+} + H_2O == 2H^+ + 2BaCrO_4 \downarrow$$

重铬酸盐在酸性溶液中是强氧化剂，其还原产物都是 Cr^{3+} 的盐。如：

$$Cr_2O_7^{2-} + 3SO_3^{2-} + 8H^+ == 2Cr^{3+} + 3SO_4^{2-} + 4H_2O$$

$$Cr_2O_7^{2-} + 6Fe^{2+} + 14H^+ == 2Cr^{3+} + 6Fe^{3+} + 7H_2O$$

后一个反应在分析化学中常用来测定铁。

3．Mn

属ⅦB族元素，常见的是+2、+4 和+7 氧化值的化合物。

Mn^{2+} 在酸性介质中比较稳定，在碱性介质中易被氧化。

$$Mn^{2+} + 2OH^- \Longrightarrow Mn(OH)_2 \downarrow$$

$$2Mn(OH)_2 + O_2 \Longrightarrow 2MnO(OH)_2$$

$$Mn(OH)_2 + ClO^- \Longrightarrow MnO(OH)_2 + Cl^-$$

氢氧化锰（Ⅱ）属碱性氢氧化物，溶于酸及酸性盐溶液中，而不溶于碱。

$$Mn(OH)_2 + 2H^+ \Longrightarrow Mn^{2+} + 2H_2O$$

$$Mn(OH)_2 + 2NH_4^+ \Longrightarrow Mn^{2+} + 2NH_3 + 2H_2O$$

二氧化锰是锰（Ⅳ）的重要化合物，可由锰（Ⅶ）与锰（Ⅱ）的化合物作用而得到。

$$2MnO_4^- + 3Mn^{2+} + 2H^+ \Longrightarrow 5MnO_2 + 4H^+$$

在酸性介质中二氧化锰是一种强氧化剂。

$$MnO_2 + SO_3^{2-} + 2H^+ \Longrightarrow Mn^{2+} + SO_4^{2-} + H_2O$$

$$2MnO_2 + 2H_2SO_4(浓) \Longrightarrow 2MnSO_4 + O_2 \uparrow + 2H_2O$$

在碱性介质中，有氧化剂存在时，锰（Ⅳ）能被氧化成锰（Ⅵ）的化合物。

$$2MnO_2 + 4KOH + O_2 \Longrightarrow 2K_2MnO_4 + 2H_2O$$

锰酸盐只有在强碱性溶液中（pH ≥ 14.4）才是稳定的。如果在酸性或弱碱性、中性条件下，会发生歧化反应。

$$3MnO_4^{2-} + 4H^+ \Longrightarrow 2MnO_4^- + MnO_2 + 2H_2O$$

锰（Ⅶ）的化合物中最重要的是高锰酸钾。固体加热到 473K 以上分解放出氧气，是实验室制备氧气的简便方法。

$$2KMnO_4 \overset{\triangle}{\Longrightarrow} K_2MnO_4 + MnO_2 + O_2 \uparrow$$

高锰酸钾是最重要和常用的氧化剂之一，它的还原产物因介质的酸碱性不同而不同。
酸性介质：

$$2MnO_4^- + 5SO_3^{2-} + 6H^+ \Longrightarrow 2Mn^{2+} + 5SO_4^{2-} + 3H_2O$$

中性介质：

$$2MnO_4^- + 3SO_3^{2-} + H_2O \Longrightarrow 2MnO_2 + 3SO_4^{2-} + 2OH^-$$

碱性介质：

$$2MnO_4^- + SO_3^{2-} + 2OH^- \Longrightarrow 2MnO_4^{2-} + SO_4^{2-} + H_2O$$

4. 铁系元素

Fe、Co、Ni 属Ⅷ族元素，常见氧化值为 +2 和 +3。铁系元素的氢氧化物均难溶于水，其氧化还原性质可归纳如下。

还原性增强 ←—————————————————

Fe(OH)$_2$	Co(OH)$_2$	Ni(OH)$_2$
白 色	粉 红	绿 色
Fe(OH)$_3$	Co(OH)$_3$	Ni(OH)$_3$
棕红色	棕 色	黑 色

—————————————————→ 氧化性增强

铁系元素能形成多种配合物。这些配合物的形成，常常作为 Fe^{2+}、Fe^{3+}、Co^{2+}、Ni^{2+} 的鉴定方法，如铁的配合物：

$$2[Fe(CN)_6]^{3-} + 3Fe^{2+} = Fe_3[Fe(CN)_6]_2 \downarrow (腾氏蓝)$$

$$3[Fe(CN)_6]^{4-} + 4Fe^{3+} = Fe_4[Fe(CN)_6]_3 \downarrow (普鲁士蓝)$$

$$Fe^{3+} + nSCN^- = [Fe(CNS)_n]^{3-n} (n = 1\sim 6) （血红色）$$

钴的配合物：

$$Co^{2+} + 4SCN^- \xrightarrow{乙醚} [Co(NCS)_4]^{2-} (蓝色)$$

镍的配合物：

二乙酰二肟　　　　　　　　　　　　桃红色沉淀

Fe（Ⅱ）、Fe（Ⅲ）均不形成氨配合物，Co（Ⅱ）、Co（Ⅲ）均可形成氨配合物，但后者比前者稳定：

$$CoCl_2 + NH_3 \cdot H_2O = Co(OH)Cl \downarrow + NH_4Cl$$

$$Co(OH)Cl + 7NH_3 + H_2O = [Co(NH_3)_6](OH)_2 + NH_4Cl$$

$$2[Co(NH_3)_6](OH)_2 + 1/2O_2 + H_2O = 2[Co(NH_3)_6](OH)_3$$

Ni^{2+} 与 NH_3 能形成蓝色的 $[Ni(NH_3)_6]^{2+}$，但该离子遇酸、碱，水稀释，受热均可发生分解反应：

$$[Ni(NH_3)_6]^{2+} + 6H^+ = Ni^{2+} + 6NH_4^+$$

$$[Ni(NH_3)_6]^{2+} + 2OH^- = Ni(OH)_2 \downarrow + 6NH_3$$

$$2[Ni(NH_3)_6]SO_4 + 2H_2O \xrightarrow{\triangle} Ni_2(OH)_2SO_4 \downarrow + 10NH_3 \uparrow + (NH_4)_2SO_4$$

三、器材及试剂

器材：烧杯，试管（离心），离心机，蒸发皿，托盘天平，玻璃棒，pH 试纸，沸石，碘化钾-淀粉试纸。

试剂：锌粒，二氧化锰，亚硫酸钠，高锰酸钾，硫酸亚铁铵，硫氰酸钾，H_2SO_4 溶液（浓、1 mol·L^{-1}、6 mol·L^{-1}），HCl 溶液（浓、0.1 mol·L^{-1}、2 mol·L^{-1}、6 mol·L^{-1}），NaOH 溶液（40%、2 mol·L^{-1}、6 mol·L^{-1}），NH_4VO_3 溶液（饱和），H_2O_2 溶液（3%），K_2SO_4·$Cr_2(SO_4)_3$ 溶液（0.2 mol·L^{-1}），氨水（浓、2 mol·L^{-1}、6 mol·L^{-1}），$K_2Cr_2O_7$ 溶液（0.1 mol·L^{-1}），$FeSO_4$ 溶液（0.5 mol·L^{-1}），K_2CrO_4 溶液（0.1 mol·L^{-1}），$AgNO_3$ 溶液（0.1 mol·L^{-1}），$BaCl_2$ 溶液（0.1 mol·L^{-1}），$Pb(NO_3)_2$ 溶液（0.1 mol·L^{-1}），$MnSO_4$ 溶液（0.2 mol·L^{-1}、0.5 mol·L^{-1}），NH_4Cl 溶液（2 mol·L^{-1}），NaClO 溶液（稀），H_2S 溶液（饱和），Na_2S 溶液（0.1 mol·L^{-1}、0.5 mol·L^{-1}），$KMnO_4$ 溶液（0.1 mol·L^{-1}），Na_2SO_3 溶液（0.1 mol·L^{-1}），$(NH_4)_2SO_4$ 溶液（1 mol·L^{-1}），$CuCl_2$ 溶液（0.2 mol·L^{-1}），$(NH_4)_2Fe(SO_4)_2$ 溶液（0.1 mol·L^{-1}），$CoCl_2$ 溶液（0.1 mol·L^{-1}），$NiSO_4$ 溶液（0.1 mol·L^{-1}），KI 溶液（0.5 mol·L^{-1}），$K_4[Fe(CN)_6]$ 溶液（0.5 mol·L^{-1}），$FeCl_3$ 溶液（0.2 mol·L^{-1}），KSCN 溶液（0.5 mol·L^{-1}），氯水，碘水，四氯化碳，戊醇，乙醚。

四、实验内容

1. 钒的化合物的重要性质

（1）取 0.5 g 偏钒酸铵固体放入蒸发皿中，在水浴上加热并不断搅拌，观察并记录反应过程中固体颜色的变化，然后把产物分成 4 份。

在第一份固体中，加入 1 mL 浓硫酸溶液振荡，放置。观察溶液颜色，固体是否溶解？

在第二份固体中，加入 6 mol·L^{-1} NaOH 溶液，加热。有何变化？

在第三份固体中，加入少量蒸馏水，煮沸、静置，待其冷却后，用 pH 试纸测定溶液的 pH。

在第四份固体中，加入浓盐酸，观察有何变化。微沸，检验气体产物，加入少量蒸馏水，观察溶液颜色。

写出有关反应方程式，总结五氧化二钒的特性。

（2）低价钒的化合物的生成

在盛有 1 mL 氯化氧钒溶液（在 1 g 偏钒酸铵固体中，加入 20 mL 6 mol·L^{-1} HCl 溶液和 10 mL 蒸馏水）的试管中，加入 2 粒锌粒，放置片刻，观察并记录反应过程中溶液颜色的变化，并加以解释。

（3）过氧钒阳离子的生成

在盛有 0.5 mL 饱和偏钒酸铵溶液的试管中，加入 0.5 mL 2 mol·L^{-1} HCl 溶液和 2 滴 3% H_2O_2 溶液，观察并记录产物的颜色和状态。

2. 铬的化合物的重要性质

（1）铬（Ⅵ）的氧化性

在约 5 mL 重铬酸钾溶液中，加入少量所选择的还原剂，观察溶液颜色的变化（如果现象不明显，该怎么办？），写出反应方程式，保留溶液供下面步骤（3）用。

（2）铬（Ⅵ）的缩合平衡

取少量 $Cr_2O_7^{2-}$ 溶液，加入你所选择的试剂使其转变为 CrO_4^{2-}。在上述 CrO_4^{2-} 溶液中，加入你所选择的试剂使其转变为 $Cr_2O_7^{2-}$。

（3）氢氧化铬（Ⅲ）的两性

向步骤（1）所保留的 Cr^{3+} 溶液中逐滴加入 6 mol·L^{-1} NaOH 溶液，观察沉淀物的颜色，写出反应方程式。将所得沉淀物分成两份，分别试验与酸、碱的反应，观察溶液的颜色，写出反应方程式。

（4）铬（Ⅲ）的还原性

在步骤（3）所得的 CrO_2^- 溶液中，加入少量所选择的氧化剂，水浴加热，观察溶液颜色的变化，写出反应方程式。

3. 锰的化合物的重要性质

（1）氢氧化锰（Ⅱ）的生成和性质

取 10 mL 0.2 mol·L^{-1} 的 $MnSO_4$ 溶液，分成 4 份。第一份滴加 0.2 mol·L^{-1} NaOH 溶液，观察沉淀的颜色。振荡试管，有何变化？第二份滴加 0.2 mol·L^{-1} NaOH 溶液，产生沉淀的同时，立刻加入过量的 NaOH 溶液，沉淀是否溶解？第三份滴加 0.2 mol·L^{-1} NaOH 溶液，迅速加入 2 mol·L^{-1} HCl 溶液，有何现象发生？第四份滴加 0.2 mol·L^{-1} NaOH 溶液，迅速加入 2 mol·L^{-1} NH_4Cl 溶液，沉淀是否溶解？写出上述有关反应方程式。此实验说明 $Mn(OH)_2$ 具有哪些性质？

① Mn^{2+} 的氧化　试验硫酸锰和次氯酸钠溶液在酸、碱性介质中的反应。比较 Mn^{2+} 在何种介质中易被氧化。

② 硫化锰的生成和性质　往硫酸锰（Ⅱ）溶液中滴加饱和硫化氢溶液，有无沉淀生成？若用硫化钠溶液代替硫化氢溶液，又有何结果？请用事实说明硫化锰的性质和生成沉淀的条件。

试总结 Mn^{2+} 的性质。

（2）二氧化锰的生成和氧化性

① 往盛有少量 0.1 mol·L^{-1} $KMnO_4$ 溶液中，逐滴加入 0.5 mol·L^{-1} $MnSO_4$ 溶液，观察沉淀的颜色。往沉淀中加入 1 mol·L^{-1} H_2SO_4 溶液和 0.1 mol·L^{-1} Na_2SO_3 溶液，沉淀是否溶解？写出有关反应方程式。

② 在盛有少量（米粒大小）二氧化锰固体的试管中加入 2 mL 浓硫酸，加热，观察反应前后颜色的变化。有何气体产生？写出反应方程式。

（3）高锰酸钾的性质

分别试验高锰酸钾溶液与亚硫酸钠溶液在酸性（1 mol·L^{-1} H_2SO_4）、近中性（蒸馏水）、碱性（6 mol·L^{-1} NaOH）介质中的反应，比较它们的产物因介质不同有何不同？写出反应方程式。

4. 铁（Ⅱ）、钴（Ⅱ）、镍（Ⅱ）的化合物的还原性

（1）铁（Ⅱ）的还原性

① 酸性介质

往盛有 0.5 mL 氯水的试管中加入 3 滴 6 mol·L^{-1} H$_2$SO$_4$ 溶液，然后滴加 (NH$_4$)$_2$Fe(SO$_4$)$_2$ 溶液，观察现象，写出反应方程式（如现象不明显，可滴加 1 滴 KSCN 溶液，出现红色，证明有 Fe^{3+} 生成）。

② 碱性介质

在一试管中加入 2 mL 蒸馏水和 3 滴 6 mol·L^{-1} H$_2$SO$_4$ 溶液，煮沸，以赶尽溶于其中的空气，然后溶入少量硫酸亚铁铵晶体。在另一试管中加入 3 mL 6 mol·L^{-1} NaOH 溶液，煮沸，冷却后，用一长滴管吸取 NaOH 溶液，插入 (NH$_4$)$_2$Fe(SO$_4$)$_2$ 溶液（直至试管底部），慢慢挤出滴管中的 NaOH 溶液，观察产物颜色和状态。振荡后放置一段时间，观察又有何变化，写出反应方程式。产物留作下面实验用。

（2）钴（Ⅱ）的还原性

① 往盛有 0.1 mol·L^{-1} CoCl$_2$ 溶液的试管中加入氯水，观察有何变化。

② 在盛有 1 mL 0.1 mol·L^{-1} CoCl$_2$ 溶液的试管中滴入稀 NaOH 溶液，观察沉淀的生成。所得沉淀分成两份，一份置于空气中，一份加入新配制的氯水，观察有何变化。第二份留作下面实验用。

（3）镍（Ⅱ）的还原性

用 0.1 mol·L^{-1} NiSO$_4$ 溶液按（2）中①②实验步骤操作，观察现象。第二份沉淀留作下面实验用。

5. 铁（Ⅲ）、钴（Ⅲ）、镍（Ⅲ）的化合物的氧化性

（1）在前面实验中保留下来的氢氧化铁（Ⅲ）、氢氧化钴（Ⅲ）、氢氧化镍（Ⅲ）沉淀中均加入浓盐酸，振荡后各有何变化，并用碘化钾-淀粉试纸检验所放出的气体。

（2）在上述制得的 FeCl$_3$ 溶液中加入 KI 溶液，再加入 CCl$_4$，振荡后观察现象，写出反应方程式。

综合上述实验所观察到的现象，总结+2 氧化值的铁、钴、镍化合物的还原性和+3 氧化值的铁、钴、镍化合物的氧化性的变化规律。

6. 配合物的生成

（1）铁的配合物

① 往盛有 1 mL 亚铁氰化钾〔六氰合铁（Ⅱ）酸钾〕溶液的试管中，加入约 0.5 mL 碘水，摇动试管后，滴入数滴硫酸亚铁铵溶液，有何现象发生？（此为 Fe^{2+} 的鉴定反应）

② 向盛有 1 mL 新配制的 (NH$_4$)$_2$Fe(SO$_4$)$_2$ 溶液的试管中加入碘水，摇动试管后，将溶液分成两份，各滴入数滴硫氰酸钾溶液，然后向其中一支试管中注入约 0.5 mL 3% H$_2$O$_2$ 溶液，观察现象。（此为 Fe^{3+} 的鉴定反应）

③ 往 FeCl$_3$ 溶液中加入 K$_4$[Fe(CN)$_6$] 溶液，观察现象，写出反应方程式。（这也是鉴定 Fe^{3+} 的一种常用方法）

④ 往盛有 0.5 mL 0.2 mol·L^{-1} FeCl$_3$ 溶液的试管中，滴入浓氨水直至过量，观察沉淀是否溶解。

（2）钴的配合物

① 往盛有 1 mL 0.1 mol·L^{-1} CoCl$_2$ 溶液的试管中加入少量硫氰酸钾固体，观察固体周围的颜色。再加入 0.5 mL 戊醇和 0.5 mL 乙醚，振荡后，观察水相和有机相的颜色。（这个反应可用来鉴定 Co^{2+}）

② 往盛有 0.5 mL 0.1 mol·L^{-1} CoCl$_2$ 溶液的试管中滴加浓氨水，至生成的沉淀刚好溶解为止，静置一段时间后，观察溶液的颜色有何变化。

（3）镍的配合物

往盛有 2 mL 0.1 mol·L^{-1} NiSO$_4$ 溶液的试管中加入过量 6 mol·L^{-1} 氨水，观察现象。静置片刻，再观察现象，写出离子反应方程式。把溶液分成 4 份：一份加入 2 mol·L^{-1} NaOH 溶液，一份加入 1 mol·L^{-1} H$_2$SO$_4$ 溶液，一份加水稀释，一份煮沸，观察有何变化。

五、思考题

1. 根据实验结果，总结钒的化合物的性质。

2. 根据实验结果，设计一张铬的各种氧化值转化关系图。

3. 在碱性介质中，氧能把 Mn（Ⅱ）氧化为 Mn（Ⅵ），在酸性介质中，Mn（Ⅵ）又可将碘化钾氧化为碘。写出有关反应式，并解释以上现象。硫代硫酸钠标准溶液可滴定析出碘的含量，试由此设计一个测定溶解氧含量的方法。

4. 制取 Co(OH)$_3$、Ni(OH)$_3$ 时，为什么要以 Co（Ⅱ）、Ni(Ⅱ) 为原料在碱性溶液中进行氧化，而不用 Co(Ⅲ)、Ni(Ⅲ) 直接制取？

5. 现有一瓶含有 Fe^{3+}、Cr^{3+} 和 Ni^{2+} 的混合液，如何将它们分离出来，请设计分离示意图。

6. 总结 Fe（Ⅱ、Ⅲ）、Co（Ⅱ、Ⅲ）、Ni（Ⅱ、Ⅲ）所形成的主要化合物的性质。

7. 有一浅绿色晶体 A，可溶于水得到溶液 B，向 B 中加入不含氧气的 6 mol·L^{-1} NaOH 溶液，有白色沉淀 C 和气体 D 生成。C 在空气中逐渐变棕色，气体 D 能使红色石蕊试纸变蓝。若将溶液 B 加以酸化，再滴加一紫色溶液 E，则得到浅黄色溶液 F，向 F 中加入黄血盐溶液，立即产生深蓝色的沉淀 G。向溶液 B 中加入 BaCl$_2$ 溶液，有白色沉淀 H 析出，此沉淀不溶于强酸。问 A、B、C、D、E、F、G、H 各是什么物质，写出其分子式和有关反应方程式。

4.6 常见阳离子的分离与鉴定（一）

一、实验目的

1. 学习和掌握一些金属元素及其化合物的性质。

2. 了解常见阳离子混合液的分离与检出的方法，巩固检出离子的操作。

二、实验原理

离子的分离与鉴定是以各离子对试剂的不同反应为依据的。这种反应常伴随着特殊的现象，如沉淀的生成或溶解、特征颜色的出现、气体的产生等。各离子对试剂作用的相似性和差异性都是构成离子分离与检出方法的基础，也就是说，离子的基本性质是进行分离检出的基础。因而要想掌握分离检出的方法，就要熟悉离子的基本性质。

离子的分离和检出只有在一定条件下才能进行。条件主要指溶液的酸度、反应物的浓度、反应温度、促进或妨碍此反应的物质是否存在等。为使反应向期望的方向进行，就必须选择适当的反应条件。因此，除了要熟悉离子的有关性质外，还要学会运用离子平衡（酸碱、沉淀、氧化还原、配合等平衡）的规律控制反应条件。这对于我们进一步了解离子分离条件和检出条件的选择有很大帮助。

用于常见阳离子分离的性质是指常见阳离子与常用试剂的反应及其差异，重点在于应用这些差异性将离子分离。

1. 与 HCl 溶液反应

$$\left.\begin{array}{l} Ag^+ \\ Hg_2^{2+} \\ Pd^{2+} \end{array}\right\} \xrightarrow{\text{HCl}} \left\{\begin{array}{l} AgCl\downarrow \text{白色，溶于氨水} \\ Hg_2Cl_2\downarrow \text{白色，溶于热、浓 } HNO_3 \text{溶液及 } H_2SO_4 \text{溶液} \\ PbCl_2\downarrow \text{白色，溶于热水，溶于 } NH_4Ac \text{溶液、NaOH溶液} \end{array}\right.$$

2. 与 H₂SO₄ 的反应

$$\left.\begin{array}{l} Ba^{2+} \\ Sr^{2+} \\ Ca^{2+} \\ Pb^{2+} \\ \\ Ag^+ \end{array}\right\} \xrightarrow{H_2SO_4} \left\{\begin{array}{l} BaSO_4\downarrow \text{白色，难溶于稀酸} \\ SrSO_4\downarrow \text{白色，溶于煮沸的酸} \\ CaSO_4\downarrow \text{白色，溶解度较大，当 } Ca^{2+} \text{浓度很大时，才析出沉淀} \\ PbSO_4\downarrow \text{白色，溶于 NaOH 溶液、NH}_4Ac \text{溶液（饱和）、热 HCl 溶液、} \\ \quad \text{浓 } H_2SO_4 \text{溶液，不溶于稀 } H_2SO_4 \text{溶液} \\ Ag_2SO_4\downarrow \text{白色，在浓溶液中产生沉淀，溶于热水} \end{array}\right.$$

3. 与 NaOH 反应

$$\left.\begin{array}{l} Al^{3+} \\ Zn^{2+} \\ Pb^{2+} \\ Sb^{3+} \\ Sn^{2+} \end{array}\right\} \xrightarrow{\text{过量NaOH}} \left\{\begin{array}{l} AlO_2^- \text{ 或 } [Al(OH)_4]^- \\ ZnO_2^- \text{ 或 } [Zn(OH)_4]^{2-} \\ PbO_2^- \text{ 或 } [Pb(OH)_4]^{2-} \\ SbO_2^- \\ SnO_2^{2-} \text{ 或 } [Sn(OH)_4]^{2-} \end{array}\right.$$

$$Cu^{2+} \xrightarrow[\triangle]{\text{浓NaOH}} [Cu(OH)_4]^{2-}$$

4. 与 NH₃ 反应

$$\left.\begin{array}{l} Ag^+ \\ Cu^{2+} \\ Cd^{2+} \\ Zn^{2+} \end{array}\right\} \xrightarrow{\text{过量NH}_3} \left\{\begin{array}{l} [Ag(NH_3)_2]^+ \\ [Cu(NH_3)_4]^{2+} \text{（深蓝）} \\ [Cd(NH_3)_4]^{2+} \\ [Zn(NH_3)_4]^{2+} \end{array}\right.$$

5. 与(NH₄)₂CO₃反应

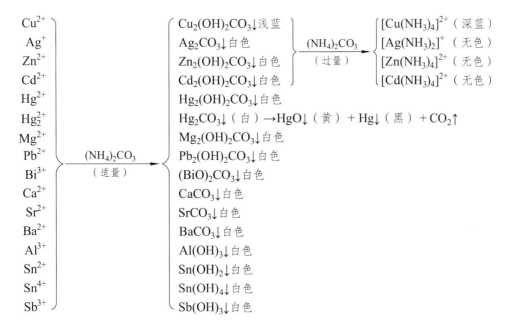

6. 与 H₂S 或(NH₄)₂S 反应

应当掌握各种阳离子生成硫化物沉淀的条件及其硫化物溶解度的差异，并用于阳离子分离。除黑色硫化物以外，可利用颜色进行离子鉴别。

（1）在 0.3 mol·L⁻¹ HCl 溶液中通入 H₂S 气体，生成沉淀的离子如下。

$$
\begin{array}{l}
\left.\begin{array}{l}
Ag^+ \\
Pb^{2+} \\
Cu^{2+} \\
Cd^{2+} \\
Bi^{3+} \\
Hg_2^{2+} \\
Hg^{2+} \\
Sb^{5+} \\
Sb^{3+} \\
Sn^{4+} \\
Sn^{2+}
\end{array}\right\}
\xrightarrow[H_2S]{0.3\ mol \cdot L^{-1}\ HCl}
\left\{\begin{array}{l}
Ag_2S\downarrow 黑色 \\
PbS\downarrow 黑色 \\
CuS\downarrow 黑色 \\
CdS\downarrow 黄色 \\
Bi_2S_3\downarrow 褐色 \\
HgS\downarrow + Hg\downarrow 黑色 \\
HgS\downarrow 黑色 \\
Sb_2S_5\downarrow 橙色 \\
Sb_2S_3\downarrow 橙色 \\
SnS_2\downarrow 黄色 \\
SnS\downarrow 褐色
\end{array}\right.
\end{array}
$$

溶于王水，HgS溶于Na₂S溶液

溶于浓 HCl溶液、NaOH溶液、Na₂S溶液

溶于浓 HCl溶液，(NH₄)₂Sₓ不溶于NaOH溶液

（2）在 0.3 mol·L⁻¹ HCl 溶液中通入 H₂S 气体，不发生沉淀，但在氨性介质通入 H₂S 气体产生沉淀的离子如下。

$$
\left.\begin{array}{l}
Zn^{2+} \\
Al^{3+}
\end{array}\right\}
\xrightarrow[\substack{NH_3 \cdot H_2O \\ H_2S}]{NH_4Cl}
\left\{\begin{array}{l}
ZnS\downarrow 白色，溶于稀HCl溶液，不溶于HAc溶液 \\
Al(OH)_3\downarrow 白色，溶于强碱及稀 HCl溶液
\end{array}\right.
$$

三、器材及试剂

器材：试管（10 mL），烧杯（250 mL），离心机，离心试管，玻璃棒，pH 试纸，镍丝。

试剂：亚硝酸钠，HCl 溶液（2 mol·L^{-1}、6 mol·L^{-1}、浓），H$_2$SO$_4$ 溶液（6 mol·L^{-1}、2 mol·L^{-1}），HNO$_3$ 溶液（6 mol·L^{-1}），HAc 溶液（2 mol·L^{-1}、6 mol·L^{-1}），NaOH 溶液（2 mol·L^{-1}、6 mol·L^{-1}），氨水（6 mol·L^{-1}），KOH 溶液（2 mol·L^{-1}），NaCl 溶液（1 mol·L^{-1}），KCl 溶液（1 mol·L^{-1}），MgCl$_2$ 溶液（0.5 mol·L^{-1}），CaCl$_2$ 溶液（0.5 mol·L^{-1}），BaCl$_2$ 溶液（0.5 mol·L^{-1}），AlCl$_3$ 溶液（0.5 mol·L^{-1}），SnCl$_2$ 溶液（0.5 mol·L^{-1}），Pb(NO$_3$)$_2$ 溶液（0.5 mol·L^{-1}），SbCl$_3$ 溶液（0.1 mol·L^{-1}），HgCl$_2$ 溶液（0.2 mol·L^{-1}），Bi(NO$_3$)$_3$ 溶液（0.1 mol·L^{-1}），CuCl$_2$ 溶液（0.5 mol·L^{-1}），AgNO$_3$ 溶液（0.1 mol·L^{-1}），ZnSO$_4$ 溶液（0.2 mol·L^{-1}），Cd(NO$_3$)$_2$ 溶液（0.2 mol·L^{-1}），Al(NO$_3$)$_3$ 溶液（0.5 mol·L^{-1}），NaNO$_3$ 溶液（0.5 mol·L^{-1}），Ba(NO$_3$)$_2$ 溶液（0.5 mol·L^{-1}），Na$_2$S 溶液（0.5 mol·L^{-1}），KSb(OH)$_6$ 溶液（饱和），NaHC$_4$H$_4$O$_6$ 溶液（饱和），(NH$_4$)$_2$C$_2$O$_4$ 溶液（饱和），NaAc（2 mol·L^{-1}），K$_2$CrO$_4$ 溶液（1 mol·L^{-1}），Na$_2$CO$_3$ 溶液（饱和），NH$_4$Ac（2 mol·L^{-1}），K$_4$[Fe(CN)$_6$] 溶液（0.5 mol·L^{-1}），镁试剂，0.1% 铝试剂，罗丹明 B，苯，2.5% 硫脲，(NH$_4$)$_2$[Hg(SCN)$_4$] 试剂。

四、实验内容

1. 碱金属、碱土金属离子的鉴定

（1）Na$^+$ 的鉴定

在盛有 0.5 mL 1 mol·L^{-1} NaCl 溶液的试管中，加入 0.5 mL 饱和 KSb(OH)$_6$ 溶液，观察白色结晶状沉淀的产生。如无沉淀产生，可以用玻璃棒摩擦试管内壁，放置片刻，再观察。写出反应方程式。

（2）K$^+$ 的鉴定

在盛有 0.5 mL 1 mol·L^{-1} KCl 溶液的试管中，加入 0.5 mL 饱和 NaHC$_4$H$_4$O$_6$（酒石酸氢钠）溶液，如有白色结晶状沉淀的产生，示有 K$^+$ 存在。如无沉淀产生，可以用玻璃棒摩擦试管内壁，放置片刻，再观察。写出反应方程式。

（3）Mg^{2+} 的鉴定

在试管中加 2 滴 0.5 mol·L^{-1} MgCl$_2$ 溶液，再滴加 6 mol·L^{-1} NaOH 溶液，直到生产絮状的 Mg(OH)$_2$ 沉淀为止；然后加入 1 滴镁试剂，搅拌之，生成蓝色沉淀，示有 Mg^{2+} 存在。

（4）Ca^{2+} 的鉴定

取 0.5 mL 0.5 mol·L^{-1} CaCl$_2$ 溶液于离心试管中，再加 10 滴饱和草酸铵溶液，有白色沉淀产生。离心分离，弃去清液。若白色沉淀不溶于 6 mol·L^{-1} HAc 溶液而溶于 2 mol·L^{-1} 盐酸，示有 Ca^{2+} 存在。写出反应方程式。

（5）Ba^{2+} 的鉴定

取 2 滴 0.5 mol·L^{-1} BaCl$_2$ 溶液于试管中，加入 2 mol·L^{-1} HAc 溶液和 2 mol·L^{-1} NaAc 溶液各 2 滴，然后滴加 2 滴 1 mol·L^{-1} K$_2$CrO$_4$ 溶液，有黄色沉淀产生，示有 Ba^{2+} 存在。写出反应方程式。

2. p 区和 ds 区部分金属离子的鉴定

（1）Al^{3+} 的鉴定

取 2 滴 0.5 mol·L^{-1} AlCl$_3$ 溶液于小试管中，加 2~3 滴水，2 滴 2 mol·L^{-1} HAc 溶液和 2 滴 0.1% 铝试剂，搅拌后，置水浴上加热片刻，再加入 1~2 滴 6 mol·L^{-1} 氨水，有红色絮状沉淀产生，示有 Al^{3+} 存在。

（2）Sn^{2+} 的鉴定

取 5 滴 0.5 mol·L^{-1} SnCl$_2$ 溶液于试管中，逐滴加入 0.2 mol·L^{-1} HgCl$_2$ 溶液，边加边振荡，若产生的沉淀由白色变为灰色，然后变为黑色，示有 Sn^{2+} 存在。

（3）Pb^{2+} 的鉴定

取 5 滴 0.5 mol·L^{-1} Pb(NO$_3$)$_2$ 溶液于离心试管中，加 2 滴 1 mol·L^{-1} K$_2$CrO$_4$ 溶液，如有黄色沉淀生成，在沉淀上滴加数滴 2 mol·L^{-1} NaOH 溶液，沉淀溶解，示有 Pb^{2+} 存在。

（4）Sb^{3+} 的鉴定

取 5 滴 0.1 mol·L^{-1} SbCl$_3$ 溶液于离心试管中，加 3 滴浓盐酸及数粒亚硝酸钠，将 Sb（Ⅲ）氧化为 Sb（Ⅴ），当无气体放出时，加数滴苯及 2 滴罗丹明 B 溶液，苯层显紫色，示有 Sb^{3+} 存在。

（5）Bi^{3+} 的鉴定

取 1 滴 0.1 mol·L^{-1} Bi(NO$_3$)$_3$ 溶液于试管中，加入 1 滴 2.5% 的硫脲，生成鲜黄色配合物，示有 Bi^{3+} 存在。

（6）Cu^{2+} 的鉴定

取 1 滴 0.5 mol·L^{-1} CuCl$_2$ 溶液于试管中，加 1 滴 6 mol·L^{-1} HAc 溶液酸化，再加 1 滴 0.5 mol·L^{-1} K$_4$[Fe(CN)$_6$] 溶液，生成红棕色 Cu$_2$[Fe(CN)$_6$] 沉淀，示有 Cu^{2+} 存在。

（7）Ag^+ 的鉴定

取 5 滴 0.1 mol·L^{-1} AgNO$_3$ 溶液于试管中，加 5 滴 2 mol·L^{-1} 盐酸，产生白色沉淀。在沉淀中加入 6 mol·L^{-1} 氨水至沉淀完全溶解。此溶液再用 6 mol·L^{-1} HNO$_3$ 溶液酸化，生成白色沉淀，示有 Ag^+ 存在。

（8）Zn^{2+} 的鉴定

取 3 滴 0.2 mol·L^{-1} ZnSO$_4$ 试液于试管中，加 2 滴 2 mol·L^{-1} HAc 溶液酸化，再加入等体积硫氰酸汞铵 (NH$_4$)$_2$[Hg(SCN)$_4$] 溶液，摩擦试管壁，生成白色沉淀，示有 Zn^{2+} 存在。

（9）Cd^{2+} 的鉴定

取 3 滴 0.2 mol·L^{-1} Cd(NO$_3$)$_2$ 溶液于小试管中，加入 2 滴 0.5 mol·L^{-1} Na$_2$S 溶液，生成亮黄色沉淀，示有 Cd^{2+} 存在。

（10）Hg^{2+} 的鉴定

取 2 滴 0.2 mol·L^{-1} HgCl$_2$ 试液于小试管中，逐滴加入 0.5 mol·L^{-1} SnCl$_2$ 溶液，边加边振荡，观察沉淀颜色变化过程，最后变为灰色，示有 Hg^{2+} 存在（该反应可作为 Hg^{2+} 或 Sn^{2+} 的定性鉴定）。

3. 部分混合离子的分离和鉴定（混合离子由相应的硝酸盐配制）

取 Ag^+ 试液 2 滴和 Cd^{2+}、Al^{3+}、Ba^{2+}、Na^+ 试液各 5 滴，加到离心试管中，混合均匀后，按图 4-3 的操作步骤进行分离和鉴定。

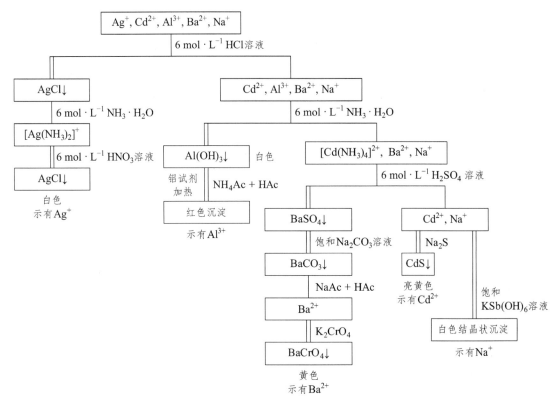

图 4-3　Ag$^+$、Cd^{2+}、Al^{3+}、Ba^{2+}、Na$^+$ 的分离鉴定方案

（1）Ag$^+$ 的分离和鉴定

在混合试液中加 1 滴 6 mol·L^{-1} 盐酸，剧烈搅拌，在沉淀生成后再滴加 1 滴 6 mol·L^{-1} 盐酸至沉淀完全，搅拌片刻，离心分离，把清液转移到另一支离心试管中，按下列步骤（2）处理。沉淀用 1 滴 6 mol·L^{-1} 盐酸和 10 滴蒸馏水洗涤，离心分离，洗涤液并入上面的清液中。在沉淀上加入 2～3 滴 6 mol·L^{-1} 氨水，搅拌，使它溶解，在所得清液中加入 1～2 滴 6 mol·L^{-1} 硝酸酸化，有白色沉淀析出，示有 Ag$^+$ 存在。

（2）Al^{3+} 的分离和鉴定

往步骤（1）的清液中滴加 6 mol·L^{-1} 氨水至显碱性，搅拌片刻，离心分离，把清液转移到另一支离心试管中，按下列步骤（3）处理。沉淀中加入 2 mol·L^{-1} HAc 溶液和 2 mol·L^{-1} NaAc 溶液各 2 滴，再加入 2 滴铝试剂，搅拌后微热之，产生红色沉淀，示有 Al^{3+} 存在。

（3）Ba^{2+} 的分离和鉴定

在步骤（2）的清液中滴加 6 mol·L^{-1} H$_2$SO$_4$ 溶液至产生白色沉淀，再过量 2 滴，搅拌片刻，离心分离，把清液转移到另一支离心试管中，按下列步骤（4）处理。沉淀用热蒸馏水 10 滴洗涤，离心分离，清液并入上面的清液中。在沉淀中加入饱和 Na$_2$CO$_3$ 溶液 3～4 滴，搅拌片刻，再加入 2 mol·L^{-1} HAc 溶液和 2 mol·L^{-1} NaAc 溶液各 3 滴，搅拌片刻，然后加入 1～2 滴 1 mol·L^{-1} K$_2$CrO$_4$ 溶液，产生黄色沉淀，示有 Ba^{2+} 存在。

（4）Cd^{2+}、Na$^+$ 的分离和鉴定

取少量步骤（3）的清液于一支试管中，加入 2～3 滴 0.5 mol·L^{-1} Na$_2$S 溶液，产生亮黄色沉淀，示有 Cd^{2+} 存在。

另取少量步骤（3）的清液于另一支试管中，加入几滴饱和六羟基锑酸钾溶液，产生白色结晶状沉淀，示有 Na^+ 存在。

五、思考题

1. 溶解 $CaCO_3$、$BaCO_3$ 沉淀时，为什么用 HAc 溶液而不用 HCl 溶液？

2. 用 $K_4[Fe(CN)_6]$ 检出 Cu^{2+} 时，为什么要用 HAc 酸化溶液？

3. 在未知溶液分析中，当由碳酸盐制取铬酸盐沉淀时，为什么必须用醋酸溶液溶解碳酸盐沉淀，而不用强酸如盐酸去溶解？

4. 在用硫代乙酰胺从离子混合试液中沉淀 Cd^{2+}、Hg^{2+}、Bi^{3+}、Pb^{2+} 等离子时，为什么要控制溶液的酸度为 $0.3\ mol \cdot L^{-1}$？酸度太高或太低对分离有何影响？控制酸度为什么用盐酸而不用硝酸？在沉淀过程中，为什么还要加水稀释溶液？

5. 可以选用哪一种试剂区别下列 4 种溶液？

$$KCl、Cd(NO_3)_2、AgNO_3、ZnSO_4$$

6. 可以选用哪一种试剂区别下列 4 种离子？

$$Cu^{2+}、Zn^{2+}、Hg^{2+}、Cd^{2+}$$

7. 可以选用哪一种试剂分离下列各组离子？

（1）Zn^{2+} 和 Cd^{2+}；　　　（2）Zn^{2+} 和 Al^{3+}；　　　（3）Cu^{2+} 和 Hg^{2+}；

（4）Zn^{2+} 和 Cu^{2+}；　　　（5）Zn^{2+} 和 Sb^{3+}。

8. 如何把 $BaSO_4$ 转化为 $BaCO_3$？与 Ag_2CrO_4 转化为 $AgCl$ 相比，哪一种转化比较容易？为什么？

4.7　常见阳离子的分离与鉴定（二）

一、实验目的

1. 学习混合离子分离的方法，进一步巩固离子鉴定的条件和方法。
2. 熟练运用常见元素（Ag、Hg、Pb、Cu、Fe）的化学性质。

二、实验原理

混合离子溶液中诸组分若对鉴定不产生干扰，可以利用特效反应直接鉴定某种离子。若共存的其他组分彼此干扰，就要选择适当的方法消除干扰。通常采用掩蔽剂消除干扰，这是一种比较简单、有效的方法。但在很多情况下，没有合适的掩蔽剂，就需要将彼此干扰组分分离。沉淀分离法是最经典的分离方法。这种方法是向混合溶液中加入适当的沉淀剂，利用所形成的化合物溶解度的差异，使被鉴定组分与干扰组分分离。常用的沉淀剂有 HCl、H_2SO_4、$NaOH$、$NH_3 \cdot H_2O$、$(NH_4)_2CO_3$ 及 $(NH_4)_2S$ 溶液等。由于元素周期表中相邻位置的元素在化学性质上表现出相似性，因此一种沉淀剂往往使性质相似的元素同时产生沉淀。这种沉淀剂称为产生沉淀的元素的组试剂。组试剂将元素划分为不同的组，逐渐达到分离的目的。

本次实验学习熟练运用 Ag^+、Hg^{2+}、Pb^{2+}、Cu^{2+} 和 Fe^{3+} 元素的化学性质，进行分离和鉴定。其分离、鉴定方案如图 4-4 所示。

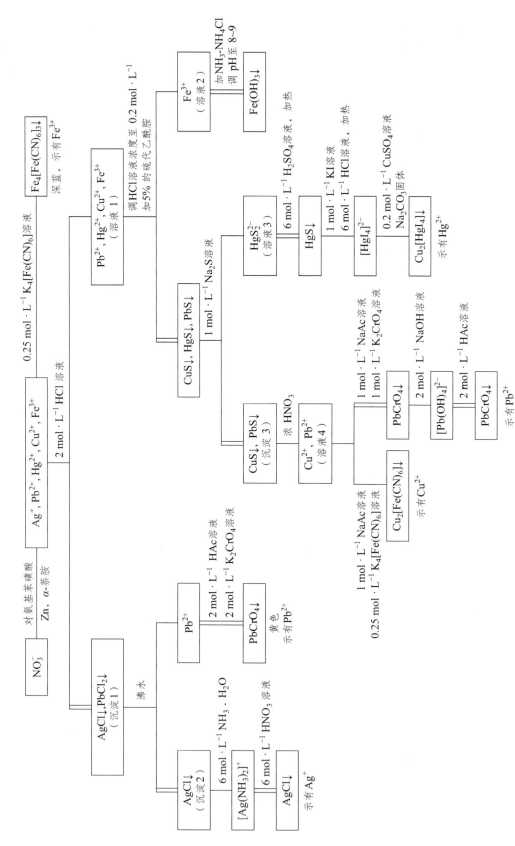

图 4-4 Ag^+、Hg^{2+}、Pb^{2+}、Cu^{2+}、Fe^{3+} 的分离鉴定方案

三、器材及试剂

器材：离心机，电炉，试管（离心），烧杯（100 mL），黑（白）点滴板，试管夹，玻璃棒，pH 试纸。

试剂：Zn（粉），Na_2CO_3，Ag^+、Hg^{2+}、Pb^{2+}、Cu^{2+}、Fe^{3+} 混合溶液（五种盐都是硝酸盐，其浓度均为 $10\ mg\cdot mL^{-1}$），H_2SO_4 溶液（$6\ mol\cdot L^{-1}$），HNO_3 溶液（浓、$6\ mol\cdot L^{-1}$），HCl 溶液（$2\ mol\cdot L^{-1}$、$6\ mol\cdot L^{-1}$），HAc 溶液（$2\ mol\cdot L^{-1}$、$6\ mol\cdot L^{-1}$），NaOH 溶液（$2\ mol\cdot L^{-1}$），$NH_3\cdot H_2O$（$6\ mol\cdot L^{-1}$），K_2CrO_4 溶液（$2\ mol\cdot L^{-1}$、$1\ mol\cdot L^{-1}$），硫代乙酰胺（5%），NH_4Cl 溶液（饱和），Na_2S 溶液（$1\ mol\cdot L^{-1}$），NaAc 溶液（$1\ mol\cdot L^{-1}$），$K_4[Fe(CN)_6]$ 溶液（$0.25\ mol\cdot L^{-1}$），KI 溶液（$1\ mol\cdot L^{-1}$），$CuSO_4$ 溶液（$0.2\ mol\cdot L^{-1}$），NH_3-NH_4Cl 溶液(pH = 9)，Na_2CO_3 溶液（12%），对氨基苯磺酸[0.5 g 溶于 150 mLHAc 溶液（$2\ mol\cdot L^{-1}$）中]，H_2S 溶液（饱和），α-萘胺（0.4%）。

四、实验内容

1. NO_3^- 的鉴定

取 3 滴混合试液，加 $6\ mol\cdot L^{-1}$ HAc 溶液酸化后用玻璃棒醮取少量锌粉加入试液，搅拌均匀，使溶液中 NO_3^- 还原为 NO_2^-。加对氨基苯磺酸与 α-萘胺溶液各一滴，有何现象发生？

2. Fe^{3+} 的鉴定

取一滴试液加到白色点滴板凹穴中，加 $0.25\ mol\cdot L^{-1}$ $K_4[Fe(CN)_6]$ 溶液一滴。观察沉淀的生成和颜色，该物质是何沉淀？

3. Ag^+、Pb^{2+} 和 Cu^{2+}、Hg^{2+}、Fe^{3+} 的分离及 Ag^+、Pb^{2+} 的分离和鉴定

取混合溶液 20 滴，放入离心试管中，滴加 4 滴 $2\ mol\cdot L^{-1}$ HCl 溶液，充分振动，静置片刻，离心沉降，向上层清液中加 $2\ mol\cdot L^{-1}$ HCl 溶液以检查沉淀是否完全。吸出上层清液，编号溶液 1。用 $2\ mol\cdot L^{-1}$ HCl 溶液洗涤沉淀，编号沉淀 1。观察沉淀的生成和颜色，写出反应方程式。

（1）Pb^{2+} 和 Ag^+ 的分离及 Pb^{2+} 鉴定

向沉淀 1 中加 6 滴水，在沸水浴中加热 3 min 以上，并不时搅动。待沉淀沉降后，趁热取清液 3 滴于黑色点滴板上，加 $2\ mol\cdot L^{-1}$ K_2CrO_4 溶液和 $2\ mol\cdot L^{-1}$ HAc 溶液各一滴，有什么生成？加 $2\ mol\cdot L^{-1}$ NaOH 溶液后又怎样？再加 $6\ mol\cdot L^{-1}$ HAc 溶液又如何？取清液后所余沉淀编号为沉淀 2。

思考：Pb^{2+} 的鉴定有可能现象不明显，请查阅不同温度时 $PbCl_2$ 在水中的溶解度并作出解释。

（2）Ag^+ 的鉴定

向沉淀 2 中加入少量 $6\ mol\cdot L^{-1}$ $NH_3\cdot H_2O$，沉淀是否溶解？再加入 $6\ mol\cdot L^{-1}$ HNO_3 溶液，沉淀重新生成。观察沉淀的颜色，并写出反应方程式。

4. Pb^{2+}、Cu^{2+}、Hg^{2+} 和 Fe^{3+} 的分离及 Pb^{2+}、Cu^{2+}、Hg^{2+} 的分离和鉴定

用 6 mol·L^{-1} $NH_3·H_2O$ 将溶液 1 的酸度调至中性（加氨水 3~4 滴），再加入体积约为此时溶液体积 1/10 的 2 mol·L^{-1} HCl 溶液（3~4 滴），将溶液的酸度调至 0.2 mol·L^{-1}。加 15 滴 5% CH_3CSNH_2，混匀后水浴加热 15 min。然后稀释一倍，再加热数分钟，静置冷却，离心沉降。向上层清液中加新制 H_2S 溶液，检查沉淀是否完全。沉淀完全后离心分离，用饱和 NH_4Cl 溶液洗涤沉淀，所得溶液为溶液 2。通过实验判断溶液 2 中的离子。观察沉淀的生成和颜色。

（1）Hg^{2+} 和 Pb^{2+}、Cu^{2+} 的分离

在所得沉淀上加 5 滴 1 mol·L^{-1} Na_2S 溶液，水浴加热 3 min，并不时搅拌。再加 3~4 滴水，搅拌均匀后离心分离。沉淀用 Na_2S 溶液再处理一次，合并清液，并编号溶液 3。沉淀用饱和 NH_4Cl 溶液洗涤，并编号沉淀 3。观察沉淀 3 的颜色，讨论反应历程。

（2）Cu^{2+} 的鉴定

向沉淀 3 中加入浓硝酸（4~5 滴），加热搅拌，使之全部溶解，所得溶液编号为溶液 4。用玻璃棒将产物单质 S 弃去。取 1 滴溶液 4 于白色点滴板上，加 1 mol·L^{-1} NaAc 溶液和 0.25 mol·L^{-1} $K_4[Fe(CN)_6]$ 溶液各一滴，有何现象？

（3）Pb^{2+} 的鉴定

取 3 滴溶液 4 于黑色点滴板上，加 1 滴 1 mol·L^{-1} NaAc 溶液和 1 滴 1 mol·L^{-1} K_2CrO_4 溶液，有什么变化？如果没有变化，请用玻璃棒摩擦。加入 2 mol·L^{-1} NaOH 溶液后，再加 6 mol·L^{-1} HAc 溶液，有什么变化？

（4）Hg^{2+} 的鉴定

向溶液 3 中逐滴加入 6 mol·L^{-1} H_2SO_4 溶液，记下加入滴数。当加至 pH = 3~5 时，再多加一半滴数的 H_2SO_4 溶液。水浴加热并充分搅拌。离心分离，用少量水洗涤沉淀。向沉淀中加 5 滴 1 mol·L^{-1} KI 溶液和 2 滴 6 mol·L^{-1} HCl 溶液，充分搅拌，加热后离心分离。再用 KI 和 HCl 重复处理沉淀。合并两次离心液，往离心液中加 1 滴 0.2 mol·L^{-1} $CuSO_4$ 溶液和少许 Na_2CO_3 固体，有什么生成？说明有哪种离子存在？

五、思 考 题

1. HgS 的沉淀一步中为什么选用 H_2SO_4 溶液酸化而不用 HCl 溶液？

2. 每次洗涤沉淀所用洗涤剂都有所不同，例如，洗涤 AgCl、$PbCl_2$ 沉淀用 HCl 溶液（2 mol·L^{-1}），洗涤 PbS、HgS、CuS 沉淀用 NH_4Cl 溶液（饱和），洗涤 HgS 用蒸馏水，为什么？

3. 设计分离和鉴定下列混合离子的方案。

（1）Ag^+，Cu^{2+}，Al^{3+}，Fe^{3+}，Ba^{2+}，Na^+

（2）Pb^{2+}，Mn^{2+}，Zn^{2+}，Co^{2+}，Ba^{2+}，K^+

第 5 章　定量分析实验

5.1　溶液的配制

一、实验目的

1. 学习移液管、容量瓶的使用方法。
2. 掌握溶液的质量分数、质量摩尔浓度、摩尔浓度等一般配制方法和基本操作。
3. 了解特殊溶液的配制。

二、实验原理

在化学实验中，常常需要配制各种溶液来满足不同实验的要求。如果实验对溶液浓度的准确性要求不高，一般利用托盘天平、量筒、带刻度烧杯等低准确度的仪器配制就能满足需要。如果实验对溶液浓度的准确性要求较高，如定量分析实验，就必须使用分析天平、移液管、容量瓶等高准确度的仪器配制溶液。对于易水解的物质，在配制溶液时还要考虑先以相应的酸溶解易水解的物质，再加水稀释。无论是粗配还是准确配制一定体积、一定浓度的溶液，首先要计算所需试剂的用量，包括固体试剂的质量或液体试剂的体积，然后再进行配制。

不同浓度的溶液在配制时的具体计算及配制步骤如下。

1. 由固体试剂配制溶液

（1）一定质量分数的溶液

因为
$$w = \frac{m_{溶质}}{m_{溶液}}$$

所以
$$m_{溶质} = \frac{w \cdot m_{溶剂}}{1-w} = \frac{w \cdot \rho_{溶剂} \cdot V_{溶剂}}{1-w}$$

如溶剂为水：

$$m_{溶质} = \frac{w \cdot V_{溶剂}}{1-w}$$

式中　$m_{溶质}$——固体试剂的质量；

　　　w——溶质质量分数；

　　　$m_{溶剂}$——溶剂质量；

$\rho_{溶剂}$——溶剂的密度，3.98 ℃ 时，水的 $\rho = 1.0000 \ \text{g} \cdot \text{mL}^{-1}$；

$V_{溶剂}$——溶剂体积。

计算出配制一定质量分数的溶液所需固体试剂质量，用托盘天平称取，倒入烧杯，再用量筒量取所需蒸馏水，也倒入烧杯，搅动，使固体完全溶解，即得所需溶液。将溶液倒入试剂瓶中，贴上标签备用。

（2）一定质量摩尔浓度的溶液

$$m_{溶质} = \frac{M \cdot b \cdot m_{溶剂}}{1000} = \frac{M \cdot b \cdot \rho_{溶剂} \cdot V_{溶剂}}{1000}$$

如溶剂为水：

$$m_{溶质} = \frac{M \cdot b \cdot V_{溶剂}}{1000}$$

式中　b——质量摩尔浓度，$\text{mol} \cdot \text{kg}^{-1}$；

　　　M——固体试剂的摩尔质量，$\text{g} \cdot \text{mol}^{-1}$；

　　　其他符号说明同前。

配制方法同一定质量分数浓度的溶液。

（3）一定摩尔浓度的溶液

$$m_{溶质} = c \cdot V \cdot M$$

式中　c——物质的量浓度，$\text{mol} \cdot \text{L}^{-1}$；

　　　V——溶液体积，L；

　　　其他符号说明同前。

① 粗略配制　算出配制一定体积溶液所需固体试剂质量,用托盘天平称取所需固体试剂，倒入带刻度烧杯中，加入少量蒸馏水搅动使固体完全溶解后，用蒸馏水稀释至刻度，即得所需的溶液。然后将溶液移入试剂瓶中，贴上标签，备用。

② 准确配制　先算出配制给定体积准确浓度溶液所需固体试剂的用量,并在分析天平上准确称出它的质量，放在干净烧杯中，加适量蒸馏水使其完全溶解。将溶液转移到容量瓶（与所配溶液体积相应的）中，用少量蒸馏水洗涤烧杯 2~3 次，冲洗液也移入容量瓶中，再加蒸馏水至标线处，盖上塞子，将溶液摇匀，即得所需溶液，然后将溶液转入试剂瓶中，贴上标签，备用。

2. 由液体（或浓溶液）试剂配制溶液

（1）一定质量分数的溶液

① 由两种已知浓度的溶液混合，配制所需浓度溶液的计算方法是：把所需的溶液浓度放在两条直线交叉点上（即中间位置），已知溶液浓度放在两条直线左端（较大的在上，较小的在下）。然后每条直线上两个数字相减，差额写在同一直线另一端（右边的上、下），这样就得到所需的已知浓度溶液的份数。例如，由 85% 和 40% 的溶液混合，制备 60% 的溶液，需取用 20 份 85% 的溶液和 25 份 40% 的溶液混合。

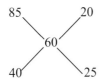

② 用溶剂稀释原液制成所需浓度的溶液,在计算时只需将左下角较小的浓度写成零表示是纯溶剂即可。例如,用水把 35% 的水溶液稀释成 25% 的溶液,取 25 份 35% 的水溶液兑 10 份的水,就得到 25% 的溶液。

配制时应先加水或稀溶液,然后加浓溶液。搅动均匀,将溶液转移到试剂瓶中,贴上标签,备用。

（2）一定摩尔浓度的溶液

① 计算

a. 由已知摩尔浓度溶液稀释:

$$V_原 = \frac{c_新 V_新}{c_原}$$

式中　$c_新$——稀释后溶液的摩尔浓度;

$V_新$——稀释后溶液体积;

$c_原$——原溶液的摩尔浓度;

$V_原$——取原溶液的体积。

b. 由已知质量分数的浓溶液配制稀溶液

$$c_浓 = \frac{\rho \cdot w}{M}, \qquad V_浓 = \frac{c_稀 V_稀}{c_浓}$$

式中　M——溶质的摩尔质量;

　　ρ——液体试剂（或浓溶液）的密度。

② 配制方法

a. 粗略配制　先算出配制一定浓度的溶液所需液体（或浓溶液）用量,用量筒量取所需的液体（或浓溶液）,倒入装有少量水的有刻度烧杯中混合,如果溶液放热,需冷却至室温后,再用水稀释至刻度。搅动使其均匀,然后移入试剂瓶中,贴上标签备用。

b. 准确配制　当用较浓的准确浓度的溶液配制较稀的准确浓度的溶液时,先计算,然后用处理好的移液管吸取所需溶液,注入给定体积的洁净的容量瓶中,再加蒸馏水至标线处,摇匀后,倒入试剂瓶,贴上标签备用。

三、器 材 及 试 剂

器材:台秤,分析天平,称量瓶,小烧杯,量筒,玻璃棒,容量瓶,移液管,试剂瓶。

试剂：硫酸铜晶体，浓硫酸，浓盐酸，醋酸（2.00 mol·L^{-1}），$CuSO_4$·5H_2O，NaCl，KCl，$CaCl_2$，$SbCl_3$，$NaHCO_3$。

四、实验内容

1. 用硫酸铜晶体粗略配制 50 mL 0.2 mol·L^{-1} $CuSO_4$ 溶液。

2. 准确配制 100 mL 质量分数为 0.90% 的生理盐水。按 NaCl、KCl、$CaCl_2$、$NaHCO_3$ 之比 = 45：2.1：1.2：1 的比例，在 NaCl 溶液中加入 KCl、$CaCl_2$、$NaHCO_3$，经消毒后即得 0.90% 的生理盐水。

3. 用浓硫酸配制 50 mL 3 mol·L^{-1} 的 H_2SO_4 溶液。

五、思考题

1. 配制硫酸溶液时烧杯中先加水还是先加酸，为什么？

2. 由已知准确浓度为 2.00 mol·L^{-1} 的醋酸溶液配制 50 mL 0.200 mol·L^{-1} 醋酸溶液，应如何配制？

3. 配制 50 mL 0.1 mol·L^{-1} $SbCl_3$ 溶液，应如何配制？在配制 $SbCl_3$ 溶液时，如何防止水解？

4. 用容量瓶配制溶液时，要不要把容量瓶干燥？要不要用被稀释溶液润洗，为什么？

5. 怎样洗涤移液管？水洗净后的移液管在使用前还要用待吸取的溶液润洗，为什么？

6. 某同学在配制硫酸铜溶液时，用分析天平称取硫酸铜晶体，用量筒取水配成溶液，此操作对否？为什么？

5.2　电子天平称量练习

一、实验目的

1. 了解电子天平的构造原理、使用方法和注意事项。
2. 学习常用的称量方法，熟练掌握定量分析中常用的递减法。
3. 培养学生正确运用有效数字，准确、简明记录原始实验数据的习惯。

二、实验原理

电子天平是最新一代的天平，它是根据电磁力学平衡原理，直接称量。全程不需要砝码，放上被测物后，在几秒钟内达到平衡，直接显示读数，具有称量速度快、精度高的特点。

电子天平按结构可以分为上皿式和下皿式电子天平。秤盘在支架上面的为上皿式，秤盘吊在支架下面的为下皿式。目前，广泛使用的是上皿式电子天平。

三、器材及试剂

器材：电子天平，烧杯（100 mL），称量瓶。

试剂：待测样品。

四、实验内容

1. 熟悉电子天平的称量程序

电子天平的使用程序一般为：调节水平、通电预热、开机、校正、称量和关机。

（1）检查天平后方的气泡水准器，如气泡不在中心位置，可在教师指导下，学习如何调节。

（2）观察天平秤盘是否清洁，如有散落的试剂，则用专用的小毛刷轻扫出去，注意此时应使天平处于关闭状态。

（3）按开关键开启天平，显示屏上很快出现"0.0000g"，如不是上述数字，按"除皮/调零"键，调节零点。

（4）将被称物放在天平秤盘中央，关好两侧边门。这时可见显示屏上的数字在不断地变化，待数字稳定并出现质量单位"g"后，即可读数并记录称量结果。

（5）称量完毕后，取出被称物。

（6）全部称量工作结束后，移出被称量的物品，长按"开/关"键，关闭天平。清扫天平秤盘，关好边门，重新开启天平，观察并调节天平零点，再关闭天平。

（7）实验完成后如实填写天平使用记录。

2. 称量练习

（1）直接称量法

调节天平零点后，取一个洁净干燥的称量瓶置于秤盘中央（拿取时使用纸带，按规定操作），待显示值稳定后，直接读取其质量 m。再分别称取同一称量瓶的瓶盖质量 m_1 和瓶身质量 m_2，比较 m_1+m_2 与 m 的符合程度，做好记录。

（2）递减称量法

取一洁净干燥的称量瓶，装入占瓶体积 1/3～1/2 的待测试样，注意勿将试样沾在瓶口和瓶外壁。准确称取 0.20～0.25 g 试样 3 份于小烧杯中。

采用电子天平递减称量时，操作如下：用滤纸条取装有待测试样的称量瓶置于天平中，显示稳定后，按"去皮"键清零。取出称量瓶，在接收器的上方倾斜瓶身，用瓶盖内沿轻击瓶口的上内沿，使试样缓缓落入接收器中，再将称量瓶放入天平秤盘上，显示的质量减少值即为试样质量。

（3）固定质量称量法

先按直接称量法称取试样容器的质量，然后去皮，再用小匙将试样逐步加到盛放试样的器皿中，直到天平达到平衡，显示数据与需要称量物质的质量相吻合。在工业生产的例行分析中广泛应用此法。

五、思考题

1. 什么情况下用直接称量法，什么情况下用递减称量法？

2. 使用称量瓶时，应该如何操作才能使试样不致损失？

3. 称量时，为什么强调被称量物应该放在天平秤盘中央？

4. 记录称量数据时，应准确至小数点后哪一位？为什么？

5.3 滴定分析基本操作练习

一、实验目的

1. 学习并掌握酸式、碱式滴定管的洗涤、准备和使用方法，为进行后续的滴定分析实验打好基础。

2. 掌握酸碱滴定的原理，学会正确判断滴定终点。

二、实验原理

滴定分析是将一种已知准确浓度的标准溶液滴加到被测试样的溶液中，直到化学反应完全时为止，然后根据标准溶液的浓度和体积求得被测组分的含量。通常用加入指示剂指示颜色变化的方法确定滴定终点。

三、器材及试剂

器材：酸式、碱式滴定管（50 mL），台秤，量筒（10 mL），烧杯（100 mL），锥形瓶（250 mL），试剂瓶。

试剂：NaOH（s），浓盐酸，酚酞指示剂（0.2% 乙醇溶液），甲基橙指示剂（1 g·L^{-1} 水溶液）。

四、实验内容

1. 溶液的配制

（1）500 mL 0.1 mol·L^{-1} NaOH 溶液的配制

用台秤迅速称取 2.0 g NaOH 固体置于 100 mL 小烧杯里，加入约 50 mL 蒸馏水溶解，转移到试剂瓶中，用蒸馏水洗涤小烧杯 2~3 次并转移到试剂瓶中，再用蒸馏水稀释至 500 mL 左右。摇匀，贴上标签。

（2）500 mL 0.1 moL·L^{-1} HCl 溶液的配置

用洁净的量筒量取 4.2~4.5 mL 浓盐酸，倒入盛有少量水的试剂瓶里，用蒸馏水洗涤量筒 2~3 次，再加水稀释至 500 mL 左右。摇匀，贴上标签。

2. 酸碱溶液的相互滴定操作练习

（1）滴定管的准备

准备好酸式、碱式滴定管各一只。分别用 5~10 mL 蒸馏水润洗 2~3 次，再分别用 5~10 mL HCl 和 NaOH 溶液润洗酸式和碱式滴定管 2~3 次后，分别加入 HCl 和 NaOH 溶液，将管内液面调至零刻度线或稍下处，静置 1 min 后，记下初读数。

（2）以酚酞为指示剂，用 NaOH 溶液滴定 HCl 溶液

从酸式滴定管中放出 10.00 mL HCl 溶液于锥形瓶中，加入 10 mL 蒸馏水，再加入 1~2 滴酚酞指示剂，摇匀之后用 NaOH 溶液进行滴定（注意控制滴定速度）。当滴加的 NaOH 落

点处红色褪去较慢时，要一滴一滴乃至半滴半滴地滴加，至溶液颜色至微红色，且半分钟内不褪色即为滴定终点，记下读数。再从酸式滴定管中放出 1~2 mL HCl 溶液，再用 NaOH 溶液进行滴定。如此反复练习滴定、终点判断及读数若干次。

（3）以甲基橙为指示剂，用 HCl 溶液滴定 NaOH 溶液

从碱式滴定管中放出 10.00 mL NaOH 溶液于锥形瓶中，加入 10 mL 蒸馏水，再加入 1~2 滴甲基橙指示剂，摇匀之后用 HCl 溶液进行滴定（注意控制滴定速度）。直到溶液颜色由黄色变为橙色，且半分钟内不褪色即为滴定终点。再从碱式滴定管中放出 1~2 mL NaOH 溶液，继续用 HCl 溶液进行滴定。如此反复练习滴定、终点判断及读数若干次。

3. HCl 和 NaOH 溶液体积比 $V(HCl)/V(NaOH)$ 测定

从酸式滴定管放出 20.00 mL HCl 溶液于锥形瓶中，加 1~2 滴酚酞，用 NaOH 溶液进行滴定至溶液呈微红色，且半分钟内不褪色即为滴定终点。读取并准确记录 HCl 和 NaOH 的体积。平行测定 3 次，计算 $V(HCl)/V(NaOH)$，要求相对平均偏差不大于 0.3%。

体积比的测定也可采用甲基橙为指示剂，以盐酸滴定氢氧化钠溶液，平行测定 3 次。如时间允许，这两种相互滴定均可进行，对其结果进行比较并分析原因。

4. 数据记录及结果分析（表 5-1）

表 5-1　滴定分析数据记录及处理

项　　目	次　　数		
	1	2	3
$V(HCl)$ 初读数/mL			
$V(HCl)$ 终读数/mL			
$V(HCl)$/mL			
$V(NaOH)$ 初读数/mL			
$V(NaOH)$ 终读数/mL			
$V(NaOH)$/mL			
$V(HCl)/V(NaOH)$			
$V(HCl)/V(NaOH)$ 的平均值			
$\lvert d_i \rvert$			
相对平均偏差/%			

五、思考题

1. 在上述实验条件下，HCl（NaOH）滴定 NaOH（HCl）溶液时，你认为应选择哪种指示剂，有利于滴定终点的观察？

2. 在 HCl 溶液与 NaOH 溶液的相互滴定中，分别以酚酞或甲基橙为指示剂，所得 $V(HCl)/V(NaOH)$ 的结果是否完全一致？讨论原因及由此可以得出的结论。

3. 滴定管和移液管在使用前为什么要用待装入的溶液进行充分润洗？所用的锥形瓶是否也应这样处理或烘干后再使用？

4. 配置 HCl 溶液与 NaOH 溶液，试剂只用台秤称取和量筒量取，这样做是否不够准确？加水时需要很准确吗？此时应该用几位有效数字来表示已配得溶液的浓度？

5. 用 NaOH 溶液滴定酸性溶液，用酚酞作指示剂时，为什么要强调滴定至溶液呈微红色且 30 s 内不褪色即为滴定终点？

5.4　NaOH 溶液的配制和标定

一、实验目的

1. 掌握 NaOH 标准溶液的配制和标定。
2. 掌握碱式滴定管的使用，掌握用酚酞做指示剂的滴定终点的判断。

二、实验原理

NaOH 标准溶液是用间接法配制的，因此必须用基准物质或标准溶液标定其准确浓度。

标定碱溶液的基准物质很多，常用的有草酸（$H_2C_2O_4 \cdot 2H_2O$）、苯甲酸（C_6H_5COOH）和邻苯二甲酸氢钾（$KHC_8H_4O_4$）等。最常用的是邻苯二甲酸氢钾，滴定反应如下。

$$\text{(苯环)}\begin{matrix}COOK\\COOH\end{matrix} + NaOH \longrightarrow \text{(苯环)}\begin{matrix}COOK\\COONa\end{matrix} + H_2O$$

计量点时由于弱酸盐的水解，溶液呈弱碱性，应采用酚酞作为指示剂。氢氧化钠的浓度按下式计算。

$$c(\text{NaOH}) = \frac{m(\text{KHC}_8\text{H}_4\text{O}_4) \times 1000}{M(\text{KHC}_8\text{H}_4\text{O}_4) \times V(\text{NaOH})}$$

式中　$m(\text{KHC}_8\text{H}_4\text{O}_4)$——邻苯二甲酸氢钾的质量，g；

$\quad\quad\ V(\text{NaOH})$——氢氧化钠溶液的体积，mL；

$\quad\quad\ M(\text{KHC}_8\text{H}_4\text{O}_4)$——邻苯二甲酸氢钾的摩尔质量，$g \cdot mol^{-1}$。

三、器材及试剂

器材：碱式滴定管（50 mL），容量瓶，锥形瓶，分析天平，台秤。

试剂：邻苯二甲酸氢钾（基准试剂），氢氧化钠固体（AR），酚酞指示剂（$10\,g \cdot L^{-1}$，1 g 酚酞溶于适量乙醇中，再稀释至 100 mL）。

四、实验内容

1. $0.1\,mol \cdot L^{-1}$ NaOH 标准溶液的配制

用小烧杯在台秤上迅速称取 2.0 g 固体 NaOH（AR），加 50 mL 蒸馏水搅拌使其完全溶解后，转入 500 mL 试剂瓶中，用蒸馏水洗烧杯 2～3 次，洗涤液并入试剂瓶中，加蒸馏水稀释至刻度，盖好瓶塞，充分摇匀，贴上标签后备用。

2. $0.1\,mol \cdot L^{-1}$ NaOH 标准溶液的标定

将邻苯二甲酸氢钾加入干燥的称量瓶内，于 105～110 ℃ 烘至恒重，用减量法准确称

取邻苯二甲酸氢钾 0.4 ~ 0.5 g，置于 250 mL 锥形瓶中，加 20 ~ 30 mL 蒸馏水，温热使之溶解，冷却，加酚酞指示剂（10 g·L⁻¹ 乙醇溶液）2 ~ 3 滴，摇匀，用待标定的 0.1 mol·L⁻¹ NaOH 溶液滴定，直到溶液呈淡红色，半分钟不褪色即为滴定终点。平行测定 3 次。计算 NaOH 标准溶液的浓度。其相对平均偏差不大于 0.3%。

3. 数据记录及结果分析（表 5-2）

表 5-2　NaOH 溶液的配制和标定数据记录及处理

项　　目	次　　数		
	1	2	3
$m(KHC_8H_4O_4)/g$			
$V(NaOH)$ 初读数 /mL			
$V(NaOH)$ 终读数 /mL			
$V(NaOH)/mL$			
$c(NaOH)/mol \cdot L^{-1}$			
$\bar{c}(NaOH)/mol \cdot L^{-1}$			
偏差			
相对平均偏差 /%			

五、思考题

1. 如何计算称取基准物邻苯二甲酸氢钾的质量范围？称得太多或太少对标定有何影响？
2. 溶解基准物时加入 20 ~ 30 mL 水，是用量筒量取，还是用移液管移取？为什么？
3. 如果基准物未烘干，将使标准溶液的标定结果偏高还是偏低？

5.5　铵盐中氮含量的测定（甲醛法）

一、实验目的

1. 掌握甲醛法测定氨态氮的原理及操作方法。
2. 熟练掌握酸碱指示剂的选择原则。

二、实验原理

由于 NH_4^+ 的酸性太弱，无法直接滴定，而甲醛能迅速地与铵盐作用，释放出相当量的酸。

$$4NH_4^+ + 6HCHO == (CH_2)_6N_4H^+ + 3H^+ + 6H_2O$$

在用 NaOH 滴定 H^+ 的同时，$(CH_2)_6N_4H^+$ 也被定量滴定，生成六次亚甲基四胺 $(CH_2)_6N_4$，呈碱性，可以酚酞为指示剂滴定。铵盐中氮的含量可用下式计算。

$$w(\mathrm{N})/\% = \frac{m_{\mathrm{N}}}{m} \times 100\% = \frac{c(\mathrm{NaOH})V(\mathrm{NaOH}) \times \dfrac{M_{\mathrm{N}}}{1000}}{m} \times 100\%$$

式中　$w(\mathrm{N})$——N 的含量；

　　　m_{N}——试样中含 N 的质量，g；

　　　m——铵盐样品的质量，g；

　　　$V(\mathrm{NaOH})$——氢氧化钠的体积，mL；

　　　$c(\mathrm{NaOH})$——NaOH 标准溶液的浓度，$\mathrm{mol \cdot L^{-1}}$；

　　　M_{N}——氮的原子量，$\mathrm{g \cdot mol^{-1}}$。

三、器材及试剂

器材：电子天平，碱式滴定管，锥形瓶。

试剂：NaOH 标准溶液（0.10 $\mathrm{mol \cdot L^{-1}}$），酚酞溶液（0.2%），甲基红指示剂（0.2%），甲醛溶液（1∶1），硫酸铵试样。

四、实验内容

1. 甲醛的中和

甲醛中常含有甲酸，使用前需要中和。取原装甲醛（40%）的上层清液于烧杯中，用水稀释一倍，加入 1～2 滴 0.2% 的酚酞指示剂，用 0.10 $\mathrm{mol \cdot L^{-1}}$ NaOH 标准溶液中和至溶液呈淡红色。

2. 试样的测定

准确称取 0.13～0.15 g 硫酸铵试样于锥形瓶中，用 20～30 mL 蒸馏水溶解后，加入 5 mL 已中和的甲醛溶液和 2 滴酚酞指示剂，摇匀。静置 1 min 待反应完全后，用已标定的 0.10 $\mathrm{mol \cdot L^{-1}}$ NaOH 标准溶液滴定试样呈微红色，30 s 不褪色为终点，记录所消耗 NaOH 溶液的体积。平行测定 3 次。计算硫酸铵中 N 的含量。

3. 数据记录及结果分析（表 5-3）

表 5-3　铵盐中氮含量的测定数据记录及处理

项　目	次　数		
	1	2	3
硫酸铵试样的质量/g			
$V(\mathrm{NaOH})$初读数/mL			
$V(\mathrm{NaOH})$终读数/mL			
$V(\mathrm{NaOH})$/mL			
$w(\mathrm{N})/\%$			
$w(\mathrm{N})$ 的平均值			
$\lvert d_i \rvert$			
相对平均偏差%			

五、思考题

1. 能否用甲醛法测定其他铵盐如 NH_4Cl、NH_4NO_3、NH_4HCO_3 中氮的含量？为什么？对不能用甲醛法测定的铵盐，可以采用其他什么方法？

2. 在标定和测定中，计算称量范围时，需要考虑哪些因素？称样量太多或太少对测定结果有何影响？本实验中硫酸铵的称量范围是如何得来的？

3. 在本实验中采用单份称取硫酸铵试样，每份为 0.13 ~ 0.15 g，其称量误差将为多少？为了使称量的相对误差不大于 0.1%，应该如何进行操作？

4. 铵盐中有游离酸时，需要中和，中和铵盐试样中的游离酸时，为什么以甲基红为指示剂？

5. 本实验中加入甲醛的体积是否要准确（用量筒还是用移液管）？如甲醛中的甲酸未中和完全，或是中和时 $NaOH$ 过量，对测定结果各有什么影响？

5.6　HCl 溶液的配制与标定

一、实验目的

1. 进一步掌握减量法准确称取基准物的方法，进一步掌握滴定操作的方法。
2. 学会配制和标定盐酸标准溶液的方法。

二、实验原理

由于盐酸易挥发，HCl 标准溶液无法直接配制，只能将其配成近似浓度的溶液，然后用基准物质标定其浓度。

常用于标定 HCl 的基准物质有无水 Na_2CO_3 和硼砂（$Na_2B_4O_7 \cdot 10H_2O$）。本实验用无水 Na_2CO_3 标定盐酸。无水 Na_2CO_3 易吸收空气中的水分，先将其置于 270 ~ 300 ℃ 的烘箱中烘干至恒重后，保存于干燥器中。其标定反应如下。

$$Na_2CO_3 + 2HCl =\!=\!= 2NaCl + H_2O + CO_2\uparrow$$

化学计量点时为 H_2CO_3 饱和溶液，pH 为 3.9，故以甲基橙为指示剂，滴定溶液至橙色为终点。

三、器材及试剂

器材：酸式滴定管，烧杯，锥形瓶，移液管，玻璃棒，容量瓶（250 mL）。

试剂：无水 Na_2CO_3，HCl 溶液（$0.10 \ mol \cdot L^{-1}$），甲基橙（$1 \ g \cdot L^{-1}$ 水溶液）。

四、实验内容

1. $0.10 \ mol \cdot L^{-1}$ HCl 溶液的配制

量取 4.5 mL 浓 HCl($12 \ mol \cdot L^{-1}$)，倒入预先装入一定体积的水的烧杯中，混匀，转入 500 mL 试剂瓶中，用蒸馏水洗烧杯 2 ~ 3 次，洗涤液并入试剂瓶中，加蒸馏水稀释至刻度，盖好瓶塞，充分摇匀，贴上标签后备用。

2. HCl 溶液浓度的标定

准确称取无水 Na_2CO_3 0.10～0.12 g，置于 250 mL 锥形瓶中，加 20～30 mL 蒸馏水，使之溶解，加甲基橙指示剂（1 g·L^{-1} 水溶液）1～2 滴，用待标定的 0.1 mol·L^{-1} HCl 溶液滴定，直到溶液由黄色变为橙色，半分钟不褪色即为终点。平行标定 3 份。计算 HCl 标准溶液的浓度。其相对平均偏差不大于 0.3%。

3. 数据记录及结果分析（表 5-4）

表 5-4　HCl 溶液的配制与标定数据记录及处理

项　　目	次　　数		
	1	2	3
$m(Na_2CO_3)$/g			
$V(HCl)$ 初读数/mL			
$V(HCl)$ 终读数/mL			
$V(HCl)$/mL			
$c(HCl)$/mol·L^{-1}			
$\bar{c}(HCl)$/mol·L^{-1}			
平均偏差			
相对平均偏差/%			

五、思 考 题

1. 在滴定过程中产生的二氧化碳会使终点变色不够敏锐，在滴定进行至临近终点时，该怎么消除干扰？
2. 用 Na_2CO_3 标定 HCl 溶液时为什么用甲基橙做指示剂？能否改用酚酞做指示剂？
3. 盛放 Na_2CO_3 的锥形瓶是否需要预先烘干？加水的体积是否需要准确？
4. 第一份滴定完成后，如滴管中剩下的滴定溶液还足够做第二份滴定，是否可以不再添加滴定溶液而直接继续滴第二份？为什么？

5.7　混合碱的分析（双指示剂法）

一、实 验 目 的

1. 进一步掌握滴定操作和滴定终点的判断。
2. 掌握混合碱分析的测定原理、方法和计算。

二、实 验 原 理

混合碱是 Na_2CO_3 与 NaOH 或 Na_2CO_3 与 $NaHCO_3$ 的混合物。可采用双指示剂法进行分析，测定各组分的含量。

将质量为 m 的混合碱样品溶解后，在试液中加入酚酞指示剂，用 HCl 标准溶液滴定至溶液呈微红色。此时试液中所含 NaOH 完全被中和，Na_2CO_3 转化成 $NaHCO_3$。此时是第一个化学计量点，pH = 8.39，反应方程式如下：

$$NaOH + HCl =\!=\!= NaCl + H_2O$$
$$Na_2CO_3 + HCl =\!=\!= NaHCO_3 + NaCl$$

设滴定体积为 V_1 mL。再加入甲基橙指示剂，继续用 HCl 标准溶液滴定至溶液由黄色变为橙色即为终点，此时 $NaHCO_3$ 被中和成 H_2CO_3。此时是第二个化学计量点，pH = 3.89，反应方程式如下：

$$NaHCO_3 + HCl =\!=\!= NaCl + H_2O + CO_2\uparrow$$

设此时消耗盐酸标准溶液的体积为 V_2 mL，根据 V_1 和 V_2 的相对大小可以判断出混合碱的组成。

当 $V_1 > V_2$，试液为 Na_2CO_3 与 NaOH 的混合物。

$$w(NaOH) = \frac{c(HCl)(V_1 - V_2) \times 10^{-3} \times M(NaOH)}{m} \times 100\%$$

$$w(Na_2CO_3) = \frac{c(HCl)V_2 \times 10^{-3} \times M(Na_2CO_3)}{m} \times 100\%$$

当 $V_1 < V_2$，试液为 Na_2CO_3 和 $NaHCO_3$ 的混合物。

$$w(Na_2CO_3) = \frac{c(HCl)V_1 \times 10^{-3} \times M(Na_2CO_3)}{m} \times 100\%$$

$$w(NaHCO_3) = \frac{c(HCl)(V_2 - V_1) \times 10^{-3} \times M(NaHCO_3)}{m} \times 100\%$$

式中　w——质量分数，%；

$c(HCl)$——HCl 标准溶液浓度，$mol \cdot L^{-1}$；

V_1、V_2——两次滴定消耗 HCl 标准溶液的体积，mL；

M——分子量，$g \cdot mol^{-1}$；

m——混合碱样品的质量。

三、器材及试剂

器材：酸式滴定管，移液管，烧杯，电子天平，锥形瓶。

试剂：酚酞（1% 酚酞的乙醇溶液，溶解 1 g 酚酞于 90 mL 乙醇 10 mL 水中）；甲基橙（0.1% 甲基橙的水溶液，溶解 1 g 甲基橙于 1000 mL 热水中）；Na_2CO_3 基准物质；混合碱；HCl 标准溶液（0.10 $mol \cdot L^{-1}$）。

四、实验内容

1. 混合碱的滴定

在电子天平上准确称取 0.15 ~ 0.2 g 混合碱[①]于 250 mL 锥形瓶中，加入 50 mL 蒸馏水使

注：① 或由实验室提供混合碱样液。

其溶解后，加 2~3 滴酚酞，以 0.10 mol·L^{-1} HCl 标准溶液滴定至无色，为第一终点，记下消耗 HCl 标准溶液体积 V_1。再加入 2 滴甲基橙（0.1% 甲基橙的水溶液），继续用 HCl 标准溶液滴定，液体由黄色变为橙色，为第二终点，记下消耗 HCl 标准溶液体积 V_2。平行测定 3 次。根据 V_1，V_2 的大小判断混合物的组成，并计算各组分的含量。

2. 数据记录及结果分析（表 5-5）

表 5-5　混合碱的分析数据记录及处理

项　目	次　数		
	1	2	3
混合碱质量 m/g			
V_1/mL			
V_2/mL			
$V_总$/mL			
$w(Na_2CO_3)$/%			
$\bar{w}(Na_2CO_3)$/%			
$w(NaHCO_3)$/%			
$\bar{w}(NaHCO_3)$/%			
相对平均偏差/%			

五、思考题

1. 用双指示剂法测定混合碱的原理是什么？此方法的准确度如何？
2. 欲测定混合碱的总碱度，应选择何种指示剂？

5.8　食醋中总酸量的测定

一、实验目的

1. 熟练掌握滴定管、容量瓶、移液管的使用方法和滴定操作技术。
2. 了解强碱滴定弱酸的原理及指示剂的选择，学会食醋中总酸度的测定方法。

二、实验原理

1. NaOH 的标定

NaOH 易吸收水分及空气中的 CO_2，因此，不能用直接法配制标准溶液，需要先配成近似浓度的溶液，然后用基准物质标定。

邻苯二甲酸氢钾常用作标定碱的基准物质。邻苯二甲酸氢钾易制得纯品，在空气中不吸水，容易保存，摩尔质量大，是一种较好的基准物质。标定 NaOH 反应式如下。

反应产物是二元弱碱，在水溶液中显碱性，可用酚酞做指示剂滴定。

2. 醋酸总酸度的测定

食醋中的主要成分是醋酸，此外还含有少量的其他有机弱酸如乳酸等，用 NaOH 标准溶液滴定时，凡是 $pK_a > 7$ 的酸均被滴定，因此测出的是总酸量。在化学计量点时呈弱碱性，pH≈8.7，选用酚酞做指示剂。反应式如下。

$$CH_3COOH+NaOH \longrightarrow CH_3COONa+H_2O$$

三、器材及试剂

器材：烧杯（100 mL），锥形瓶（250 mL），试剂瓶，容量瓶（250 mL），碱式滴定管，移液管（5 mL，20 mL），电子天平，托盘天平，电炉。

试剂：邻苯二甲酸氢钾，NaOH 固体，酚酞指示剂（0.2%），食醋。

四、实验内容

1. 0.05 mol·L⁻¹ NaOH 溶液的配制与标定

（1）配制 500 mL 0.05 mol·L⁻¹ NaOH 溶液

在台秤上迅速称取 1.0 g NaOH 固体于烧杯中，加入约 50 mL 水，搅拌使其完全溶解后，转入带橡胶塞的玻璃试剂瓶中，再加水 450 mL 左右，盖紧塞子，摇匀，贴上标签。此处可用 500 mL 容量瓶或烧杯作为量器，代替量筒使用。

（2）NaOH 溶液的标定

用递减法于分析天平上准确称取 0.20 ～ 0.25 g（一般按消耗滴定剂 20 ～ 22 mL 计算出称量范围）基准试剂邻苯二甲酸氢钾于锥形瓶中，用水冲下沾在瓶内壁的试样，再加水 20 ～ 30 mL，微热使其完全溶解。待溶液冷却后，加入 1 ～ 2 滴酚酞指示剂，摇匀，用待标定的 NaOH 溶液滴定至试液显微红色，30 s 不褪色为终点。记录 V(NaOH)。平行标定 3 份。

2. 食醋中总酸量测定

准确移取 25 mL 食醋于 250 mL 容量瓶中，用无 CO₂ 的蒸馏水稀释至标线，摇匀。用移液管吸取上述试液 25.00 mL 于锥形瓶中，加入 1 ～ 2 滴 0.2% 的酚酞指示剂，摇匀，用已标定的 NaOH 标准溶液滴定至溶液呈微红色，30 s 内不褪色，即为终点。平行测定 3 份，计算食醋中总酸量（g·mL⁻¹）。

3. 数据记录及处理

（1）0.05 mol·L⁻¹ 氢氧化钠溶液浓度的标定（表 5-6）

表 5-6　NaOH 标准溶液的标定数据记录及处理

项　目	次　数		
	1	2	3
邻苯二甲酸质量/g			
V(NaOH)初读数/mL			
V(NaOH)终读数/mL			
V(NaOH)/mL			
c(NaOH)/mol·L^{-1}			
$\bar{c}$(NaOH)/mol·L^{-1}			
偏差			
相对平均偏差/%			

（2）食醋中总酸量测定（表 5-7）

表 5-7　食醋中总酸量测定数据记录及处理

项　目	次　数		
	1	2	3
V(NaOH)初读数/mL			
V(NaOH)终读数/mL			
V(NaOH)/mL			
ρ(HAC)/g·mL^{-1}			
$\bar{\rho}$(HAC)/g·mL^{-1}			
偏差			
相对平均偏差/%			

五、思考题

1. 以 NaOH 溶液滴定 HAc 溶液，属于哪类滴定？怎样选择指示剂？

2. 食醋样品为什么要加蒸馏水稀释？

3. 如稀释食醋样品的蒸馏水中含有 CO_2，对测定结果有什么影响，如何消除？

5.9　EDTA 溶液的配制和标定

一、实验目的

1. 学会 EDTA 标准溶液的配制和标定。

2. 了解金属指示剂的作用原理；了解缓冲溶液的作用；掌握配位滴定终点的判断。

二、实验原理

EDTA 常因吸附约 0.4% 的水分和其中含有少量杂质而不能直接用作标准溶液。通常先将 EDTA 配成所需要的大概浓度，然后用基准物质标定。用于标定 EDTA 的基准物质有金属，如 Cu、Zn、Ni、Pb 等，或者是某些盐，如 $ZnSO_4 \cdot 7H_2O$、$MgSO_4 \cdot 7H_2O$、$CaCO_3$ 等。

当用 $CaCO_3$ 标定 EDTA 时，常选用钙指示剂指示终点，用 NaOH 控制溶液 pH 为 12~13，其变色原理为

滴定前：　　　Ca+In（蓝色）$=\!=\!=$ CaIn（红色）

滴定中：　　　Ca+Y $=\!=\!=$ CaY

终点时：　　　CaIn（红色）+Y $=\!=\!=$ CaY+In（蓝色）

三、器材及试剂

器材：酸式滴定管（50.00 mL），分析天平，台秤，量筒，大小烧杯（500 mL、100 mL），锥形瓶（250 mL），容量瓶（250 mL）。

试剂：乙二胺四乙酸二钠，$CaCO_3$，氨水（1∶1），钙指示剂，NaOH 溶液（1 mol·L^{-1}），HCl 溶液（6 mol·L^{-1}）。

四、实验内容

1. 配制 500 mL 0.02 mol·L^{-1} EDTA 溶液

称取 4.0 g $Na_2H_2Y \cdot 2H_2O$ 于 500 mL 烧杯中，加水 200 mL 左右，微热使其完全溶解后，冷却，转入试剂瓶中，稀释至 500 mL，摇匀，贴上标签。

2. 配制 250.0 mL 0.02 mol·L^{-1} 钙标准溶液

准确称取 0.50~0.55g 基准试剂 $CaCO_3$ 于 100 mL 小烧杯中，加几滴水使成糊状。盖上表面皿，慢慢滴加 6 mol·L^{-1} HCl 溶液 5 mL，反应剧烈时稍停，用手指按住表面皿略微转动烧杯底，使试样完全溶解。用洗瓶吹出少量水清洗表面皿的凸面和烧杯内壁入烧杯内，不得损失。将钙溶液全部转入 250 mL 容量瓶中，加水稀释定容，摇匀，贴上标签。计算其钙溶液的准确浓度。计算公式：

$$\frac{m(CaCO_3)}{M(CaCO_3)} = C(Ca)V(Ca) \times 10^{-3}$$

$$c(Ca) = \frac{m(CaCO_3)}{M(CaCO_3)V(Ca)} \times 10^3$$

式中　　$m(CaCO_3)$——基准物 $CaCO_3$ 的质量，g；

　　　　$M(CaCO_3)$——$CaCO_3$ 的摩尔质量，g·mol^{-1}；

　　　　$c(Ca)$——钙标准溶液浓度，mol·L^{-1}；

　　　　$V(Ca)$——钙标准溶液体积，250 mL。

3. 标定 EDTA 溶液的浓度

准确移取 25.00 mL 钙标准溶液于锥形瓶中，加入 5 mL NaOH 溶液（40 g·L^{-1}）和适

量钙指示剂，摇匀，用待标定的 EDTA 溶液进行滴定，至溶液由酒红色恰好变为纯蓝色为终点，记录 V_Y。平行标定 3 次，计算 EDTA 标准溶液的浓度，其相对平均偏差不大于 0.3%。计算公式：

$$c(Ca)V(Ca) = c(EDTA)V(EDTA)$$

$$c(EDTA) = \frac{c(Ca)V(Ca)}{V(EDTA)}$$

4. 数据记录及结果分析（表 5-8）

表 5-8　EDTA 溶液的配制和标定数据记录及处理

项　目	次　数		
	1	2	3
$V(EDTA)$初读数/mL			
$V(EDTA)$终读数/mL			
$V(EDTA)$/mL			
$c(EDTA)$/mol·L^{-1}			
$\bar{c}(EDTA)$/mol·L^{-1}			
平均偏差			
相对平均偏差/%			

五、思考题

1. 为什么通常用乙二胺四乙酸二钠配制 EDTA 标准溶液，而不直接使用乙二胺四乙酸？

2. 配位滴定中为什么加入缓冲溶液？

3. 用 Na_2CO_3 作为基准物，以钙指示剂为指示剂标定 EDTA 溶液的浓度时，应控制溶液的酸度为多大？为什么？如何控制？

5.10　水的硬度的测定

一、实验目的

1. 了解水的硬度的测定意义和常用的硬度表示方法。
2. 掌握 EDTA 测定水的硬度的原理和方法。
3. 熟悉金属指示剂变色原理及滴定终点的判断。

二、实验原理

含有较多钙盐和镁盐的 H_2O 称为硬水。水的硬度以 H_2O 中 Ca^{2+}、Mg^{2+} 折合成 CaO 来计算，每升 H_2O 中含 10 mg CaO 为 1 度（1°）。测定水的硬度就是测定水中 Ca^{2+}、Mg^{2+} 的含量。

测定 Ca^{2+}、Mg^{2+} 总量时，用缓冲溶液调节溶液的 pH 为 10。以铬黑 T 为指示剂，用 EDTA 标准溶液滴定。铬黑 T 和 EDTA 都能与 Ca^{2+}、Mg^{2+} 形成配合物，其稳定性 CaY^{2-} > MgY^{2-} > $MgIn^-$ > $CaIn^-$。因此，加入铬黑 T 后，它先与部分 Mg^{2+} 配合生成 $MgIn^-$（紫红色）。当滴加 EDTA 标准溶液时，EDTA 首先与游离的 Ca^{2+} 配位，然后与游离的 Mg^{2+} 配位，最后夺取 $MgIn^-$ 中的 Mg^{2+}，使铬黑 T 游离出来，溶液由紫红色变为纯蓝色，指示达到终点。

测定 Ca^{2+} 含量时，另取等体积水样，调节 pH = 12，加少量钙指示剂，然后用 EDTA 滴定，这时 Mg^{2+} 以 $Mg(OH)_2$ 沉淀析出，不干扰 Ca^{2+} 的测定。终点时，溶液由红色变为纯蓝色。滴定时，Fe^{3+}、Al^{3+} 等干扰离子用三乙醇胺掩蔽，Cu^{2+}、Pb^{2+}、Zn^{2+} 等重金属离子可用 KCN、Na_2S 或巯基乙酸掩蔽。

水中 Ca^{2+}、Mg^{2+} 的含量及水的总硬度计算公式如下。

$$\rho(Ca^{2+})/mg \cdot L^{-1} = \frac{c(EDTA)\overline{V}_2 \times M(Ca) \times 1000}{V(H_2O)}$$

$$\rho(Mg^{2+})/mg \cdot L^{-1} = \frac{c(EDTA)(\overline{V}_1 - \overline{V}_2) \times M(Mg) \times 1000}{V(H_2O)}$$

$$总硬度/mg \cdot L^{-1} = \frac{c(EDTA)\overline{V}_1 \times M(CaO) \times 1000}{V(H_2O)}$$

式中　$c(EDTA)$——EDTA 的浓度，$mol \cdot L^{-1}$；

$\overline{V}_1$，$\overline{V}_2$——测定 Ca^{2+}、Mg^{2+} 总量和测定 Ca^{2+} 含量时消耗的 EDTA 标准溶液体积，mL；

$V(H_2O)$——待测水样的体积，mL；

$M(Ca)$、$M(Mg)$、$M(CaO)$——Ca、Mg、CaO 的摩尔质量，$g \cdot mol^{-1}$。

三、器材及试剂

器材：移液管，锥形瓶，酸式滴定管，容量瓶，电子天平。

试剂：EDTA 标准溶液（0.020 $mol \cdot L^{-1}$），铬黑 T 指示剂（5 $g \cdot L^{-1}$，称取 0.5 g 铬黑 T，加 20 mL 三乙醇胺，用水稀释至 100 mL），氨性缓冲溶液（pH = 10，溶解 20 g NH_4Cl 于少量水中，加入 100 mL 浓氨水，用水稀释至 1 L），NaOH 溶液（40 $g \cdot L^{-1}$）。

四、实验内容

1. 水的总硬度的测定

用移液管移取 100.00 mL 水样于 250 mL 锥形瓶中，加入 5 mL 氨性缓冲溶液，加 3 ~ 4 滴铬黑 T，用 0.020 $mol \cdot L^{-1}$ EDTA 标准溶液滴定至溶液由酒红色变成纯蓝色为终点。平行测定 3 份。记录消耗的 EDTA 体积 V_1（mL）。

2. 钙硬度的测定

移取 100.00 mL 水样于 250 mL 锥形瓶中，加 5 mL 40 $g \cdot L^{-1}$ NaOH 溶液，摇匀，再加少许钙指示剂。用 0.020 $mol \cdot L^{-1}$ EDTA 标准溶液滴定至溶液由酒红色变成纯蓝色为终点。平行测定 3 份。记录消耗 EDTA 的体积 V_2。计算 Ca^{2+}、Mg^{2+} 的含量及水的总硬度，相对平均偏差不大于 0.3%。

3. 数据记录及结果分析

（1）水的总硬度的测定（表 5-9）

表 5-9　水的总硬度的测定数据记录及处理

项　目	次　数		
	1	2	3
$c(EDTA)/mol \cdot L^{-1}$			
$V(H_2O)/mL$			
滴定初始读数/mL			
终点读数/mL			
V_1/mL			
总硬度			
总硬度平均值			
偏差			
相对平均偏差/%			

（2）钙硬度测定（表 5-10）

表 5-10　水的钙硬度测定数据记录及处理

项　目	次　数		
	1	2	3
$c(EDTA)/mo \cdot L^{-1}$			
$V(H_2O)/mL$			
滴定初始读数/mL			
终点读数/mL			
V_2/mL			
钙硬度			
钙硬度平均值			
偏差			
相对平均偏差/%			

五、思考题

1. 什么叫水的硬度？怎么计算水的总硬度？

2. 为什么滴定 Ca^{2+}、Mg^{2+} 总量时要控制 pH = 10，而滴定 Ca^{2+} 分量时要控制 pH 为 12 ~ 13？若 pH>13，对 Ca^{2+} 测定结果有何影响？

3. 如果只有铬黑 T 指示剂，能否测定 Ca^{2+} 的含量？如何测定？

5.11 "胃舒平"药片中氧化铝含量的测定

一、实验目的

1. 熟悉滴定操作及滴定终点的判断。

2. 学习用返滴定法来测定"胃舒平"药片中 Al_2O_3 的含量，提高应用所学知识解决实际问题的能力。

二、实验原理

"胃舒平"药片的主要成分为氢氧化铝、三硅酸镁（$Mg_2Si_3O_8 \cdot 5H_2O$）及少量中药颠茄浸膏，此外药片成型时还加入了糊精等辅料。药片中铝的含量可用返滴定法测定，其他成分不干扰测定。

用返滴定法测定药片中铝的含量时，由于药片中含有不溶物质，故应先将药片溶解，过滤除去不溶物质，制成试液后，再取部分试液并向其中准确加入已知过量的 EDTA，此时溶液 pH 应调节为 3 ~ 4，并在煮沸条件下使 EDTA 与 Al^{3+} 反应完全。冷却后再调节 pH 为 5 ~ 6，以二甲酚橙为指示剂，用锌标准溶液返滴过量的 EDTA，即可测出铝的含量。

三、器材及试剂

器材：电子天平，台秤，称量瓶，玻璃棒，洗瓶，试剂瓶（2 个），烧杯（300 mL、250 mL、500 mL），酸式滴定管（50 mL），锥形瓶（3 个），容量瓶（250 mL），移液管（25 mL），量筒，洗耳球，胶头滴管，漏斗。

试剂：$ZnSO_4 \cdot 7H_2O$（基准试剂），乙二胺四乙酸二钠（$Na_2H_2Y \cdot 2H_2O$，A.R.），六亚甲基四胺（200 g·L^{-1}），HCl 溶液（1:1，1:3，1:5），氨水（1:1），二甲酚橙，蒸馏水，胃舒平样品。

四、实验内容

1. 配制 0.020 mol·L^{-1} Zn^{2+} 标准溶液

准确称取 $ZnSO_4 \cdot 7H_2O$ 1.2 ~ 1.5 g 于 250 mL 烧杯中，加 100 mL 水使其溶解后，定量转移至 250 mL 容量瓶中，用水稀释至刻度，摇匀，计算其准确浓度。

2. EDTA 溶液的配制和标定

（1）0.020 mol·L^{-1} EDTA 标准溶液的配制：称取 4.0 g 乙二胺四乙酸二钠（$Na_2H_2Y \cdot 2H_2O$）于 500 mL 烧杯中，加 200 mL 水，温热使其完全溶解，冷却后转入试剂瓶中，用水稀释至 500 mL，摇匀。

（2）EDTA 标准溶液浓度的标定：移取 25.00 mL Zn^{2+} 标准溶液于 250 mL 锥形瓶中，加 2 mL 体积比为 1:5 的 HCl 溶液及 10 mL 200 g·L^{-1} 六亚甲基四胺，加 2 滴二甲酚橙（2 g·L^{-1}），用 EDTA 标准溶液滴定至溶液由紫红色恰变为亮黄色，且半分钟内不褪色即为终点。平行测定 3 份，计算 EDTA 溶液的浓度，其相对平均偏差不大于 0.3%。

3. 样品的处理

取"胃舒平"药片 10 片，研细，准确称取药粉 2 g，加入 HCl（1∶1）20 mL，加水至 100 mL，煮沸。冷却后过滤，并用水洗涤沉淀，收集滤液及洗涤液于 250 mL 容量瓶中，用水稀释至标线，摇匀，制成试液。

4. 铝含量的测定

准确移取上述试液 5.00 mL 于 250 mL 锥形瓶中，加蒸馏水 20 mL 左右，滴加氨水（1∶1）至刚出现浑浊，然后滴加 HCl 溶液（1∶1）至沉淀恰好溶解。准确加入 EDTA 标准溶液 25.00 mL，再加入 200 g·L^{-1}六亚甲基四胺溶液 10 mL，使溶液 pH 为 5~6，将溶液煮沸 8 min 左右，冷却，再加入二甲酚橙指示剂 2 滴，用锌标准溶液滴定至黄色突变为红色，且半分钟内不褪色即为终点。重复测定 3 次，计算"胃舒平"药片中 Al$_2$O$_3$ 的含量，其相对平均偏差不大于 0.3%。

Al$_2$O$_3$ 的含量按下式进行计算。

$$w(\mathrm{Al_2O_3})/\% = \frac{\frac{1}{2}[c(\mathrm{EDTA})V(\mathrm{EDTA}) - c(\mathrm{Zn})V(\mathrm{Zn})] \times \dfrac{M(\mathrm{Al_2O_3})}{1000}}{m_{\text{样}} \times \dfrac{5.00}{250}} \times 100\%$$

式中，c 的单位是 mol·L^{-1}，$m_{\text{样}}$（样品的质量，本实验为 2 g）的单位是 g，V 的单位是 mL，M 的单位为 g·mol^{-1}。

五、思考题

1. 测定 Al^{3+} 含量时为什么要将 pH 调至 4？
2. 加入过量 EDTA 之后，为什么要加热煮沸？
3. 哪些因素可能导致误差的产生？如何减小这些误差？

5.12 铅铋混合液中铋、铅含量的连续测定

一、实验目的

1. 学习通过控制溶液酸度对 Bi^{3+}、Pb^{2+}进行连续滴定的原理和方法。
2. 掌握二甲酚橙（XO）指示剂的使用条件和它在终点时的变色情况。

二、实验原理

Bi^{3+}、Pb^{2+} 均能与 EDTA 形成稳定的螯合物，但它们的绝对形成常数有很大的差别（其 lg$K$ 值分别为 27.94 和 18.04），符合混合离子分步滴定的条件（当 $c_M = c_N$，ΔpM=±0.2，欲使$|E_t| \leqslant 0.1\%$，则需 Δlg$K \geqslant 6$）。因此，可以通过控制不同的滴定酸度，在同一份试液中先后对 Bi^{3+}、Pb^{2+} 进行连续滴定，采用二甲酚橙为指示剂。

二甲酚橙与 Bi^{3+}、Pb^{2+} 都可以生成紫红色的配合物，但前者更为稳定。首先在 pH=1 的 HNO$_3$ 介质中，用 EDTA 标准溶液滴定 Bi^{3+} 分量，试液由紫红色经红、橙变成黄色（此

颜色较后一个终点时的亮黄色略深）为第一个终点，因 Pb^{2+} 此时不与二甲酚橙显色而无干扰。待滴定 Bi^{3+} 的反应完成后，加入六亚甲基四胺调节试液的 pH 为 5 ~ 6，此时溶液因 Pb^{2+} 与二甲酚橙配合而再呈紫红色，继续用 EDTA 滴定 Pb^{2+} 分量，终点时溶液由紫红色变为亮黄色。

为了使标定与测定在相同的反应条件下进行，采用基准试剂 $ZnSO_4 \cdot 7H_2O$ 标定 EDTA 溶液的浓度，二甲酚橙为指示剂。滴定在 pH 为 5 ~ 6 的 HCl-$(CH_2)_6N_4$ 缓冲溶液中进行，终点时溶液颜色的变化同上。

三、器材及试剂

器材：酸式滴定管，移液管（25 mL），锥形瓶（250 mL），量筒（10 mL），试剂瓶，烧杯，分析天平。

试剂：乙二胺四乙酸二钠（$Na_2H_2Y \cdot 2H_2O$，AR），$ZnSO_4 \cdot 7H_2O$ 基准试剂，二甲基橙溶液（0.2%），六亚甲基四胺溶液[$(CH_2)_6N_4$，AR]（20%），HNO_3 溶液（0.1 mol·L^{-1}），HCl 溶液（1：1，1：5），铅铋合金试样或 Bi^{3+}-Pb^{2+} 混合溶液（其中 Bi^{3+}、Pb^{2+} 浓度各为 0.01 mol·L^{-1}，HNO_3 浓度约为 0.15 mol·L^{-1}）。

四、实验内容

1. 配制 0.02 mol·L^{-1} EDTA 溶液

在台秤上称取 4.0 g $Na_2H_2Y \cdot 2H_2O$ 于 500 mL 烧杯中，加水 200 mL 左右，微热使其完全溶解后，冷却，转入试剂瓶中（用聚乙烯瓶保存），稀释至 500 mL，摇匀，贴上标签。

2. 配制 0.02 mol·L^{-1} 锌标准溶液

准确称取 1.40 ~ 1.45 g $ZnSO_4 \cdot 7H_2O$ 基准试剂于 100 mL 小烧杯中，加入约 50 mL 水溶解后，定量转入 250 mL 的容量瓶，稀释，定容，摇匀，贴上标签。

3. 标定 EDTA 溶液的浓度

准确移取 25.00 mL Zn^{2+} 标准溶液于锥形瓶中，加入体积比为 1：5 的 HCl 溶液 2 mL，0.2% 二甲酚橙指示剂 2 滴，滴加六亚甲基四胺溶液至试液呈稳定的紫红色后，再过量 5 mL，摇匀。用待标定的 EDTA 溶液滴定，溶液由紫红色变为亮黄色为终点（临近终点时慢滴多摇，才不至过量，以下同），记下 V_Y。平行标定 3 次，要求其 V_Y 的极差不大于 0.05 mL（以下同）。

4. Bi^{3+}-Pb^{2+} 的连续测定

准确移取 25.00 mL Bi^{3+}-Pb^{2+} 混合液于锥形瓶中，加入 0.1 mol·L^{-1} HNO_3 溶液 10 mL，二甲酚橙指示剂 2 滴，摇匀。用 EDTA 标准溶液滴定试液至第一个终点，记下用去 EDTA 的体积 V_{Bi}。由于 Bi^{3+} 与 EDTA 反应速度较慢，故临近终点时滴定速度不宜太快，且用力振荡试液。酌情向试液中补加 1 滴指示剂，并滴加六亚甲基四胺溶液至试液呈稳定的紫红色后再过量 5 mL，此时试液的 pH 应为 5 ~ 6。继续用 EDTA 溶液滴定至第二个终点，记录消耗 EDTA 的体积 V_{Pb}（$V_{总}-V_{Bi}$）。平行测定 3 次。计算溶液中 Bi^{3+}、Pb^{2+}的浓度和相对平均偏差。

五、思考题

1. 根据混合离子分步滴定的条件，从理论上说明对混合液中 Bi^{3+}、Pb^{2+}进行连续滴定的原理。

2. 进行铋、铅连续测定时，为什么要先在 pH = 1 时滴定 Bi^{3+}，再调试液 pH = 5～6，滴定 Pb^{2+}？

3. 滴定 Bi^{3+}之前，加入 $0.1 \ mol \cdot L^{-1} \ HNO_3$ 溶液的作用是什么？试液的酸度过高或过低将对测定有何影响？

4. 滴定混合液中的 Pb^{2+}时，为什么不采用 HAc-NaAc 缓冲溶液控制酸度？在滴定 Pb^{2+}之前往试液中加入六亚甲基四胺溶液有何作用？此时调至试液呈稳定的紫红色又说明什么？为什么还要过量$(CH_2)_6N_4$溶液 5 mL？

5.13 无汞法测定铁矿石中铁的含量

一、实验目的

1. 掌握重铬酸钾法测定铁矿石中铁含量的原理和方法。
2. 学习用酸分解矿石试样的方法和氧化还原指示剂的应用。
3. 了解预氧化还原的目的和操作方法。

二、实验原理

1. 样品预处理

铁矿石的种类主要有磁铁矿（Fe_3O_4）、赤铁矿（Fe_2O_3）和菱铁矿（$FeCO_3$）等，在盐酸加热的条件下均能分解。溶解后在热浓盐酸中，用 $SnCl_2$ 将大部分 Fe^{3+} 还原成 Fe^{2+}，再以钨酸钠为指示剂，用 $TiCl_3$ 还原剩余的 Fe^{3+} 至出现蓝色的 W(V)，即表明 Fe^{3+} 已被全部还原。其反应式为

$$2Fe^{3+} + SnCl_4^{2-} + 2Cl^- \Longrightarrow 2Fe^{2+} + SnCl_6^{2-}$$

$$Fe^{3+} + Ti^{3+} + H_2O \Longrightarrow Fe^{2+} + TiO^{2+} + 2H^+$$

用少量稀的 $K_2Cr_2O_7$ 溶液滴至钨蓝刚好褪去，以除去过量的 $TiCl_3$。

2. 测 定

预处理后的溶液在硫磷混酸介质中，以二苯胺磺酸钠为指示剂，用 $K_2Cr_2O_7$ 标准溶液滴定至溶液呈紫色，即达滴定终点。反应式为

$$Cr_2O_7^{2-} + 6Fe^{2+} + 14H^+ \Longrightarrow 6Fe^{2+} + 2Cr^{3+} + 7H_2O$$

样品中铁的含量按下式计算：

$$w(\text{Fe})/\% = \frac{m_{\text{Fe}}}{m} \times 100\% = \frac{6c(\text{Cr}_2\text{O}_7^{2-})V(\text{Cr}_2\text{O}_7^{2-}) \times \dfrac{M_{\text{Fe}}}{1000}}{m} \times 100\%$$

式中　　m_{Fe}——试样中铁的质量，是 g；

　　　　m——样品的总质量，g；

　　　　c——物质的量浓度，mol·L^{-1}；

　　　　V——体积，mL；

　　　　M——物质的摩尔质量，g·mol^{-1}。

无汞法测铁避免了有汞法测铁对环境的污染，已被列为铁矿石分析的国家标准。

三、器材及试剂

器材：烧杯，玻璃棒，表面皿，锥形瓶，移液管，酸式滴定管，电子天平。

试剂：铁矿石粉末，K$_2$Cr$_2$O$_7$ 标准溶液（0.017 mol·L^{-1}），浓 HCl 溶液，TiCl$_3$ 溶液（15 g·L^{-1}，取 100 mL 150 g·L^{-1} TiCl$_3$ 溶液与 200 mL 1∶1 HCl 溶液及 700 mL 水混合），Na$_2$WO$_4$ 指示剂（3% Na$_2$WO$_4$ 溶液加 15% 磷酸溶液等体积混合），50 g·L^{-1} SnCl$_2$ 溶液（5 g SnCl$_2$·2H$_2$O 溶于 100 mL 1∶1 HCl 溶液中），硫磷混酸溶液（将 150 mL 浓 H$_2$SO$_4$ 缓缓加入 700 mL 水中，冷却后再加入 150 mL 浓 H$_3$PO$_4$），二苯胺磺酸钠水溶液（2 g·L^{-1}）。

四、实验内容

1. 矿样的溶解

准确称取矿样（0.2±0.02）g 于锥形瓶中，加几滴水润湿，加入 10 mL 浓 HCl，再加入 8~10 滴 50 g·L^{-1} SnCl$_2$ 溶液，盖上表面皿，在近沸的水浴中加热，直至样品完全分解（所有深色颗粒消失表示样品已分解完全，可能剩有白色残渣为 SiO$_2$）。用少量水吹洗表面皿和锥形瓶内壁。

2. 样品预处理

在上述锥形瓶中滴加 50 g·L^{-1} SnCl$_2$ 溶液，至溶液由棕黄色变为浅黄色，滴加 4 滴 Na$_2$WO$_4$ 指示剂并加入 60 mL 水，加热，在摇动下逐渐滴加 15 g·L^{-1} TiCl$_3$ 至溶液恰好出现浅蓝色（30 s 内不褪色），再用自来水冲洗外壁使溶液冷至室温。向上述冷却后的溶液中加入稀释 10 倍的 K$_2$Cr$_2$O$_7$ 溶液至蓝色刚消失为止。

3. 测　定

上述锥形瓶中预处理后的溶液加水稀释至 150.0 mL，然后加入 15 mL 硫磷混酸和 5~6 滴 2 g·L^{-1} 二苯胺磺酸钠指示剂，用 0.017 mol·L^{-1} K$_2$Cr$_2$O$_7$ 标准溶液滴定至溶液呈稳定的紫色即为终点。平行测定 3 份，计算铁矿石中铁的质量分数及相对平均偏差。

4. 数据记录及结果分析（表 5-11）

表 5-11 铁矿石中铁含量的测定数据记录及处理

项　目	次　数		
	1	2	3
铁矿石试样的质量 m/g			
$V(K_2Cr_2O_7)$初读数/mL			
$V(K_2Cr_2O_7)$终读数/mL			
$V(K_2Cr_2O_7)$/mL			
$w(Fe)$/%			
$\bar{w}(Fe)$/%			
$|d_i|$			
相对平均偏差%			

五、思考题

1. $K_2Cr_2O_7$法测定铁矿石中的铁含量时，滴前为什么要加入 H_3PO_4？加入 H_3PO_4 后为何要立即滴定？

2. 用 $SnCl_2$ 还原 Fe^{3+} 时，为何要在加热条件下进行？加入的 $SnCl_2$ 量不足或过量会给测定结果带来什么影响？

3. 二苯胺磺酸钠能够加过量么？为什么？

5.14 软锰矿中 MnO_2 含量的测定

一、实验目的

1. 掌握用返滴定法测定 MnO_2 含量的原理和方法。
2. 进一步熟悉氧化还原滴定条件的控制方法。

二、实验原理

软锰矿的主要成分是 MnO_2。由于 MnO_2 是一种较强的氧化剂，无法用 $KMnO_4$ 法直接滴定。在没有还原剂存在的条件下，MnO_2 难溶于酸或碱，因此也不能直接用还原剂进行滴定。通常是采用返滴定法，即在酸性条件下，在软锰矿中加入一定量的 $Na_2C_2O_4$，在溶样的同时使 MnO_2 与 $Na_2C_2O_4$ 充分反应，剩余的 $Na_2C_2O_4$ 用 $KMnO_4$ 标准溶液滴定。有关反应方程式为

$$MnO_2 + C_2O_4^{2-} + 4H^+ \xrightarrow{} Mn^{2+} + 2CO_2\uparrow + 2H_2O$$

$$2MnO_4^- + 5C_2O_4^{2-} + 16H^+ \xrightarrow{} 2Mn^{2+} + 10CO_2\uparrow + 8H_2O$$

根据消耗的 $Na_2C_2O_4$ 的质量和所消耗的 $KMnO_4$ 的物质的量以及上述反应物间的计量关系可以求得软锰矿中 MnO_2 的含量。计算公式如下。

$$w(MnO_2)/\% = \frac{\left[\dfrac{m(Na_2C_2O_4)}{M(Na_2C_2O_4)} - \dfrac{5}{2}c(KMnO_4)V(KMnO_4) \times 10^{-3}\right]M(MnO_2)}{m} \times 100\%$$

式中　$m(Na_2C_2O_4)$——$Na_2C_2O_4$ 的质量，g；

　　　m——试样质量，g；

　　　M——摩尔质量，$g \cdot mol^{-1}$；

　　　c——摩尔浓度，$mol \cdot L^{-1}$；

　　　V——体积，mL。

三、器材及试剂

器材：250 mL 锥形瓶，电子天平，20 mL 量筒，表面皿，酸式滴定管。

试剂：$KMnO_4$（0.02 $mol \cdot L^{-1}$）标准溶液，3 $mol \cdot L^{-1}$ H_2SO_4 液，$Na_2C_2O_4$ 基准物质，软锰矿试样。

四、实验内容

准确称取 0.2～0.25 g 软锰矿试样，置于 250 mL 锥形瓶中。根据 MnO_2 的大概含量，准确称取比理论计算量约多 0.13 g $Na_2C_2O_4$，加入上述锥形瓶中，再加入 20 mL 3 $mol \cdot L^{-1}$ H_2SO_4 溶液和 20 mL 水。锥形瓶上盖上表面皿，在 70～80 ℃ 水浴上加热溶解，直至不再放出 CO_2 气泡，且残渣无黑色颗粒时为止。一般溶样时间最长不超过 30 min，以避免或减小草酸的损失。以水淋洗锥形瓶内壁及表面皿，将溶液稀释至 100 mL。水浴加热至 70～80 ℃，趁热用 0.02 $mol \cdot L^{-1}$ $KMnO_4$ 标准溶液滴定至微红色，半分钟不褪色即为终点。平行测定 3 份，计算软锰矿中 MnO_2 的质量分数和相对平均偏差。

五、思考题

1. 为什么 MnO_2 不能用 $KMnO_4$ 标准溶液直接滴定？

2. 用高锰酸钾法测定软锰矿中 MnO_2 的含量时，应注意控制哪些实验条件？如果控制不好，将会引起什么后果？

5.15　$Na_2S_2O_3$ 标准溶液的配制和标定

一、实验目的

1. 了解 $Na_2S_2O_3$ 溶液的配制方法和保存条件，掌握标定 $Na_2S_2O_3$ 溶液浓度的原理和方法。

2. 学习淀粉指示剂的变色原理及变色过程。

二、实验原理

结晶 $Na_2S_2O_3 \cdot 5H_2O$ 一般都含有少量的杂质，如 S、Na_2SO_3、Na_2SO_4、Na_2CO_3 及 NaCl 等，同时还容易风化和潮解。因此，不能用直接法配制标准溶液。标定 $Na_2S_2O_3$ 溶液的基

准物有 $K_2Cr_2O_7$、KIO_3 和 $KBrO_3$ 等，通常使用 $K_2Cr_2O_7$ 为基准物标定溶液的浓度，$K_2Cr_2O_7$ 先与 KI 反应析出 I_2，再用待标定的 $Na_2S_2O_3$ 溶液滴定。根据 $K_2Cr_2O_7$ 的质量和消耗的 $Na_2S_2O_3$ 溶液体积，可计算溶液的准确浓度。

$$Cr_2O_7^{2-} + 6I^- + 14H^+ \Longrightarrow 2Cr^{2+} + 3I_2 \downarrow + 7H_2O$$

$$I_2 + 2S_2O_3^{2-} \Longrightarrow S_4O_6^{2-} + 2I^-$$

用淀粉做指示剂，I_2 与淀粉指示剂作用形成蓝色配合物，滴定时，溶液蓝色消失即为终点。

三、器材及试剂

器材：电子天平，烧杯，量杯，棕色试剂瓶，移液管，碘量瓶或锥形瓶（250 mL），碱式滴定管。

试剂：$Na_2S_2O_3 \cdot 5H_2O$（s），Na_2CO_3（s），KI（s），可溶性淀粉溶液（0.5%，0.5 g 淀粉，加少量水调成糊状，倒入 100 mL 煮沸的蒸馏水中，煮沸 5 min 冷却），$K_2Cr_2O_7$（AR 或基准试剂，在 150～180 ℃烘干 2 h），HCl 溶液（2 mol·L^{-1}）。

四、实验内容

1. 0.1 mol·L^{-1} $Na_2S_2O_3$ 溶液的配制

称取 12.4 g $Na_2S_2O_3 \cdot 5H_2O$ 于 500 mL 烧杯中，加入适量新煮沸已冷却的蒸馏水，待完全溶解后，加入 0.1 g Na_2CO_3，防止 $Na_2S_2O_3$ 分解，然后用新煮沸已冷却的蒸馏水稀释至 500 mL，贮于棕色瓶中，在暗处放置 7～14 天后标定。

2. 用 $K_2Cr_2O_7$ 标准溶液标定 $Na_2S_2O_3$ 溶液浓度

准确称取 0.2～0.3 g 已烘干的 $K_2Cr_2O_7$ 于 100 mL 烧杯中，加入适量蒸馏水使之溶解，定量转入 250 mL 容量瓶中，加水稀释至刻度，摇匀。用移液管移取 25.00 mL $K_2Cr_2O_7$ 溶液于 250 mL 锥形瓶中，再加入 10 mL 100 g·L^{-1} KI 溶液和 5 mL 6 mol·L^{-1} HCl 溶液，加盖摇匀，以防止 I_2 挥发损失。放在暗处 5 min，然后用 50 mL 蒸馏水稀释，用 $Na_2S_2O_3$ 标准溶液滴定至浅黄绿色，加入 0.5% 淀粉溶液 2 mL，继续滴定至蓝色刚好消失（呈 Cr^{3+} 的绿色）即为终点。根据 $K_2Cr_2O_7$ 的质量及消耗的 $Na_2S_2O_3$ 溶液体积，计算 $Na_2S_2O_3$ 溶液的浓度和相对平均偏差。$Na_2S_2O_3$ 溶液的浓度按下式进行计算。

$$c(Na_2S_2O_3) = 6 \times \frac{\dfrac{25.00}{250}m(K_2Cr_2O_7)}{M(K_2Cr_2O_7) \times \dfrac{V(Na_2S_2O_3)}{1000}}$$

式中　m——质量，g；
　　　M——摩尔质量，g·mol^{-1}；
　　　c——摩尔浓度，mol·L^{-1}；
　　　V——体积，mL。

五、思考题

1. 如何配制和保存浓度比较稳定的 I_2 和 $Na_2S_2O_3$ 标准溶液？

2. 用 $K_2Cr_2O_7$ 做基准物标定 $Na_2S_2O_3$ 溶液时，为什么要加入过量的 KI 和 HCl 溶液？为什么放置一定时间后才加水稀释？

3. 硫代硫酸钠溶液为什么要预先配制？为什么配制时要用新煮沸并已冷却的蒸馏水？为什么配制时要加少量的碳酸钠？

5.16　硫酸铜中铜含量的测定（间接碘量法）

一、实验目的

1. 掌握间接碘量法测定铜的基本原理。
2. 了解间接碘量法中误差的来源，掌握提高分析结果准确度的方法。

二、实验原理

在弱酸性或中性条件下，Cu^{2+} 与过量的 I^- 作用生成不溶性的 CuI 沉淀并定量析出 I_2，生成的 I_2 用 $Na_2S_2O_3$ 标准溶液滴定，以淀粉为指示剂，滴定至溶液的蓝色刚好消失即为终点。反应式如下。

$$2Cu^{2+}+5I^- \Longrightarrow 2CuI\downarrow +I_3^-$$

$$I_3^- + 2S_2O_3^{2-} \Longrightarrow 3I^- + S_4O_6^{2-}$$

在测定 Cu^{2+} 时，通常用 NH_4HF_2 缓冲溶液控制溶液的酸度为 pH = 3 ~ 4。NH_4HF_2 同时也提供了 F^- 作为掩蔽剂，可以使共存的 Fe^{3+} 转化为 $\left[FeF_6^{3-}\right]$，以消除其对 Cu^{2+} 测定的干扰。

CuI 沉淀表面易吸附少量 I_2，但其不与淀粉作用，引起终点提前。因此需在临近终点时加入 KSCN 溶液，使其转化为更稳定的 CuSCN 沉淀，它不吸附 I_2，使 CuI 吸附的部分 I_2 释放出来，提高测定的准确度。

三、器材及试剂

器材：托盘天平，锥形瓶（250 mL），量筒（10 mL），烧杯（100 mL），碱式滴定管。

试剂：$0.10\ mol\cdot L^{-1}\ NaS_2O_3$ 标准溶液，$100\ g\cdot L^{-1}\ KI$ 溶液，$100\ g\cdot L^{-1}\ KSCN$ 溶液，$1\ mol\cdot L^{-1}\ H_2SO_4$ 溶液，$5\ g\cdot L^{-1}$ 淀粉溶液，$CuSO_4\cdot 5H_2O$ 试样。

四、实验内容

准确称取 $CuSO_4\cdot 5H_2O$ 试样 0.5 ~ 0.6 g 于 250 mL 锥形瓶中，加入 5 mL 1 $mol\cdot L^{-1}$ H_2SO_4 溶液和 100 mL 水使其溶解。加入 10 mL 100 $g\cdot L^{-1}$ KI，立即用 0.10 $mol\cdot L^{-1}\ Na_2S_2O_3$ 标准溶液滴定至溶液呈浅黄色。加入 2 mL 淀粉指示剂，滴定至溶液呈浅蓝色。再加入 10 mL 100 $g\cdot L^{-1}$ KSCN，溶液蓝色转深，继续用 $Na_2S_2O_3$ 标准溶液滴定，至溶液蓝色刚好消失即为滴定终点，此时溶液呈米黄色或浅肉红色。平行测定 3 次，计算 $CuSO_4\cdot 5H_2O$ 试样中 Cu 的质量分数和相对平均偏差。

五、思考题

1. 本实验加入 KI 的作用是什么?
2. 本实验为什么要加入 KSCN? 为什么不能过早地加入?
3. 若试样中含有铁,则加入何种试剂可以消除铁对测定铜的干扰,同时控制溶液的 pH 为 3~4?

5.17 过氧化氢含量的测定(高锰酸钾法)

一、实验目的

1. 掌握用高锰酸钾法测定 H_2O_2 含量的原理和方法。
2. 进一步熟悉氧化还原滴定分析的正确操作。

二、实验原理

过氧化氢具有还原性,在酸性介质和室温条件下能被高锰酸钾定量氧化,其反应方程式为

$$2MnO_4^- + 5H_2O_2 + 6H^+ === 2Mn^{2+} + 5O_2 \uparrow 8H_2O$$

室温时滴定开始反应缓慢,滴入第一滴溶液不易褪色,待 Mn^{2+} 生成后,由于 Mn^{2+} 的自动催化作用加快了反应速率,故能顺利滴定到终点。也可以在滴定前加入 Mn^{2+} 作为催化剂。

根据等物质的量规则:$n(1/5KMnO_4) = n(1/2H_2O_2)$,由 $KMnO_4$ 溶液的浓度和用量,即可计算出 H_2O_2 的含量。

三、器材及试剂

器材:铁架台,容量瓶,酸式滴定管,锥形瓶,移液管。
试剂:0.02 mol·L^{-1} $KMnO_4$ 标准溶液,3 mol·L^{-1} H_2SO_4 溶液,30% H_2O_2 样品。

四、实验内容

1. H_2O_2 溶液的配制

用移液管移取 2.00 mL 30% H_2O_2 于 250 mL 容量瓶中,加水稀释至刻度,摇匀,备用。

2. H_2O_2 含量的测定

用移液管移取稀释过的 H_2O_2 25.00 mL 于 250 mL 锥形瓶中,加入 3 mol·L^{-1} H_2SO_4 5 mL,用 0.020 mol·L^{-1} $KMnO_4$ 标准溶液滴定至溶液呈微红色,半分钟不褪色,即为终点,记录所消耗高锰酸钾标准溶液体积。平行测定 3 次,计算试样中 H_2O_2 的质量浓度(g·L^{-1})和相对平均偏差。

H_2O_2 的质量浓度(g·L^{-1})按下式计算。

$$\rho(H_2O_2)/g \cdot L^{-1} = \frac{m(H_2O_2)}{V(H_2O_2\text{试样})} \times 1000 = \frac{\dfrac{5}{2}c(KMnO_4)V(KMnO_4)\dfrac{M(H_2O_2)}{1000}}{2.00 \times \dfrac{25.00}{250}} \times 1000$$

式中　　$c(KMnO_4)$——$KMnO_4$ 标准溶液的浓度，$mol \cdot L^{-1}$；

$\quad\quad V(KMnO_4)$——$KMnO_4$ 标准溶液的体积，mL；

$\quad\quad M(H_2O_2)$——H_2O_2 的摩尔质量，$g \cdot mol^{-1}$。

五、思考题

1. 用高锰酸钾法测定 H_2O_2 时，能否用 HNO_3 或 HCl 来控制溶液酸度？

2. 用高锰酸钾法测定 H_2O_2 时，为何不能通过加热来加速反应？

5.18　氯化物中氯含量的测定（莫尔法）

一、实验目的

1. 掌握莫尔法测定氯化物的基本原理。
2. 掌握莫尔法测定氯化物的反应条件。

二、实验原理

莫尔法是在中性或弱酸性溶液中，以 K_2CrO_4 为指示剂，用 $AgNO_3$ 标准溶液直接滴定待测试液中的 Cl^-。主要反应如下：

$$Ag^+ + Cl^- \Longequal AgCl \downarrow （白色） \quad\quad K_{sp} = 1.8 \times 10^{-10}$$

$$2Ag^+ + CrO_4^{2-} \Longequal Ag_2CrO_4 \downarrow （砖红色） \quad\quad K_{sp} = 2.0 \times 10^{-12}$$

由于 $AgCl$ 的溶解度小于 Ag_2CrO_4，所以当 $AgCl$ 定量沉淀后，微过量的 Ag^+ 即与 CrO_4^{2-} 形成砖红色的 Ag_2CrO_4 沉淀，它与白色的 $AgCl$ 沉淀一起，使溶液略带橙红色，指示滴定终点。

三、器材及试剂

器材：分析天平，托盘天平，酸式滴定管，移液管，容量瓶，称量瓶，锥形瓶，烧杯。

试剂：$NaCl$ 基准试剂，K_2CrO_4 溶液（5%），$AgNO_3$（s，AR），粗食盐。

四、实验内容

1. 配制 $0.10\ mol \cdot L^{-1}\ AgNO_3$ 溶液

称取 $AgNO_3$ 晶体 8.5 g 于小烧杯中，用少量水溶解后，转入棕色试剂瓶中，稀释至 500 mL，摇匀，置于暗处，备用。

2. 0.10 mol·L^{-1} AgNO$_3$ 溶液浓度的标定

准确称取 0.55 ~ 0.60 g 基准试剂 NaCl 于小烧杯中，用水溶解完全后，定量转移到 100 mL 容量瓶中，稀释至刻度，摇匀。用移液管移取 20.00 mL 此溶液置于 250 mL 锥形瓶中，加 20 mL 水和 1 mL 50 g·L^{-1} K$_2$CrO$_4$ 溶液，在不断摇动下，用 AgNO$_3$ 溶液滴定至溶液呈橙红色即为终点。平行测定 3 次，计算 AgNO$_3$ 溶液的准确浓度。

3. 试样中氯含量的测定

准确称取含氯试样（含氯质量分数约为 60%）1.4 g 左右于小烧杯中，加水溶解后，定量转入 250 mL 容量瓶中，稀释至刻度，摇匀。准确移取 25.00 mL 此试液 3 份，分别置于 250 mL 锥形瓶中，加水 20 mL 和 50 g·L^{-1} K$_2$CrO$_4$ 溶液 1 mL，在不断摇动下，用 AgNO$_3$ 标准溶液滴定至溶液呈橙红色即为终点。根据试样质量、AgNO$_3$ 标准溶液的浓度和滴定中消耗的体积，计算试样中氯的含量和相对平均偏差。

必要时进行空白测定，即取 25.00 mL 蒸馏水按上述同样操作测定，计算时应扣除空白测定所耗 AgNO$_3$ 标准溶液的体积。

氯的含量按下式进行计算。

$$w(Cl)/\% = \frac{m(Cl)}{m} \times 100\% = \frac{c(AgNO_3)V(AgNO_3)\dfrac{m(Cl)}{1000}}{m} \times 100\%$$

$$= \frac{c(AgNO_3)V(AgNO_3)\dfrac{M(Cl)}{1000}}{1.4000 \times \dfrac{25.00}{250}} \times 100\%$$

式中　$m(Cl)$——测得的氯的质量，g；

　　　m——待测样品的质量，g；

　　　$M(Cl)$——氯的摩尔质量，g·mol^{-1}；

　　　$c(AgNO_3)$——AgNO$_3$ 溶液的摩尔浓度，mol·L^{-1}；

　　　V——体积，mL。

五、思考题

1. 配制好的 AgNO$_3$ 溶液要贮于棕色瓶中，并置于暗处，为什么？
2. 空白测定有何意义？K$_2$CrO$_4$ 溶液的浓度大小或用量多少对测定结果有何影响？
3. 能否用莫尔法以 NaCl 标准溶液直接滴定 Ag$^+$？为什么？

5.19　银合金中银含量的测定（佛尔哈德法）

一、实验目的

1. 掌握佛尔哈德法的原理和应用。
2. 巩固沉淀滴定法的操作。

二、实验原理

将银合金溶于硝酸中制成溶液，以铁铵钒为指示剂，用 NH_4SCN 标准溶液滴定。当 AgSCN 定量沉淀后，稍过量的 SCN^- 与 Fe^{3+} 生成红色配合物 $[FeSCN]^{2+}$，即为终点。滴定反应方程式为

$$Ag^+ + SCN^- \Longrightarrow AgSCN\downarrow（白色沉淀）\quad K_{sp}(AgSCN) = 1.0 \times 10^{-12}$$

$$Fe^{3+} + SCN^- \Longrightarrow [FeSCN]^{2+}（红色沉淀）\quad K_形 = 138$$

通过消耗 NH_4SCN 的体积和浓度计算试样中银的含量。

三、器材及试剂

器材：移液管，锥形瓶，电子天平，量筒，酒精灯。

试剂：$0.10\ mol \cdot L^{-1}$ NH_4SCN 溶液（称取 NH_4SCN 固体 3.8 g，溶于 500 mL 水中，摇匀备用），硝酸溶液（1∶2），铁铵钒溶液 $[400\ g \cdot L^{-1}$，40 g $NH_4Fe(SO_4)_2 \cdot 12H_2O$ 溶于适量水中，然后用 $0.1\ mol \cdot L^{-1}$ HNO_3 溶液稀释至 100 mL]，硝酸银标准溶液（$0.1000\ mol \cdot L^{-1}$）。

四、实验内容

1. NH_4SCN 标准溶液的标定

准确移取 20 mL $0.1000\ mol \cdot L^{-1}$ $AgNO_3$ 标准溶液 3 份，置于 3 个锥形瓶中，各加 1∶2 HNO_3 溶液 4 mL，$400\ g \cdot L^{-1}$ 铁铵钒指示剂 1 mL，在充分摇动下用 NH_4SCN 溶液滴定至溶液呈稳定的浅红色，轻轻振摇后仍不褪色，即为终点。记录所消耗 NH_4SCN 标准溶液的体积，计算 NH_4SCN 溶液的准确浓度。

$$c(NH_4SCN) = \frac{c(AgNO_3)V(AgNO_3)}{V(NH_4SCN)}$$

式中 $c(NH_4SCN)$——NH_4SCN 标准溶液浓度，$mol \cdot L^{-1}$；

       $c(AgNO_3)$——$AgNO_3$ 标准溶液的浓度；

       V——实际所消耗的溶液体积，mL。

2. 试样中银含量的测定

准确称取 3 份 0.3 g 左右银合金试样，置于锥形瓶中，各加入 1∶2 HNO_3 溶液 10 mL，慢慢加热溶解后，加水 50 mL，煮沸除去氮的氧化物，冷却，加入 $400\ g \cdot L^{-1}$ 铁铵钒指示剂 2 mL，在充分剧烈摇动下，用 NH_4SCN 标准溶液滴定至溶液呈稳定的浅红色，轻轻摇动后颜色不消失，即为终点。根据试样质量和消耗的 NH_4SCN 标准溶液体积，计算试样中银的质量分数和相对平均偏差。试样中银的质量分数按下式进行计算。

$$w(Ag) = \frac{\bar{c}(NH_4SCN)V'(NH_4SCN)}{m} \times \frac{M(Ag)}{1000} \times 100\%$$

式中 $w(Ag)$——试样中 Ag 的质量分数，%；

       $\bar{c}(NH_4SCN)$——NH_4SCN 标定后的准确浓度，$mol \cdot L^{-1}$；

$V'(NH_4SCN)$——试样实际所消耗的 NH_4SCN 溶液的体积，mL；

m——样品的质量，g。

五、思 考 题

1. 用佛尔哈德法测定 Ag^+，滴定时必须剧烈摇动，为什么？
2. 佛尔哈德法能否使用 $FeCl_3$ 做指示剂？
3. 返滴定法测定 Cl^- 时，能否剧烈摇动？为什么？

5.20　氯化钠含量的测定（法扬司法）

一、实 验 目 的

1. 理解吸附指示剂法的实验原理。
2. 掌握用吸附指示剂法测定试样中氯化钠含量的方法。

二、实 验 原 理

用吸附指示剂指示终点的银量法称为法扬司法。

用 $AgNO_3$ 标准溶液滴定 Cl^- 时，可采用荧光黄做指示剂。荧光黄是一种有机弱酸，用 HFIn 表示，溶液中存在如下离解平衡：

$$AgNO_3+NaCl \Longrightarrow AgCl（白色）+NaNO_3$$

$$HFIn \Longrightarrow FIn^-（黄绿色）+H^+$$

在计量点之前，溶液中 Cl^- 过量。AgCl 沉淀吸附 Cl^- 而带负电荷，FIn^- 不被吸附，溶液呈现 FIn^- 的黄绿色。在计量点后，稍过量的 $AgNO_3$ 使 AgCl 沉淀吸附 Ag^+ 而形成带正电荷的 $AgCl \cdot Ag^+$，它强烈地吸附 FIn^-。荧光黄阴离子被吸附后，因结构变化而呈粉红色，从而指示滴定终点。

三、器 材 及 试 剂

器材：托盘天平，电子天平，称量瓶（40 mm×25 mm），量筒（10 mL、100 mL），锥形瓶（250 mL），洗瓶，烧杯（250 mL），棕色酸式滴定管（50 mL）。

试剂：淀粉溶液（1%），荧光黄溶液（0.5%），硝酸银标准溶液（0.1 mol·L^{-1}），氯化钠试样。

四、实 验 内 容

准确称取约 0.15 g 氯化钠样品，溶于 70 mL 水中，加入 10 mL 1% 淀粉溶液，在摇动下用 0.1000 mol·L^{-1} $AgNO_3$ 标准溶液避光滴定，近终点时加 3 滴 0.5% 荧光黄指示剂，用 $AgNO_3$ 标准溶液继续滴定至呈粉红色。平行测定 3 次，计算样品中 NaCl 的质量分数和相对平均偏差。

五、思考题

1. 加入淀粉有什么作用？
2. 为什么要在近终点时加荧光黄指示剂？如在滴定前加入，有何影响？
3. 使用吸附指示剂时应考虑哪些因素？

5.21 钡盐中钡含量的测定（沉淀重量法）

一、实验目的

1. 掌握重量分析法的基本原理和操作技术。
2. 掌握晶型沉淀的性质及沉淀条件。
3. 掌握晶型沉淀的制备、过滤与洗涤，了解沉淀的烘干与恒重方法。
4. 了解重量法中误差的来源和减少误差的方法。

二、实验原理

Ba^{2+} 能生成 $BaCO_3$、$BaCrO_4$、$BaSO_4$、BaC_2O_4 等一系列难溶化合物，其中 $BaSO_4$ 的组成与化学式相符，摩尔质量较大，性质较稳定，符合重量分析对沉淀的要求，故以 $BaSO_4$ 沉淀形式和称量形式测定 Ba^{2+}。

为了获得颗粒较大和纯净的 $BaSO_4$ 晶形沉淀，试样溶于水中，加 HCl 酸化，使部分 SO_4^{2-} 变成 HSO_4^-，以降低溶液的相对过饱和度，同时可防止其他的弱酸盐（如 $BaCO_3$）沉淀产生。加热近沸，在不断搅拌下缓慢滴加适当过量的沉淀剂稀 H_2SO_4，形成的 $BaSO_4$ 沉淀经陈化、过滤、洗涤、灼烧后，以 $BaSO_4$ 形式称重，即可求得试样中 Ba 的含量。反应式如下。

$$Ba^{2+} + SO_4^{2-} = BaSO_4 \downarrow$$

三、器材及试剂

器材：瓷坩埚，漏斗，马弗炉，定量滤纸，烧杯，玻璃棒，漏斗架。

试剂：$BaCl_2 \cdot 2H_2O$（s），HCl 溶液（2 $mol \cdot L^{-1}$），H_2SO_4 溶液（1 $mol \cdot L^{-1}$），$AgNO_3$ 溶液（0.1 $mol \cdot L^{-1}$）。

四、实验内容

在分析天平上准确称取 $BaCl_2 \cdot 2H_2O$ 试样 0.4~0.5 g 两份，分别置于 250 mL 烧杯中，各加蒸馏水 100 mL，搅拌溶解（注意：玻璃棒直至过滤、洗涤完毕才能取出）。加入 2 $mol \cdot L^{-1}$ HCl 溶液 4mL，加热近沸（勿使沸腾以免溅失）。

取 4 mL 1 $mol \cdot L^{-1}$ H_2SO_4 两份，分别置于 100 mL 小烧杯中，加水 30 mL，加热至沸，趁热将稀 H_2SO_4 用滴管逐滴加入试样溶液中，并不断搅拌。搅拌时，玻璃棒不要触及杯壁和杯底，以免划伤烧杯，使沉淀黏附在烧杯壁划痕内难以洗下。沉淀作用完毕，待 $BaSO_4$ 下沉后，于上层清液中加入稀 H_2SO_4 1~2 滴，观察是否有白色沉淀以检验是否沉淀完全。

盖上表面皿，在沸腾水浴上陈化半小时，期间搅动几次，放置冷却后过滤。

取两张定量滤纸，折叠使其与漏斗很好地贴合，将漏斗置于漏斗架中，漏斗下放一只清洁的烧杯。小心将沉淀上面的清液沿玻璃棒倾入漏斗中，再用倾倒法洗涤沉淀 3 ~ 4 次，每次用 15 ~ 20 mL 洗涤液（3 mL 1 mol·L^{-1} H$_2$SO$_4$，用 200 mL 蒸馏水稀释）。将沉淀定量转移至滤纸上，以洗涤液洗涤沉淀，直至滤液中无 Cl$^-$ 为止（用 AgNO$_3$溶液检查）。

取两只洁净的坩埚，在 800 ~ 850 ℃ 下灼烧恒重后，记下坩埚质量。将洗净的沉淀和滤纸包好后，放入已恒重的坩埚中，在电炉上烘干，炭化后，置于马弗炉中于 800 ~ 850 ℃ 下灼烧至恒重（1 h 左右），准确称沉淀和坩埚的质量。根据试样和沉淀的质量计算试样中 Ba 的质量分数和相对平均偏差。

五、思考题

1. 如果在硫酸钡沉淀中包夹二氯化钡，将使测定结果偏高还是偏低？
2. 为什么沉淀及滤纸的干燥、炭化和灰化应在酒精灯或煤气灯或电炉上加热进行而不能于高温炉中进行？
3. 在该过程中不断转动瓷坩埚的目的是什么？
4. 如果在该过程中滤纸着火，会对实验造成什么影响？

5.22　邻二氮菲分光光度法测定铁含量

一、实验目的

1. 了解分光光度计的结构和正确使用方法。
2. 学习如何选择分光光度分析的实验条件，利用分光光度法进行定量分析及配合物组成测定。

二、实验原理

邻二氮菲是测定微量铁的优良试剂。在 pH = 2 ~ 9 的溶液中，试剂与 Fe^{2+}生成稳定的红色配合物，其反应式如下：

该配合物的最大吸收波长在510 nm处，lg$K_{稳}$ = 21.3，摩尔吸光系数 = 11 000 L·mol^{-1}·cm^{-1}。Fe^{3+}与邻二氮菲作用生成蓝色配合物，稳定性较差，因此在实际应用中常加入还原剂盐酸羟胺或抗坏血酸使 Fe^{3+} 还原为 Fe^{2+}。

$$2Fe^{3+}+2NH_2OH \cdot HCl == 2Fe^{2+}+N_2\uparrow+4H^++2H_2O+2Cl^-$$

本测定方法不仅灵敏度高，稳定性好，而且选择性高。相当于含铁量 40 倍的 Sn^{2+}、Al^{3+}、Ca^{2+}、Mg^{2+}、Zn^{2+}、SiO_3^{2-}，20 倍的 Cr^{3+}、Mn^{2+}、V^{5+}、PO_4^{3-} 和 5 倍的 Co^{2+}、Cu^{2+} 等不干扰测定。

三、器材及试剂

器材：721 型分光光度计或 722 型光栅分光光度计，容量瓶（500 mL），容量瓶（50 mL，7 个），移液管（10 mL），移液管（5 mL），滴定管，玻璃棒，烧杯（2 个），洗耳球，天平。

试剂：铁标准溶液 [10^{-3} mol·L^{-1}，准确称取 0.3921 g 铁盐 $NH_4Fe(SO_4)_2·6H_2O$ 置于烧杯中，加入 50 mL 1∶1 HCl 溶液溶解，然后转移至 1000 mL 容量瓶中，加蒸馏水稀释至刻度，充分摇匀]，铁标准溶液[0.1 mg·mL^{-1}，准确称取 0.7020 g 铁盐 $NH_4Fe(SO_4)_2·6H_2O$ 置于烧杯中，加入 20 mL 1∶1 HCl 溶液和少量水溶解，然后转移至 1000 mL 容量瓶中，加蒸馏水稀释至刻度，充分摇匀，供制作标准曲线用]，盐酸羟胺溶液（100 g·L^{-1}，临用时配制），邻二氮菲（1.5 g·L^{-1}，10^{-3} mol·L^{-1} 水溶液，避光保存，溶液颜色变暗时即不能使用），乙酸钠溶液（1.0 mol·L^{-1}），氢氧化钠溶液（0.1 mol·L^{-1}）。

四、实验内容

1. 显色标准溶液的配制

在序号为 1～6 的 6 只 50 mL 容量瓶中，用吸量管分别加入 0.0，0.20，0.40，0.60，0.80，1.0 mL 铁标准溶液（含铁 0.1 g·L^{-1}），分别加入 1 mL 100 g·L^{-1} 盐酸羟胺溶液，摇匀后放置 2 min，再各加入 2 mL 1.5 g·L^{-1} 邻二氮菲溶液、5 mL 1.0 mol·L^{-1} 乙酸钠溶液，以水稀释至刻度，摇匀。

2. 吸收曲线的绘制

在 721 型分光光度计（或 722 型光栅分光光度计）上，用 1 cm 的吸收池，以试剂空白液（即 0.0 mL 铁标准溶液试样）为参比，在 440～560 nm，每隔 10 nm 测定一次待测液（5 号）的吸光度 A，在最大吸收峰附近，每隔 5 nm 测定一次吸光度，以波长为横坐标、吸光度为纵坐标，绘制吸收曲线，从而选择测定铁的最大吸收波长。

3. 显色剂用量的确定

在 7 只 50 mL 容量瓶中，各加 2.0 mL 10^{-3} mol·L^{-1} 铁标准溶液和 1.0 mL 100 g·L^{-1} 盐酸羟胺溶液，摇匀后放置 2 min。分别加入 0.2，0.4，0.6，0.8，1.0，2.0，4.0 mL 1.5 g·L^{-1} 邻二氮菲溶液，再各加入 5.0 mL 1.0 mol·L^{-1} 乙酸钠溶液，以水稀释至刻度，摇匀。以水为参比，在选定波长下测量各个溶液的吸光度。以显色剂邻二氮菲的体积为横坐标、相应的吸光度为纵坐标，绘制吸光度-显色剂用量曲线，确定显色剂的最佳用量。

4. 显色时间及配合物稳定性

在一只 50 mL 容量瓶（或比色管）中，加入 2.0 mL 10^{-3} mol·L^{-1} 铁标准溶液和 1.0 mL 盐酸羟胺溶液（100 g·L^{-1}，临用时配制），摇匀后放置 2 min。再加入 2.0 mL 1.5 g·L^{-1}

邻二氮菲溶液，5.0 mL 乙酸钠溶液，以水稀释至刻度，摇匀。立即用 1 cm 比色皿，以水为参比溶液，在选定波长下测量吸光度。然后依次测量放置 5 min，10 min，30 min，60 min，120 min 后的吸光度。以时间 t 为横坐标、吸光度 A 为纵坐标，绘制 A-t 曲线。确定铁与邻二氮菲显色反应完全所需要的时间及适宜测量时间。

5. 试样中铁含量的测定

（1）标准曲线的制作

以步骤 1 中试剂空白溶液（1 号）为参比，用 1 cm 吸收池，在选定波长下测定 2~6 号各显色标准溶液的吸光度。在坐标纸上，以铁的浓度为横坐标，相应的吸光度为纵坐标，绘制标准曲线。

（2）铁含量的测定

试样溶液按制作标准曲线的步骤显色后，在相同条件下测量吸光度，由标准曲线计算试样中微量铁的含量（$g \cdot mL^{-1}$）。

五、思考题

1. 在有关条件实验中均以水为参比，为什么在测绘标准曲线和测定试液时，要以试剂空白溶液为参比？
2. 用邻二氮菲测定铁含量时，为什么要加入盐酸羟胺？其作用是什么？
3. 根据有关实验数据，计算邻二氮菲-Fe(Ⅱ)配合物在选定波长下的摩尔吸收系数。

5.23 分光光度法测定邻二氮菲–铁（Ⅱ）配合物的组成

一、实验目的

1. 了解分光光度计的结构和正确使用方法。
2. 学习如何选择分光光度分析的实验条件，利用分光光度法进行定量分析及配合物组成测定。

二、实验原理

配合物组成的确定是研究配合反应平衡的基本问题之一。金属离子 M 和配合剂 L 形成配合物的反应为

$$M + nL \Longrightarrow ML_n$$

式中 n——配合物的配位数。

n 可用摩尔比法（或称饱和法）进行测定，即配制一系列溶液，各溶液的金属离子浓度、酸度、温度等条件恒定，只改变配位体的浓度，在配合物的最大吸收波长处测各溶液的吸光度，以吸光度对摩尔比 c_L/c_M 作图，如图 5-1 所示。将曲线的线性部分延长，相交于一

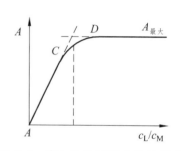

图 5-1　摩尔比法测配合物的组成

点，该点对应的 c_L/c_M 值即为配位数 n。摩尔比法适用于稳定性较高的配合物组成的测定。

三、器材及试剂

器材：721 型分光光度计。

试剂：铁标准溶液（10^{-3} mol·L^{-1}），铁标准溶液（0.1 mg·mL^{-1}），盐酸羟胺水溶液（100 g·L^{-1}），邻二氮菲水溶液（1.5 g·L^{-1}，10^{-3} mol·L^{-1}），乙酸钠溶液（1.0 mol·L^{-1}）。

四、实验内容

取 9 只 50 mL 容量瓶，各加入 1.0 mL 10^{-3} mol·L^{-1} 铁标准溶液，1.0 mL 100 g·L^{-1} 盐酸羟胺溶液，摇匀放置 2 min。依次加入 1.0，1.5，2.0，2.5，3.0，3.5，4.0，4.5，5.0 mL 0.001 mol·L^{-1} 邻二氮菲溶液，然后各加入 5 mL 1.0 mol·L^{-1} 乙酸钠溶液，以水稀释至刻度，摇匀。在 510 nm 处，用 1 cm 吸收池，以水为参比，测定各溶液的吸光度 A。以 A 对 c_L/c_M 作图，根据曲线上前后两部分延长线的交点位置确定配合物的配位数 n。

五、思考题

1. 在什么条件下才可以使用摩尔比法测定配合物的组成？
2. 在此实验中为什么可以用水为参比，而不必用试剂空白溶液为参比？

5.24 分光光度法测定食品中 NO_2^- 的含量

一、实验目的

1. 学习盐酸萘乙二胺光度法测定亚硝酸盐的原理和方法。
2. 了解分光光度法在食品分析中的应用。

二、实验原理

亚硝酸盐作为一种食品添加剂，能够保持腌肉制品等的色香味，并具有一定的防腐性，但同时也具有较强的致癌作用，过量食用对人体有害。因此，在食品加工中需严格控制亚硝酸盐的加入量。

在弱酸性溶液中，亚硝酸盐与对氨基苯磺酸发生重氮反应，生成的重氮化合物与盐酸萘乙二胺偶联成紫红色偶氮染料（最大吸收波长为 540 nm）。反应方程式如下：

$$HO_3S—\!\!\!\!\bigcirc\!\!\!\!—N\!=\!N—\bigcirc\!\!\!\bigcirc—NHCH_2CH_2NH_2 \cdot HCl$$

以分光光度法测定生成的偶氮染料，可以对亚硝酸盐进行定量分析。该法选择性好、灵敏度高，已广泛应用于食品、药品和环境等领域的微量亚硝酸盐分析。

三、器材及试剂

器材：紫外-可见分光光度计，小型多用食品粉碎机。

试剂：饱和硼砂溶液［称取 25 g 硼砂（$Na_2B_4O_7 \cdot 10H_2O$）溶于 500 mL 热水中］，硫酸锌溶液（$1.0 \, mol \cdot L^{-1}$），亚铁氰化钾水溶液（$150 \, g \cdot L^{-1}$），对氨基苯磺酸溶液（$4 \, g \cdot L^{-1}$，称取 0.4 g 对氨基苯磺酸，溶于 20% 盐酸中配成 100 mL 溶液，避光保存），盐酸萘乙二胺溶液（$2 \, g \cdot L^{-1}$，称取 0.2 g 盐酸萘乙二胺溶于 100 mL 水中，避光保存），$NaNO_2$ 标准溶液（$0.2 \, g \cdot L^{-1}$，准确称取 0.1000 g 干燥 24 h 的分析纯 $NaNO_2$，用水溶解后定量转入 500 mL 容量瓶中，加水稀释至刻度并摇匀。使用时准确移取上述标准溶液 5.0 mL 于 100 mL 容量瓶中，加水稀释至刻度并摇匀，作为操作液），活性炭。

四、实 验 内 容

1. 试样预处理

（1）肉制品（如香肠）

称取 5 g 经绞碎均匀的试样置于 50 mL 烧杯中，加入 12.5 mL 硼砂饱和溶液搅拌均匀，然后用 150～200 mL 70 ℃ 以上的热水将烧杯中的试样全部洗入 250 mL 容量瓶中，并置于沸水浴中加热 15 min，取出；在轻轻摇动下滴加 2.5 mL $ZnSO_4$ 溶液以沉淀蛋白质。冷却至室温后，加水稀释至刻度，摇匀。放置 10 min，撇去上层脂肪；清液用滤纸或脱脂棉过滤，弃去最初 10 mL 滤液，承接其后无色透明滤液 50 mL 用于测定。

（2）水果、蔬菜罐头

将罐头开启，内容物全部转至搪瓷盘中，切成小块混合均匀，用四分法取出 200 g。将试样置于食品粉碎机的大杯内，加水 200 mL，捣碎成匀浆后全部移入 500 mL 烧杯中，备用。称取匀浆 40 g 于 50 mL 烧杯中，用 70 ℃ 以上的热水 150 mL 分 4～5 次将其全部洗入 250 mL 容量瓶中，加入饱和硼砂溶液 6 mL，摇匀，再加入经处理的活性炭 2 g，摇匀；然后加入 $ZnSO_4$ 溶液 2 mL 和亚铁氰化钾溶液 2 mL，振荡 3～5 min；最后加水稀释至刻度。摇匀后用滤纸过滤，弃去最初的 10 mL 滤液，承接其后滤液 50 mL 左右用于测定。

2. 测 定

（1）标准曲线的绘制

准确移取 $NaNO_2$ 操作液（$10 \, g \cdot mL^{-1}$）0、0.4、0.8、1.2、1.6、2.0 mL，分别置于 50 mL 容量瓶中，各加水 30 mL，然后分别加入 2 mL $4 \, g \cdot L^{-1}$ 对氨基苯磺酸溶液，摇匀，静置 3 min。分别加入 1 mL $2 \, g \cdot L^{-1}$ 的盐酸萘乙二胺溶液，加水稀释至刻度，摇匀，静置 15 min。用 2 cm 吸收池，以试剂空白为参比，于波长 540 nm 处测定各溶液的吸光度。以 $NaNO_2$

溶液的加入量为横坐标、相应的吸光度为纵坐标，绘制标准曲线。

（2）试样的测定

准确移取经过处理的试样滤液 40 mL 于 50 mL 容量瓶中，按绘制标准曲线的操作，加入试剂进行测定。根据测得的吸光度，从标准曲线上查出相应的 $NaNO_2$ 的质量。最后计算试样中 $NaNO_2$ 的浓度（以 $mg \cdot kg^{-1}$ 表示）。

五、思考题

1. 试样处理制备试液时，为什么要弃去最初的 10 mL 滤液？

2. 也可利用盐酸萘乙二胺光度法对试样中的硝酸盐进行测定，你能否设计一个同时测定硝酸盐和亚硝酸盐的分析方案？

3. 亚硝酸盐在食品中的允许限量是多少？

4. 亚硝酸盐作为一种食品添加剂，具有哪些特点？能否找到一种优于亚硝酸盐的替代品。

5.25 合金钢中微量铜含量的萃取光度测定

一、实验目的

掌握合金钢中微量铜含量的萃取光度测定的原理及基本操作。

二、实验原理

在氨性溶液中，Cu^{2+} 与铜试剂（二乙氨基二硫代甲酸钠，DDTC）生成棕黄色配合物，可用 $CHCl_3$ 或 CCl_4 萃取后进行光度测定，其最大吸收波长在 435 nm 处。Fe^{3+}、Co^{2+}、Ni^{2+} 对此测定有干扰，可加 EDTA 予以消除。

三、器材及试剂

器材：烧杯（100 mL），容量瓶（100 mL），量筒。

试剂：浓 HCl（分析纯），浓 HNO_3（分析纯），$CHCl_3$（分析纯），EDTA 溶液（$100 \, g \cdot L^{-1}$），铜试剂溶液（$2 \, g \cdot L^{-1}$），浓氨水（分析纯），Cu^{2+} 标准溶液（$0.020 \, mg \cdot mL^{-1}$）。

四、实验内容

1. 分解试样

准确称取 0.3 g 左右试样于 150 mL 烧杯，再加入 15 mL 浓 HCl 和 5 mL 浓 HNO_3，加热溶解，浓缩至 10 mL 左右，冷却，加入 30 mL $100 \, g \cdot L^{-1}$ EDTA，用浓氨水中和至 pH = 8～9，然后移入 100 mL 容量瓶中，加水稀释至刻度，摇匀。

2. 萃取光度测定

移取 10.00 mL 试液于 60 mL 分液漏斗中，加入 10 mL $2 \, g \cdot L^{-1}$ 铜试剂溶液，准确加入 20.00 mL $CHCl_3$，振荡 3～5 min，静置，分层后分离出有机相，移入比色皿中，于 435 nm

处，以试剂溶液作为参比，测吸光度。同时做空白试验，从标准曲线上求出 Cu 的含量。

3. 绘制标准曲线

准确量取 0.0，1.0，2.0，3.0，4.0，5.0 mL 0.020 g·L^{-1} Cu^{2+} 标准溶液，分别装入 6 个 100 mL 烧杯中，按照萃取光度分析步骤进行测定，分别测量吸光度，并绘制标准曲线。

五、思考题

1. 能否用量筒加入 CHCl$_3$，为什么？
2. 能否在用浓氨水调节溶液 pH 8～9 后，加入 EDTA 以消除 Fe^{3+}、Co^{2+}、Ni^{2+} 的干扰，为什么？

5.26 离子交换树脂交换容量的测定

一、实验目的

1. 了解离子交换树脂的交换容量的意义。
2. 掌握离子交换树脂总交换容量和工作交换容量的测定原理及方法。

二、实验原理

离子交换树脂的交换容量是指单位体积或单位质量干燥树脂所能交换的离子的物质的量，单位常用 mmol·L^{-1}，其取决于树脂网状骨架内所含有的可被交换基团的数目。离子交换树脂的交换容量是衡量树脂性能的重要指标。本实验用酸碱滴定法测定强酸性的阳离子交换树脂 RH 的总交换容量和工作交换容量。

用动态法测定工作交换容量时，将一定量 H 型树脂装入交换柱中，用 Na$_2$SO$_4$ 溶液以一定的流量通过交换柱时，Na$^+$ 与 RH 发生交换反应，交换下来的 H$^+$ 用 NaOH 标准溶液滴定。反应方程式为

$$RH+Na^+ \Longrightarrow RNa+H^+$$

$$H^++OH^- \Longrightarrow H_2O$$

根据所消耗的 NaOH 标准溶液的浓度和体积即可求出离子交换树脂的工作交换容量。

用静态法测定总交换容量时，向一定量的 H 型树脂中加入过量的 NaOH 标准溶液浸泡。反应为

$$RH+NaOH \Longrightarrow RNa+H_2O$$

用 HCl 标准溶液滴定过量的 NaOH，即可求出树脂的总交换容量。

三、器材及试剂

器材：酸式滴定管（25 mL），732 型强酸性阳离子交换树脂，玻璃棉。

试剂：HCl 溶液（4 mol·L^{-1}），Na$_2$SO$_4$溶液（0.5 mol·L^{-1}），HCl 标准溶液（0.10 mol·L^{-1}），NaOH 标准溶液（0.10 mol·L^{-1}），酚酞乙醇溶液（2 g·L^{-1}）。

四、实验内容

1. 动态法测定树脂的工作交换容量

（1）树脂的预处理

市面销售的阳离子交换树脂一般为 Na 型，使用前须将其用酸处理成 H 型。称取 20 g 732 型阳离子交换树脂于烧杯中，加 100 mL 4 mol·L^{-1} HCl 搅拌，浸泡 1～2 天，以溶解除去树脂中的杂质，并使树脂充分溶胀。若浸出的溶液呈较深的黄色，应换新鲜的 4 mol·L^{-1} HCl 再浸泡 12 h。倾出上层 HCl 清液，然后用蒸馏水漂洗树脂至中性，抽滤，装于培养皿中于 105 ℃下干燥（首次干燥 1 h，再次干燥 0.5 h）至恒重为止，即得到 H 型阳离子交换树脂。

（2）装柱

用长玻璃棒将润湿的棉花塞在交换柱的下部，使其平整，加 10 mL 蒸馏水，将洗净的树脂连水加入柱中（防止混入气泡），在上面铺一层玻璃棉（防止加试液时树脂被冲起）。使用时必须使树脂层始终浸泡在液面以下约 1 cm 处。柱高 15～20 cm，用蒸馏水洗树脂至流出液为中性，放出多余的蒸馏水。

（3）交换

向交换柱不断加入 0.5 mol·L^{-1} Na$_2$SO$_4$溶液，用 250 mL 容量瓶收集流出液，调节流量为 2 mL·min^{-1}，流过 100 mL Na$_2$SO$_4$溶液后，经常检查流出液的 pH，当流出液的 pH 值与加入的 Na$_2$SO$_4$ 溶液 pH 相同时，停止交换。将收集液稀释至 250 mL，摇匀。

用移液管移取 20.00 mL 流出液于 250 mL 锥形瓶中，加入 2 滴酚酞（2 g·L^{-1} 酚酞乙醇溶液）指示剂。用 0.10 mol·L^{-1} NaOH 标准溶液滴至微红色，半分钟不褪色，即为终点，记下消耗的 NaOH 标准溶液体积。平行测定 3 份，按下式计算树脂的工作交换容量。

$$工作交换容量/mmol\cdot g^{-1} = \frac{c(NaOH)V(NaOH)}{m_{树脂}\times\dfrac{20.00}{250.0}}$$

式中　$c(NaOH)$——NaOH 的浓度，mol·L^{-1}；

　　　$V(NaOH)$——实际所消耗的 NaOH 标准溶液的体积，mL；

　　　$m_{树脂}$——树脂的质量，g。

实验完毕后，将使用过的树脂回收到烧杯中，以使统一进行再生处理，取出玻璃棉。

2. 静态法测定树脂的总交换容量

准确称取已干燥至恒重的 H 型阳离子交换树脂 1.000 g 于 250 mL 干燥锥形瓶中，准确加入 100 mL 0.10 mol·L^{-1} NaOH 标准溶液，盖好瓶盖放置 24 h，使之达到交换平衡。用移液管移取上层已交换的清液 20.00 mL 于 250 mL 锥形瓶中，加入 2 滴酚酞指示剂，用 0.10 mol·L^{-1} HCl 标准溶液滴至红色刚好褪去为止。记录消耗的 HCl 标准溶液体积。平行测定 3 份，按下式计算树脂的总交换容量。

$$总交换容量/mmol \cdot g^{-1} = \frac{c(NaOH)V(NaOH) - c(HCl)V(HCl)}{m_{树脂} \times \dfrac{20.00}{250.0}}$$

式中　$c(NaOH)$——NaOH 标准溶液的浓度，$mol \cdot L^{-1}$；

　　　$c(HCl)$——HCl 的浓度，$mol \cdot L^{-1}$；

　　　$V(NaOH)$——实际所消耗的 NaOH 标准溶液的体积，mL；

　　　$V(HCl)$——实际所消耗的 HCl 标准溶液的体积，mL；

　　　$m_{树脂}$——树脂的质量，g。

　　实验完毕后，将使用过的树脂回收到烧杯中，以便统一进行再生处理，取出玻璃棉。

五、思考题

1. 什么是离子交换树脂的交换容量？总交换容量和工作交换容量的测定原理是什么？

2. 为什么树脂中不能存留气泡？若有气泡应如何处理？

3. 怎样处理树脂？怎样装柱？应分别注意什么问题？

4. 根据强酸性阳离子交换树脂容量的测定原理，试设计强碱性阴离子交换树脂交换容量的实验测定方法。

第6章　仪器分析实验

6.1　紫外吸收光谱法测定蒽醌试样中蒽醌的含量

一、实验目的

1. 了解 UV-4100 型紫外-可见-近红外光谱仪的基本结构、工作原理和操作步骤。
2. 掌握用紫外吸收光谱法测定蒽醌试样中蒽醌含量的方法。

二、实验原理

含有共轭不饱和键的有机化合物分子中含有 π 电子，可以发生 $\pi \longrightarrow \pi^*$ 跃迁，若形成不饱和键的原子含有非键电子，能发生 $n \longrightarrow \pi^*$ 跃迁，这两类跃迁产生的紫外吸收波长一般大于 200 nm。在共轭多烯化合物中，随着共轭体系的增大，其紫外吸收峰红移，摩尔吸收系数也发生显著变化。蒽醌分子结构中的双键共轭体系大于邻苯二甲酸酐，因此，蒽醌的吸收峰红移比邻苯二甲酸酐大。蒽醌在波长为 251 nm 处有一强烈吸收峰，在 323 nm 处有一中等强度的吸收峰，但是在 251 nm 处有邻苯二甲酸酐的吸收峰干扰，所以，选择在 323 nm 处测定蒽醌试样中蒽醌的含量。甲醇在 250～350 nm 内无吸收干扰，可选用甲醇作为参比溶液。

三、器材及试剂

器材：紫外-可见-近红外分光光度计（UV-4100 型，日本日立公司），石英比色皿，比色管，烧杯，容量瓶。

试剂：蒽醌（分析纯），甲醇（分析纯），邻苯二甲酸酐（分析纯）。

四、实验内容

1. 蒽醌系列标准溶液的配制

在 5 只 10 mL 的比色管中分别加入 2.00，4.00，6.00，8.00，10.00 mL 蒽醌标准溶液（0.0400 g·L^{-1}），然后用甲醇稀释到刻度，摇匀备用。

2. 恩醌试样溶液的配制

称取 0.1000 g 蒽醌试样于小烧杯中，用甲醇溶解后，转移至 50 mL 容量瓶中，以甲醇稀释至刻度，摇匀备用。

3. 蒽醌吸收曲线的绘制

用 1 cm 石英吸收池，以甲醇作为参比溶液，在 200~400 nm 波长内测定蒽醌系列标准溶液的紫外吸收光谱，以蒽醌标准溶液的吸光度为纵坐标、浓度为横坐标，绘制标准曲线。

4. 试样中蒽醌含量的测定

在选定的波长，以甲醇为参比溶液，测定蒽醌试样的吸光度。根据蒽醌试液的吸光度，在标准曲线上查得其对应的浓度，并根据试样的配制情况，计算蒽醌试样中蒽醌的含量。

五、思考题

1. 为什么选用 323 nm 而不选用 251 nm 波长作为蒽醌定量分析的测定波长？
2. 本实验为什么选用甲醇作为参比溶液？

6.2 分光光度法对混合物中铬、锰含量的同时测定

一、实验目的

1. 掌握多组分体系中元素的测定方法。
2. 掌握用分光光度法同时测定铬、锰的含量的原理和方法。

二、实验原理

在铬、锰组分中，它们的吸光度不相互作用，总的吸光度等于两者的吸光度之和。根据吸光度的加和性原理，可以通过求解方程组来分别求出各未知组分的含量。

$$A_{\lambda_1}^{Cr+Mn} = A_{\lambda_1}^{Cr} + A_{\lambda_1}^{Mn} = \varepsilon_{\lambda_1}^{Cr} l c_{Cr} + \varepsilon_{\lambda_1}^{Mn} l c_{Mn} \tag{6.1}$$

$$A_{\lambda_2}^{Cr+Mn} = A_{\lambda_2}^{Cr} + A_{\lambda_2}^{Mn} = \varepsilon_{\lambda_2}^{Cr} l c_{Cr} + \varepsilon_{\lambda_2}^{Mn} l c_{Mn} \tag{6.2}$$

若首先用铬、锰的标准溶液，分别测定它们的 A_{λ_1} 和 A_{λ_2}，就可以求得 $\varepsilon_{\lambda_1}^{Cr}$、$\varepsilon_{\lambda_1}^{Mn}$、$\varepsilon_{\lambda_2}^{Cr}$ 和 $\varepsilon_{\lambda_2}^{Mn}$。然后再测定未知浓度两组分试样在 λ_1 和 λ_2 的吸光度，当 $l = 1$ cm 时，将式（6.1）和（6.2）两方程联解，即可求得铬、锰两组分各自的浓度 c_{Cr} 和 c_{Mn}。

本实验以 $AgNO_3$ 为催化剂，在 H_2SO_4 介质中，加入过量的 $(NH_4)_2S_2O_8$ 氧化剂，将混合液中 Cr^{3+} 和 Mn^{2+} 氧化成 CrO_7^{2-} 和 MnO_4^-，在波长 440 nm 和 545 nm 处测定其吸光度 A_{440}^{Cr+Mn} 和 A_{545}^{Cr+Mn}，计算 ε_{440}^{Mn}、ε_{440}^{Cr}、ε_{545}^{Mn}、ε_{545}^{Cr}。代入式（6.1）和式（6.2）就可以通过联立方程求出 c_{Cr} 和 c_{Mn}。

三、器材及试剂

器材：紫外-可见-近红外光谱仪（UV-4100 型，日本日立公司），玻璃比色皿，容量瓶，水浴锅。

试剂：铬酸钾标准溶液（1.0 mg·mL⁻¹ 铬标准溶液），硫酸锰标准溶液（1.0 mg·mL⁻¹ 锰标准溶液），H_2SO_4-H_3PO_4 混酸（H_2SO_4、H_3PO_4、H_2O 的体积比为 15∶15∶70），$(NH_4)_2S_2O_8$

溶液（150 g·L⁻¹，现用现配），AgNO₃溶液（0.50 mol·L⁻¹）。

四、实验内容

1. 测绘 Cr^{3+} 和 Mn^{2+} 标准溶液的吸收曲线

在两只 100 mL 容量瓶中，分别加入 5.00 mL 1.0 mg·mL⁻¹ Cr^{3+} 标准溶液和 1.00 mL 1.0 mg·mL⁻¹ Mn^{2+} 标准溶液，然后各加 30 mL 水、10 mL H₂SO₄-H₃PO₄ 混酸、2 mL 150 g·L⁻¹ (NH₄)₂S₂O₈、10 滴 0.50 mol·L⁻¹ AgNO₃ 溶液，沸水中加热，保持微沸 3 min 左右。待溶液颜色稳定后，冷却，以水稀释至刻度，摇匀。用 1 cm 吸收池，以蒸馏水为参比，用 UV-4100 型紫外-可见-近红外光谱仪在 420～560 nm 进行扫描，分别确定 Cr^{3+} 和 Mn^{2+} 的最大吸收波长 λ_{max}。

2. Cr^{3+} 和 Mn^{2+} 含量的同时测定

在 1 只 100 mL 容量瓶中，加入 1.0 mL 试样溶液，然后依次加入 30 mL 水、10 mL H₂SO₄-H₃PO₄ 混酸、2 mL 150 g·L⁻¹ (NH₄)₂S₂O₈ 溶液、10 滴 0.50 mol·L⁻¹ AgNO₃ 溶液，沸水中加热，保持微沸 3 min 左右。待溶液颜色稳定后，冷却，以水稀释至刻度，摇匀。用 1 cm 吸收池，以蒸馏水为参比，分别在 440 nm 和 545 nm 波长处测定其吸光度。

3. 结果处理

（1）从两吸收曲线上查出波长 440 nm 和 545 nm 处 A_{440}^{Cr}，A_{545}^{Cr}，A_{440}^{Mn}，A_{545}^{Mn} 值，根据 Cr^{3+} 和 Mn^{2+} 标准溶液的浓度，由 $A = \varepsilon \cdot l \cdot c$ 关系式，计算出 ε_{440}^{Mn}、ε_{440}^{Cr}、ε_{545}^{Mn} 和 ε_{545}^{Cr} 值。

（2）将各 ε 值和测定的 A_{440}^{Cr+Mn} 和 A_{545}^{Cr+Mn} 值带入式（6.1）和式（6.2），联立方程求出 c_{Cr} 和 c_{Mn}。

五、思考题

1. 为什么可用分光光度法同时测定混合物中铬和锰的含量？
2. 根据吸收曲线，本实验可以选择测定波长为 420 nm 和 500 nm 吗？为什么？

6.3 紫外吸收光谱法测定维生素 C 药物中抗坏血酸的含量

一、实验目的

1. 学习试液的制备方法。
2. 掌握计算机控制的波长扫描型紫外-可见分光光度计的使用方法。
3. 掌握标准曲线法，掌握测定 V_C 含量的操作方法。

二、实验原理

抗坏血酸也叫维生素 C，V_C 在紫外区（＞200 nm）有吸收，其吸光度与溶液浓度成正比，符合 Lambert-Beer 定律。据此，可利用标准曲线法定量测定其含量。

三、器材及试剂

器材：紫外-可见分光光度计（U-3010，日本日立公司），石英比色皿，比色管。

试剂：抗坏血酸（分析纯），V_C 药片。

四、实验内容

1. 配制标准系列溶液

分别移取 $100\ \mu g \cdot mL^{-1}$ 抗坏血酸[1]标准溶液 0.50，1.00，1.50，2.00，2.50 mL 于 25 mL 的比色管中，用水稀释至刻度，摇匀。

2. 扫描吸收光谱

用石英比色皿，以水为参比，在 $200 \sim 400$ nm 扫描抗坏血酸标准系列溶液的吸收光谱，并确定 λ_{max}。

3. 绘制标准曲线

在计算机上绘出 A-c 标准曲线，并求出回归方程及回归系数。

4. 样品的测定

（1）取样液 1.00 mL 于 25 mL 比色管中，用水稀释至刻度，摇匀（平行测定 5 份）。用石英比色皿，以水为参比，在波长 λ_{max} 处测定其吸光度。

（2）将测定的吸光度代入标准曲线回归方程，或者在标准曲线上，求得样液的浓度（$\mu g \cdot mL^{-1}$），最后推算出原样中抗坏血酸的含量（mg/支或 mg/片）。

五、注　释

[1] 抗坏血酸会被缓慢地氧化成脱氢抗坏血酸，每次实验必须配制新鲜溶液。

六、思考题

1. 写出抗坏血酸的结构式，并分析它的紫外吸收特性。

2. 维生素 C 注射液中的 V_C 也可用碘量法测定，试对紫外吸收光谱法和碘量法进行比较。

6.4　苯甲酸红外吸收光谱的测定

一、实验目的

1. 学习运用红外吸收光谱进行化合物定性分析的方法。

2. 掌握使用压片法制作固体试样晶片的方法。

3. 熟悉红外分光光度计的工作原理及其使用方法。

二、实 验 原 理

在化合物分子中，具有相同化学键的原子基团，其基本振动频率吸收峰（简称基频峰）基本上出现在同一频率区域内，例如，$CH_3(CH_2)_5CH_3$，$CH_3(CH_2)_4C\equiv N$ 和 $CH_3(CH_2)_5CH\equiv CH_2$ 等分子中都有 —CH_3，—CH_2— 基团，它们的伸缩振动基频峰都出现在同一频率区域内，即在 <3000 cm^{-1} 波数附近。但又有所不同，这是因为同一类型原子基团，在不同化合物分子中所处的化学环境不同，基频峰频率发生一定移动，例如—C≡O 基团的伸缩振动基频峰频率一般出现在 1850 ~ 1860 cm^{-1} 内，当它位于酸酐中时，$\nu_{C=O}$ 为 1820 ~ 1750 cm^{-1}；在酯类中时，$\nu_{C=O}$ 为 1750 ~ 1725 cm^{-1}；在醛中时，$\nu_{C=O}$ 为 1740 ~ 1720 cm^{-1}；在酮类中时，$\nu_{C=O}$ 为 1725 ~ 1710 cm^{-1}；在与苯环共轭时，如乙酰苯中 $\nu_{C=O}$ 为 1695 ~ 1680 cm^{-1}；在酰胺中时，$\nu_{C=O}$ 为 1650 cm^{-1} 等。因此，掌握各种原子基团基频峰的频率及其位移规律，就可应用红外吸收光谱来确定有机化合物分子中存在的原子基团及其在分子结构中的相对位置。

由苯甲酸分子结构可知，在 4000 ~ 650 cm^{-1} 内，分子中各原子基团振动所产生的基频峰频率如表 6-1 所示。

表 6-1　苯甲酸基频峰的频率

原子基团的基本振动形式	基频峰的频率/cm^{-1}
ν_{C-H}（Ar 上）	3 077，3 012
$\nu_{C=C}$（Ar 上）	1 600，1 582，1 495，1 450
δ_{C-H}（Ar 上邻接五氢）	715，690
ν_{O-H}（形成氢键二聚体）	3 000 ~ 2 500（多重峰）
δ_{O-H}	935
$\nu_{C=O}$	1 400
δ_{C-O-H}（面内弯曲振动）	1 250

本实验用溴化钾晶体稀释苯甲酸标样和试样，研磨均匀后，分别压制成晶片，以纯溴化钾晶片为参比，在相同的实验条件下，分别测绘标样和试样的红外吸收光谱，然后，从获得的两张图谱中，对照上述各原子基团的吸收频率及其吸收强度，若两张图谱一致，则可认为该试样是苯甲酸。

三、器材及试剂

器材：红外光谱仪（Spectrum100，美国珀金埃尔默公司），压片机，玛瑙研钵，红外线加热器。

试剂：溴化钾晶体（分析纯），苯甲酸（分析纯）。

四、实 验 内 容

1. 实验前准备

开启空调机，使室内的温度为 18 ~ 20 ℃，相对湿度≤65%。

2. 苯甲酸试样溴化钾晶片的制作

取预先在 110 ℃ 烘干 48 h 以上，并保存在干燥器内的溴化钾 150 mg 左右，加入 2 ~ 3 mg 苯甲酸试样，置于洁净干燥的玛瑙研钵中，研磨成均匀、细小的颗粒，然后，转移到压片模具上（图 6-1），压片机（图 6-2），依图 6-1、图 6-2 顺序放好各部件后，把压模置于图 6-1 中的 7 处，并旋转压力丝杆手轮 1 压紧压模，顺时针旋转放油阀 4 到底，然后一边放气，一边缓慢上下移动压把 6，加压开始，注视压力表 8，当压力增加到 1×10^5 ~ 1.2×10^5 kPa（100 ~ 120 kg·cm^{-2}）时，停止加压，维持 3 ~ 5 min，反时针旋转放油阀 4，加压解除，压力表指针指 "0"，旋松压力丝杆手轮 1，取出压模，即得到直径为 13 mm、厚 1 ~ 2 mm 透明的溴化钾晶片，小心从压模中取出晶片[1]，并保存在干燥器内。

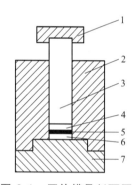

图 6-1　压片模具剖面图

1—压杆帽；2—压模体；3—压杆；4—顶模片；
5—试样；6—底模片；7—底座

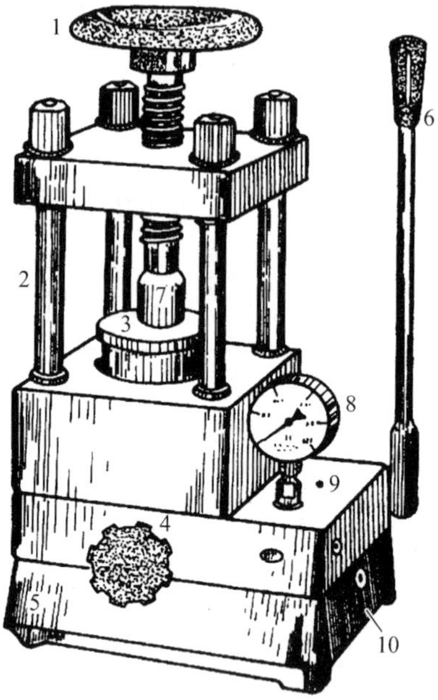

图 6-2　压片机示意图

1—压力丝杆手轮；2—拉力螺柱；3—工作台垫板；4—放油阀；
5—基座；6—压把；7—压模；8—压力表；
9—注油口；10—油标及入油口

3. 测绘苯甲酸试样红外吸收光谱图

根据实验条件，将红外光谱仪按仪器操作步骤进行调节，测绘试样的红外吸收光谱。将测得的红外光谱与数据库中的苯甲酸图谱相比较，核对试样是否为苯甲酸[2]。在试样红外吸收光谱图上，标出各特征吸收峰的波数，并确定其归属。

五、注　释

[1] 制得的晶片必须无裂痕，局部无发白现象，如同玻璃板一样完全透明，否则应重新制作。如局部发白，表示压制的晶片薄厚不匀；晶片模糊，表示晶体吸潮。水在光谱图中 3450 cm^{-1} 和 1640 cm^{-1} 处出现吸收峰。

[2] 如果两张图中的各特征吸收峰及其吸收强度一致，则可认为该试样是苯甲酸。

六、思考题

1. 红外吸收光谱分析，对固体试样的制片有何要求？
2. 如何着手进行红外吸收光谱的定性分析？
3. 红外光谱实验室为什么要求温度和相对湿度维持一定的指标？

6.5　简单有机化合物的红外光谱分析

一、实验目的

1. 了解运用红外光谱法鉴定未知物的一般过程，掌握用标准谱库进行化合物鉴定的一般方法。
2. 了解红外光谱仪的结构和原理，掌握红外光谱仪的操作方法。

二、实验原理

比较在相同制样和测定条件下，被分析的样品和标准化合物的红外光谱图，若吸收峰的位置、数目和相对强度完全一致，则可以认为两者是同一化合物。

三、器材及试剂

器材：傅立叶变换近红外光谱仪（VECTOR-22/N-1，BRUKER 公司），玛瑙研钵。
试剂：溴化钾粉末，溴化钾晶片，四氯化碳。

四、实验内容

1. 压片法（固体样品）

取 1~2 mg 未知试样粉末，与 200 mg 干燥的溴化钾粉末（颗粒大小在 2 μm 左右）在玛瑙研钵中混匀后压片，测绘红外谱图，进行谱图处理（基线校正、平滑、ABEX 扩张、归一化），谱图检索，确认其化学结构。在测绘的谱图上标出所有吸收峰的波数位置。对确定的化合物，列出主要吸收峰并指认其归属。

2. 液膜法（液体样品）

取 1~2 滴一定浓度的未知试样四氯化碳溶液，滴加在两个溴化钾晶片之间，用夹具轻轻夹住，测绘红外谱图，进行谱图处理（基线校正、平滑、ABEX 扩张、归一化），谱图检索，确认其化学结构。在测绘的谱图上标出所有吸收峰的波数位置。对确定的化合物，列出主要吸收峰并指认归属。

五、思考题

1. 区分饱和烃与不饱和烃的主要标志是什么？
2. 芳香烃、羰基化合物谱图的主要特征吸收峰在什么位置？

6.6 荧光法测定维生素 B₂ 药物中核黄素的含量

一、实验目的

1. 了解荧光分光光度计的主要结构及工作原理。
2. 掌握荧光分析方法。

二、实验原理

当有机化合物分子结构中具有共轭 π 键体系和刚性平面结构时，被光辐射激发后产生强烈的荧光发射现象。维生素 B₂（又称为核黄素）在 230～490 nm 波长的光照射下，激发出峰值在 526 nm 左右的绿色荧光，在 pH 6～7 时荧光强度最大。在一定浓度范围内，核黄素的浓度与荧光强度成正比，由此，建立核黄素的荧光分析法。

三、器材及试剂

器材：荧光分光光度计（F-2500 型，F-4500 型，日本日立公司），比色管，酸度计，pH 试纸，离心机，离心管。

试剂：核黄素标准溶液（100 μg·mL⁻¹，新配制），醋酸溶液（5%），盐酸（1∶1），氢氧化钠溶液（10%），维生素 B₂ 片剂，V_{B_2} 注射液。

四、实验内容

1. 实验条件的选择

（1）激发光波长和荧光波长的选择

准确移取 100 μg·mL⁻¹ 的核黄素标准溶液[1]1.00 mL 于 25 mL 比色管中，用 5% 醋酸溶液稀释至刻度，摇匀。转移部分溶液至样品池中，将荧光分光光度计的荧光波长暂设定在 526 nm 处，在 220～500 nm 波长范围内对激发波长进行扫描，记录激发光谱曲线，约在 265 nm、372 nm、442 nm 有三个峰。然后将激发波长设定在 442 nm 处，在 400～700 nm 波长范围内对荧光波长扫描，记录荧光光谱曲线，约在 526 nm 处荧光强度最大。从激发谱及荧光光谱上确定最佳的激发光波长和荧光波长。

（2）酸度的选择

于一组 25 mL 容量瓶中各加入 100 μg·mL⁻¹ 的核黄素标准溶液 1.00 mL，然后分别用 1∶1 盐酸、5% 醋酸和 10% 氢氧化钠溶液[2]稀释至刻度，摇匀后，用酸度计或 pH 试纸测定溶液的 pH，并于荧光分光光度计上测出相应的荧光强度，考察酸度对荧光强度的影响，从中确定最佳调节 pH 的溶液。

2. 标准曲线的绘制

准确移取 100 μg·mL⁻¹ 的核黄素标准溶液 0.00，0.50，1.00，1.50，2.00，2.50 mL，分别加入 6 个 25 mL 比色管中，用前面所确定的最佳调节 pH 的溶液稀释至刻度，摇匀。在所选定的实验条件下，从稀到浓测定各个标准溶液的荧光强度，绘制标准曲线（线性回归方程和相关系数）。

3．样品测定

（1）药片

取一片维生素 B_2，置于 50 mL 烧杯中，加入约 12 mL 5% 醋酸溶液。用玻璃棒捣碎药片，水浴上加热使样品完全溶解，并由浑浊变为基本透明后，取下冷却，转入 50 mL 容量瓶中，用前面所确定的 pH 调节溶液稀释至刻度，摇匀。取数毫升于离心管中进行离心，用移液管准确移取 1.00 mL 上层清液于 25 mL 比色管中，再用上述 pH 调节溶液稀释至刻度，摇匀，制成试液。在与标准曲线一致的实验条件下测定试液的荧光强度，在标准曲线上查出核黄素的浓度，并计算出一片维生素 B_2 中核黄素的含量（mg/片）。

（2）注射液

取 V_{B_2} 注射液 1 支，将内容物置于 50 mL 容量瓶中，加 5% 醋酸溶液稀释至刻度，摇匀。取此液 1.00 mL 于 25 mL 比色管中，加 5% 醋酸溶液稀释至刻度，摇匀，在选定条件下测荧光强度。在标准曲线上查出核黄素的浓度，并计算出 V_{B_2} 注射液中核黄素的含量（mg/支）。

五、注　释

[1]　维生素 B_2 水溶液遇光易变质，标准溶液应新鲜配制。

[2]　维生素 B_2 的碱性水溶液亦易变质。

六、思考题

1. 试述荧光分光光度计与紫外-可见分光光度计在结构上有哪些不同。

2. 在选择最佳激发光波长和荧光波长时，为何需要反复测量激发光谱和发射光谱？

6.7　分子荧光法测定罗丹明 B 的含量

一、实验目的

1. 掌握荧光法测定罗丹明 B 含量的基本原理。

2. 了解 F-4500、F-2500 型荧光分光光度计的基本结构和工作原理，并能简单操作。

二、实验原理

罗丹明 B（结构如下所示）在水中是强的荧光物质，并且在低浓度时，荧光强度 I_f 与其浓度 c 成正比：$I_f = kc$。基于此，测定一系列已知浓度的罗丹明 B 溶液的荧光强度，然后，以荧光强度对罗丹明 B 浓度绘制标准曲线，再测定未知浓度罗丹明 B 的荧光强度，代入标准曲线方程即可求出其浓度。

三、器材及试剂

器材：荧光分光光度计（F-2500 型，F-4500 型，日本日立公司），容量瓶。

试剂：罗丹明 B 储备液（$0.01\ g \cdot L^{-1}$）。

四、实验内容

1. 系列标准溶液的配制

取 11 只 100 mL 容量瓶，分别加入 $0.01\ g \cdot L^{-1}$ 罗丹明 B 储备液 0，0.10，0.20，0.30，0.40，0.50，0.60，0.70，0.80，0.90，1.00 mL，用蒸馏水稀释至刻度，摇匀。

2. 绘制激发光谱和发射光谱

在 300～600 nm 内扫描激发光谱；在 400～700 nm 内扫描荧光发射光谱。

3. 绘制标准曲线

将激发波长固定在 556 nm，荧光发射波长固定在 573 nm 处，测定系列标准溶液的荧光发射强度，绘制荧光强度 I_f 对罗丹明 B 溶液浓度 c 的标准曲线。

4. 未知试样的测定

准确移取一定量 $0.01\ g \cdot L^{-1}$ 的罗丹明 B 标准溶液于 100 mL 容量瓶中，加蒸馏水稀释至刻度，配制成未知样品。在标准系列溶液同样条件下，测定未知样品的荧光发射强度，并由标准曲线求算未知试样的浓度。

五、思考题

1. 为什么罗丹明 B 会发荧光？
2. 荧光分光光度计由哪些部件组成？
3. 如何绘制激发光谱和荧光光谱？
4. 哪些因素可能会对罗丹明 B 荧光产生影响？

6.8　流动注射化学发光分析法测定尿素的含量

一、实验目的

1. 巩固化学发光分析法理论知识。
2. 了解流动注射化学发光分析仪的结构，掌握仪器操作、化学发光实验原理。
3. 掌握化学发光实验条件的优化、线性范围测定、干扰实验和样品分析操作步骤，建立流动注射-化学发光分析法。
4. 通过相对标准偏差实验、加标回收率测定评价分析方法，测定实际样品。

二、实验原理

化学发光（Chemiluminescence）又称为冷光（Cold Light），是在没有任何光、热或电场等激发的情况下，由化学反应而产生的光辐射。生命系统中的化学发光，称为生物发光（Bioluminescence），它不依赖于有机体对光的吸收，而是一种特殊类型的化学发光。生物发光的一般机制是：由细胞合成的化学物质，在一种特殊酶的作用下，使化学能转化为光能。

化学发光分析（Chemiluminescence Analysis）就是利用化学反应所产生的发光现象进行分析的方法，是近 30 多年来发展起来的一种新型、高灵敏度的痕量分析方法。在痕量分析、环境科学、生命科学、临床医学及食品安全等领域得到越来越广泛的应用。

化学发光分析有多种分类方法。根据供能反应的特点，可分为：① 普通化学发光分析法(供能反应为一般化学反应，简称 CL)；② 生物化学发光分析法（供能反应为生物化学反应；简称 BCL）；③ 电致化学发光分析法（供能反应为电化学反应，简称 ECL）等。根据测定方法的不同又可分为：① 直接测定 CL 分析法；② 偶合反应 CL 分析法（通过化学反应的偶合，测定体系中某一组分）；③ 时间分辨 CL 分析法（即利用多组分对同一化学发光反应影响的时间差实现多组分测定）；④ 固相、气相、液相 CL 分析法；⑤ 酶免疫 CL 分析法等。

按照进样方式，可将化学发光分析仪分为分离取样式和流动注射式两类。流动注射分析是在 20 世纪 70 年代中期诞生，并迅速发展起来的溶液自动在线处理及测定的现代分析技术。流动注射分析方法主要有：流动注射分光光度法、流动注射原子光谱法、流动注射电化学分析法、流动注射酶分析法、流动注射荧光及化学发光法、流动注射免疫分析法、流动注射在线分离富集及在线消解等操作方法和技术。

流动注射分析法是利用具有一定流速的试剂流进行容量测定，即用聚四氟乙烯管代替烧杯和容量瓶，通过流动注射进行分析的方法。用恒流量泵使检测试剂流过内径为 0.5 ~ 1 mm 的聚四氟乙烯管，在中途有注入部件（旋转阀，又称为八通阀）注入微升量试样，使其在混合圈中反应。反应缓慢时往往加热混合圈促进反应。检测器是采用装有流通池的分光光度计、荧光光度计、原子吸收分光光度计和离子计等。

流动注射法具有以下优点：① 测量在动态条件下进行，反应条件和分析操作能自动保持一致，结果重现性好；② 耗样量少、分析速度快，特别适合于大批量样品分析；③ 不仅易于实现连续自动分析，且可方便地用于比色、离子电极、原子吸收分析。在环境分析测试中，流动注射分析法已用于酚、氰化物、COD、硒、钍等含量的测定。

在碱性条件下，荧光素作为能量转移剂，NBS 氧化尿素产生化学发光，十六烷基三甲基氯化铵（CTAC）对该体系具有强烈的增敏作用，据此建立 NBS-荧光素-CTAC 流动注射化学发光体系测定尿素的分析方法。该法具有更宽的线性范围和更低的检出限，测定的线性范围为：$3 \times 10^{-5} \sim 7 \times 10^{-8}$ g · mL^{-1}，方法的相对标准偏差（RSD）为 4.6%（5×10^{-8} g · mL^{-1}，$n = 11$），检出限（3σ）为 3.0×10^{-9} g · mL^{-1}。本法可用于人体尿液中尿素含量的测定。

碱性条件下，NBS 的氧化性来自其水解产物 HBrO，其氧化特性类似于 HBrO，但较 HBrO 稳定。尿素分子中含有还原性的氨基（—NH$_2$），可被 HBrO 氧化，产生的化学能激发共存的荧光素，从而产生化学发光。可能的反应机理如下：

$$尿素 + HBrO + OH^- \longrightarrow 产物*$$

$$产物* + 荧光素 \longrightarrow 产物 + 荧光素*$$

$$荧光素* \longrightarrow h\nu + 荧光素$$

三、器材及试剂

器材：流动注射化学发光分析仪（MCFL-A，西安瑞迈电子科技有限公司），多功能化学发光分析仪（IFFM-D 型，西安瑞迈电子科技有限公司），分离式检测器，八通阀，计算机。

试剂：标准尿素（$4×10^{-3}$ g·mL^{-1}），荧光素（$5×10^{-3}$ mol·L^{-1}），罗丹明-6G（$5×10^{-3}$ mol·L^{-1}），荧光素钠（$5×10^{-3}$ mol·L^{-1}），二氯荧光素（$5×10^{-3}$ mol·L^{-1}），十六烷基三甲基氯化铵（CTAC）（$1×10^{-2}$ mol·L^{-1}），N-溴代丁二酰亚胺（NBS）（0.10 mol·L^{-1}），氢氧化钠（1.0 mol·L^{-1}），氢氧化钾（1.0 mol·L^{-1}），碳酸氢钠（1.0 mol·L^{-1}），十二烷基苯磺酸钠（SDBS）（$1×10^{-2}$ mol·L^{-1}），吐温 80（Tween 80）（$1×10^{-2}$ mol·L^{-1}），十六烷基三甲基溴化铵（CTAB）（$1×10^{-2}$ mol·L^{-1}），盐酸（1.0 mol·L^{-1}），硫酸（1.0 mol·L^{-1}）。

四、操 作 方 法

流动注射化学发光分析仪简介：IFFM 型流动注射化学发光分析仪是国内最早推出的全自动化学发光检测分析系统。仪器集成有高精度双蠕动泵数控宽调速流动注射进样系统、多功能超微弱化学发光检测器、功能强大的化学发光检测与数据采集及化学分析动力学谱图分析软件，可进行静态注射化学发光分析、流动注射化学发光分析等。根据用户需要，所提供的辅助接口还可与各种分光光度计连接，使其成为流动注射分光光度测试仪，软件功能可由用户直接选择强度/吸光度/透光度测量。

流动注射化学发光法具有仪器简单、灵敏度高、线性范围宽、重复性较好等特点，已受到普遍关注和研究应用。

按照图 6-3 所示，连接好蠕动泵、化学发光仪主机、分离式检测器、计算机主机及打印机电源线、信号线和聚四氟乙烯管路系统，仔细检查管线连接无误。

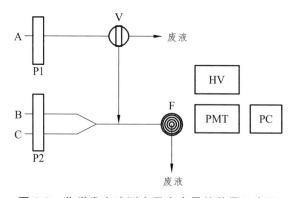

图 6-3　化学发光法测定尿素含量的装置示意图

P1，P2—蠕动泵；V—八通阀；F—流通池；PMT—光电倍增管；HV—负高压；
PC—计算机；A—样品；B—NBS；C—荧光素 + NaOH + CTAC 溶液

打开总电源开关，启动化学发光仪主机电源、打印机电源、蠕动泵电源，再按下计算机电源启动计算机，点击 IFFL-D 型流动注射化学发光仪的分析系统，启动分析应用软件程序，进入主界面。编辑或者打开参数文件。再将所配制的各种溶液插入聚四氟乙烯管，点击启动测量按钮，仪器开始测量过程，根据需要调整测量时间、主副泵转速，根据信号大小调整负高压及增益。

测量完毕，用蒸馏水洗涤各流路，洗涤时间不少于 5 min，抽干 5 min，松开蠕动泵。保存用户文件，关闭应用程序。运行计算机系统退出程序，关闭各仪器电源，最后关闭总电源开关。

五、实验内容

1. 溶液的配制

（1）标准尿素储备液：准确称取 0.202 0 g 尿素（含量不少于 99.0%，重庆化学试剂厂），溶解后定容于 50 mL 容量瓶中，配成质量体积浓度为 4×10^{-3} g·mL^{-1} 的标准尿素储备液。

（2）荧光素储备液：称取荧光素（上海试剂三厂）0.415 4 g，用 0.10 mol·L^{-1} NaOH 溶解后，定容于 250 mL 容量瓶中，配成摩尔浓度为 5×10^{-3} mol·L^{-1} 的储备液。

（3）CTAC 储备液：准确称取十六烷基三甲基氯化铵（CTAC，南京旋光科技有限公司）0.8000 g，加水溶解，定容于 250 mL 容量瓶中，得到摩尔浓度为 1×10^{-2} mol·L^{-1} 的储备液。

（4）NBS 储备液：称取 1.7800 g N-溴代丁二酰亚胺（NBS，N-琥珀酰亚胺，上海五联化工厂），加水溶解，定容于 100 mL 容量瓶中，配成 0.10 mol·L^{-1} 的储备液，现用现配。

（5）NaOH 储备液：称取 20.0 g NaOH（重庆东试化工有限公司），加水溶解后定容于 500 mL 容量瓶中，配成 1.0 mol·L^{-1} 的储备液。

所有试剂均为分析纯，水为二次蒸馏水（以上试剂一般由准备老师配制）。

2. 优化实验条件

（1）样品稀释的酸碱性选择实验

优化选择以相同浓度的盐酸、硫酸、氢氧化钠、碳酸氢钠溶液配制样品溶液，以水稀释作为对照。

（2）荧光物质种类的选择实验

优化选择相同浓度的罗丹明-6G、荧光素钠、荧光素、二氯荧光素溶液，以水稀释作为对照。

（3）荧光物质浓度的选择实验

优化选择荧光素浓度在 $8 \times 10^{-6} \sim 8 \times 10^{-4}$ mol·L^{-1} 内对化学发光信号强度的影响。

（4）反应介质的种类选择实验

优化选择相同浓度的氢氧化钠、氢氧化钾、碳酸氢钠溶液，以水稀释作为对照。

（5）反应介质的浓度选择实验

考察荧光素中氢氧化钠在 $0.01 \sim 0.10$ mol·L^{-1} 内，对化学发光信号强度的影响。

（6）表面活性剂的种类选择实验

优化选择相同浓度的十二烷基苯磺酸钠（SDBS）、吐温 80、十六烷基三甲基溴化铵（CTAB）、十六烷基三甲基氯化铵（CTAC）溶液，以水稀释作为对照。

（7）表面活性剂的浓度选择实验

考察优选的表面活性剂，浓度在 $5 \times 10^{-4} \sim 5 \times 10^{-3}$ mol·L^{-1} 对化学发光信号强度的影响。

（8）NBS 浓度的选择实验

实验考察 NBS 浓度在 $0.01 \sim 0.03$ mol·L^{-1} 对化学发光体系的影响。

3. 测定线性范围

在选定的实验条件下，实验考察尿素溶液的测定线性范围。

4. 实验人体尿液样品中常见离子及化合物干扰影响

常见离子有 K^+、Ca^{2+} 等，常见化合物有葡萄糖、酒石酸等。

5. 实际样品中尿素含量的测定

取健康人体的新鲜尿液 50 mL，用移液管移取 10.0 mL，以 3500 r/min 的转速进行离心处理 10 min，取上层清液 0.25 mL，稀释定容至 100 mL，取 1 mL 定容液，用水稀释定容至 50 mL，即制成分析样品溶液。

绘制标准曲线，在同样条件下测定样品溶液的发光强度，根据标准曲线计算出样品中尿素的含量。

六、思考题

1. 为什么 NBS 溶液要现用现配？
2. 仪器的负高压和增益是怎样影响化学发光信号强度的？
3. 化学发光仪器测量完毕，聚四氟乙烯管路系统未清洗干净，会有哪些影响？

6.9　流动注射化学发光法测定 H$_2$O$_2$ 的含量

一、实验目的

1. 掌握流动注射化学发光测定 H$_2$O$_2$ 含量的基本原理。
2. 了解流动注射多功能化学发光仪的基本构造和工作原理，并能简单操作。

二、实验原理

在碱性条件下，H$_2$O$_2$ 氧化鲁米诺产生化学发光（反应式如下），在一定的浓度范围内化学发光的强度与 H$_2$O$_2$ 的浓度成正比。基于此，可以利用标准曲线法测定 H$_2$O$_2$ 的含量。

三、器材及试剂

器材：流动注射化学发光分析仪（MCFL-A，西安瑞迈电子科技有限公司），八通阀，计算机，容量瓶。

试剂：H_2O_2 标准储备液（$0.1\ mol \cdot L^{-1}$，准确移取 0.4 mL 30% 的 H_2O_2，用二次蒸馏水定容至 100 mL），鲁米诺储备液（$0.01\ mol \cdot L^{-1}$，准确称取 0.1779 g 鲁米诺，用 $0.01\ mol \cdot L^{-1}$ NaOH 溶液定容至 100 mL），H_2O_2 合成样品溶液（准确移取一定量的 H_2O_2 标准储备液于 100 mL 的棕色容量瓶中，然后分别加入 800 倍的 Ca^{2+}、Zn^{2+}、Mg^{2+}、Na^+，500 倍的 NH_4^+、Fe^{3+}、Pb^{2+} 和尿酸，650 倍的淀粉，500 倍的糊精，400 倍的 SO_4^{2-}、酒石酸和柠檬酸，配制成合成样品）。

四、实验内容

1. 组装流路

按照图 6-4 所示，组装流路。注意进样阀采样和进样的位置。蠕动泵上的泵管要夹好。

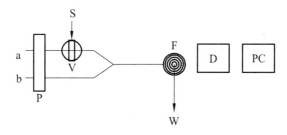

图 6-4　测定过氧化氢的装置示意图

a—二次蒸馏水；b—鲁米诺；S—H_2O_2 标准溶液或者待测样品；
P—蠕动泵；V—进样阀；F—流通池；W—废液；
D—PMT；PC—计算机

2. 鲁米诺浓度的优化

用 $0.01\ mol \cdot L^{-1}$ 鲁米诺储备液准确配制 1.00，5.00，8.00，10.00，30.00，50.00，80.00，100.00，120.00 $\mu mol \cdot L^{-1}$ 的鲁米诺溶液。固定 H_2O_2 浓度为 10.00 $\mu g \cdot mL^{-1}$，测定不同浓度的鲁米诺与其反应时化学发光的强度。绘制曲线，从而选择最佳的鲁米诺浓度。

3. 标准曲线的绘制

准确移取一定量的 H_2O_2 标准储备液于 100 mL 棕色容量瓶中，配制成 0.00，5.00，10.00，30.00，50.00，80.00，100.00 $\mu g \cdot mL^{-1}$ 的标准系列溶液，在最佳鲁米诺浓度的实验条件下，测定各浓度的发光强度，以浓度为横坐标、相应的化学发光强度为纵坐标，绘制标准曲线。

4. H_2O_2 合成样品溶液的测定

配制的 H_2O_2 合成样品溶液，按与步骤 2 相同的条件测定其发光强度，由标准曲线计算出合成样品中 H_2O_2 的含量。

五、思考题

1. 为什么过氧化氢溶液要现配现用？
2. 为什么泵管要夹紧？
3. 鲁米诺在什么条件下才能发光？
4. 流动注射化学发光仪由哪些部件组成？

6.10 土壤样品中铅、镉总含量的测定

一、实验目的

1. 掌握原子吸收分光光度法的基本原理。
2. 掌握王水-高氯酸-氢氟酸消解样品的原理及操作。
3. 了解原子吸收分光光度计的结构，掌握其操作方法。
4. 掌握铅、镉含量测定的标准曲线法测定步骤。

二、实验原理

根据原子结构理论，当基态原子吸收一定辐射能后，被激发跃迁到不同的较高能态，产生原子吸收光谱。在使用锐线光源条件下，基态原子蒸气对其共振发射线的吸收符合朗伯-比尔定律。

假定从锐线光源辐射出光强为 I_0 的某元素的共振发射线，通过该元素的原子蒸气层后，透过光的强度减弱为 I，则有

$$A = \lg(I_0/I) = \varepsilon l\, c'$$

式中　　c'——原子蒸气中基态原子的浓度；

　　　　l——原子蒸气层厚度。

在试样原子化时，火焰温度处于 2500～3000 K，大多数元素的原子蒸气中，基态原子的数目实际上十分接近原子总数。因此，基态原子的浓度 c' 可用原子蒸气中的总原子浓度 c 代替。在一定实验条件下，待测元素原子蒸气中的总原子浓度与该元素在试样中的浓度 c 成正比，即

$$A = \lg(I_0/I) = Kc$$

用 A-c 标准曲线法或者标准加入法，可以求算出待测元素的含量。

土壤、岩石等固体样品经王水-高氯酸-氢氟酸消解处理，矿物和有机质被分解，样品中的铅、镉等重金属以离子形态存在于消解液中。如果消解液中的铅、镉等含量较低，可以用碘化钾-甲基异丁酮萃取富集后，用原子吸收分光光度法进行测定。消解液中铅、镉等含量较高时，可以直接进行测定。

三、器材及试剂

器材：原子吸收分光光度计（Z-5000 型，日本日立公司），冷水循环机，空气压缩机，

聚四氟乙烯坩埚，电炉或者电热板，容量瓶。

试剂：土壤样品，浓盐酸，浓硝酸，高氯酸，氢氟酸，Pb^{2+}标准溶液（100 μg·mL^{-1}），Cd^{2+}标准溶液（100 μg·mL^{-1}），高纯氩气，乙炔气。

四、操作方法

原子吸收分光光度计主要由主机、循环水冷却系统、空气压缩机、乙炔钢瓶和氩气钢瓶、控制及数据处理系统等部分组成。原子吸收分光光度计主机主要由锐线光源、原子化系统、分光系统、检测系统、电源同步调制系统五部分组成。

Z-5000型原子吸收分光光度计操作步骤如下。

1. 开　机

（1）打开保护气氩气瓶，调节减压阀使压力表处于0.4 MPa左右；

（2）打开空气压缩机，调节减压阀使压力表处于0.4～0.5 MPa；

（3）打开循环水冷却机；

（4）若使用火焰原子化法进行测量，打开乙炔气钢瓶，调节减压阀使压力表处于约0.12MPa；

（5）打开抽风机；

（6）开主机电源，并打开计算机；

（7）检查水封瓶里是否注满水，若无，则要加满水；

（8）安装待测元素对应的元素灯。

2. 测　量

测量分两种方法，分别是GA（石墨炉原子化法）和Flame（火焰原子化法）。

（1）石墨炉原子化法

① 打开AAS软件，此时仪器进行自检。

② 自检完毕，在Analysis Mode里选择GA/Autosampler，并填写本次分析内容，即Analysis Name和Comment，这两项也可不填，但为了以后阅读数据方便，建议填写。

③ 在左菜单栏里选择Meth.，对测量方法进行参数设定：

a. 点击Element→Edit Element…，在此处选择所测元素及其检测元素灯的安装位置。

b. 点击Instrument→Edit Instrument…，Signal Mode设为BKG Correction，用石墨炉原子化法，把Measurement Mode设为Peak Height。

c. 点击Analytical Method→Edit Analytical Method…，在Injection里设定进样量，一般为20 μL；Cuvette设为Tube A，Temperature设为Optical。

d. 点击Working Curve Table→Edit W. Curve Table…，Calculation设定为W. Curve，若选Absorbance，则只测ABS值，在Order里选择标准曲线的拟合幂值，Number of STD为需要测定的标准样品个数，STD Replicates为设定每个标准样品重复测量次数，STD Unit填入标准样品的浓度单位，Decimal place设定数据保留小数点后几位。设定完以后，在右边的STD1、STD2……依次填入标准样品的浓度值，最后点"确定"。

e. 点击Sample Table→Edit Measurement Table…，UNK Replicates设定未知样重复测

量次数，点"确定"。

f. 点击 Autosampler→Edit Cup Table...（这步很重要，一定不能把样品位置设错），在表格里对应填入标准样品浓度及其在自动进样器中所处的位置数值。另一种更简单的测量标准曲线的方法是让系统自动稀释一个高浓度标准样：表格中的 Sample ID 对应的浓度值为自己设定（除了高浓度样品值是样品溶液决定外），而在 Cup No. 里，将每一个样品的位置全都设为高浓度样品所在位置，把稀释液置于 60 号位置（注意，这是一个大号的进样杯）；最后，注意要在表格最下栏的 Stock STD1 里写明高浓度样品的浓度及其所在位置。设定完以后，测量时，系统会根据你设定的标准样浓度，从高浓度样品中取样，并从稀释液池中取样，自动稀释，最后完成标准曲线测定。设定完标准样品参数以后，在右边的表格里选上未知样的位置数值，在对应位置点击使之变绿色。

g. QC 项一般为默认值即可，Report Format 项可进行打印报告格式设定。

h. 设定完 Meth. 以后，点击 Verify，然后点击工具栏图标 Condition Set，自动找到元素灯并调节元素灯的位置。

④ 设定完各项参数，可点左菜单栏的 Start 开始测量，系统自动进样，自动采集数据。测量过程可点左菜单栏的 Moni. 进行监控，工具栏菜单 Monitor Condition 里可选择全程监控或仅在测量时监控。一般用 GA 法时选择仅在测量时监控即可。

⑤ 测量结束，可点左菜单栏的 Data 查看数据，注意保存，也可打印出数据。

（2）火焰原子化法

① 打开 AAS 软件，此时仪器进行自检。

② 自检完毕，在 Analysis Mode 里选择 Flame/Autosampler，若用手动进样，则选择 Flame/Manual，并填写本次分析内容，即 Analysis Name 和 Comment，这两项也可不填，但为了以后阅读数据方便，建议填写。

③ 在左菜单栏里选择 Meth.，对测量方法进行参数设定：

a. 点击 Element→Edit Element...，在此处选择所测元素及其检测元素灯的安装位置。

b. 点击 Instrument→Edit Instrument...，Signal Mode 设为 BKG Correction，用火焰原子化法，把 Measurement Mode 设为 Integral。

c. 点击 Analytical Method→Edit Analytical Method...，Atomizer 选为 Standard，Flame type 为 Air-C_2H_2，Fuel Flow 2.2l/min，Delay Time 设为 0sec，Measurement Time 设为 5sec。

d. 点击 Working Curve Table→Edit W. Curve Table...，Calculation 设定为 W. Curve，若选 Absorbance，则只测 ABS 值，在 Order 里选择标准曲线的拟合幂值，Number of STD 为需测的标准样品个数，STD Replicates 为设定每个标准样品重复测量次数，STD Unit 填入标准样品的浓度单位，Decimal place 设定数据保留小数点后几位。设定完以后，在右边的 STD1、STD2……依次填入标准样品的浓度值，最后点"确定"。

e. 点击 Sample Table→Edit Measurement Table...，UNK Replicates 设定未知样重复测量次数，点"确定"。

f. 点击 Autosampler→Edit Cup Table...（这步很重要，一定不能把样品位置设错），在表格里对应填入标准样品浓度及其在自动进样器中所处的位置数值；设定完标准样品参数以后，在右边的表格里选上未知样的位置数值，在对应位置点击使之变绿色。

g. Report Format 项可进行打印报告格式设定。

h. 设定完 Meth. 以后，点击 Verify，然后点击工具栏图标 Condition Set，自动找到元素灯并调节元素灯的位置。

④ 设定完各项参数，可点击左菜单栏的 Auto 0，基线走平以后，点击 Ready，开始测量则点击 Start，系统自动进样，自动采集数据；若一开始选择的是 Flame/manual 则需要手动依次进样。测量过程可点击左菜单栏的 Moni. 进行监控，工具栏中的 Monitor Condition 里可选择全程监控或仅在测量时监控，一般用 flame 法时选择全程监控（Full Time）。

⑤ 测量结束，可点击左菜单栏的 Data 查看数据，注意保存，也可打印出数据。

⑥ 用超纯水清洗毛细管进样管路 2～5 min，抽空管路 2～5 min。

3. 关　机

（1）关闭氩气钢瓶、乙炔气钢瓶、空气压缩机、循环水冷却机和抽风机；

（2）关闭主机，退出 AAS 软件，并关闭计算机。

注意：把空气过滤气旋开，排气完再关闭！

五、实验内容

1. 样品消解操作

称取 0.1250～0.2500 g 过 0.25 mm 土样筛的风干土壤样品（准确到 ±0.0002 g），置于聚四氟乙烯坩埚中，加少量超纯水润湿。

向坩埚中加 10 mL 浓盐酸，于电热板或电炉上加热 30 min，再加 5 mL 浓硝酸，加热蒸发到体积为 2 mL 左右，加入 5～10 mL 氢氟酸、10 滴高氯酸，盖上盖子，煮沸 1 h 后，揭开盖子，蒸发至白烟冒尽，用超纯水吹洗坩埚内壁，再加 5 滴高氯酸，蒸发至白烟冒尽。

加 1% 硝酸溶液 5～10 mL，温热溶解，用 1% 硝酸溶液转移、定容至 50 mL 容量瓶中，保存备用。同时作空白样品消解试验，以消除消解剂对样品测定值的影响。

2. 标准铅系列溶液的配制

配制 Pb^{2+} 浓度系列为 1.0，2.0，3.0，4.0，5.0 μg·mL^{-1}（mg·L^{-1}）的标准溶液：先将 1 000 μg·mL^{-1} 的铅单元素溶液标准物质用 1% 硝酸溶液稀释到 Pb^{2+} 浓度为 100 μg·mL^{-1} 的储备液。分别吸取 100 μg·mL^{-1} Pb^{2+} 储备液 0.5，1.0，1.5，2.0，2.5 mL，加入 50 mL 容量瓶中，用 1% 硝酸溶液定容。

3. 标准镉系列溶液的配制

配制 Cd^{2+} 浓度系列为 0.10，0.20，0.30，0.40，0.50 μg·mL^{-1}（mg·L^{-1}）的标准溶液：先将 1 000 μg·mL^{-1} 的镉单元素溶液标准物质用 1% 硝酸溶液稀释到 Cd^{2+} 浓度为 100 μg·mL^{-1} 的储备液。分别吸取 100 μg·mL^{-1} Cd^{2+} 储备液 0.5，1.0，1.5，2.0，2.5 mL，加入 50 mL 容量瓶中，用 1% 硝酸溶液定容。

4. 土壤样品消解液中铅、镉总含量的标准曲线法测定

（1）按照原子吸收分光光度计的开机程序开机，选择火焰原子吸收法测定铅、镉的含

量，完成仪器测定的相应参数设置；

（2）仪器点火；

（3）进行标准空白溶液即 1% 硝酸溶液的测量，自动调节仪器零点；

（4）进行铅、镉系列标准溶液的测量，检查标准曲线的相关系数 R（要求 R 在 0.9900 以上），标准曲线建立完成；

（5）冲洗毛细管进样管路，进行土壤样品的空白消解液测量，自动调节仪器零点；

（6）测定消解液中铅、镉总含量，并做好测定序号及测定浓度的记录；

（7）测定数据保存或打印；

（8）用超纯水清洗毛细管进样管路 2 ~ 5 min，抽空管路 2 ~ 5 min；

（9）按照原子吸收分光光度计的关机程序进行关机。

六、思考题

1. 土壤样品经王水-高氯酸-氢氟酸消解后，残余固体呈深灰色，原因是什么？如何处理？

2. 简述影响原子吸收分光光度法测定的因素。

3. 采用标准曲线分析法，直接测定样品消解液，没有测定结果，如何处理？

6.11　火焰原子吸收光谱法测定水中钙、镁的含量

一、实验目的

1. 掌握火焰光度法测定水中钙、镁的方法和原子吸收分光光度计的正确使用。

2. 掌握标准曲线法的原理及应用，熟悉标准曲线法操作技术及数据处理。

二、实验原理

在使用锐线光源条件下，基态原子蒸气对共振线的吸收，符合朗伯-比尔定律，即

$$A = \lg(I_0/I) = \varepsilon l N_0$$

式中　A——吸光度；

　　　ε——吸收系数；

　　　l——吸收层厚度；

　　　N_0——基态原子密度。

在试样原子化时，火焰温度低于 3 000 K，对大多数元素来讲，原子蒸气中基态原子的数目实际上十分接近原子总数。在一定实验条件下，待测元素的原子总数与该元素在试样中的浓度呈正比，即

$$A = kc$$

用 A-c 标准曲线法或标准加入法，可以求算出元素的含量。

三、器材及试剂

器材：原子吸收分光光度计（Z-5000 型，日本日立公司），冷水循环机，空气压缩机，

容量瓶。

试剂：钙标准溶液（1.0 g·L⁻¹），镁标准溶液（1.0 g·L⁻¹），高纯乙炔气。

四、实验内容

1. 钙、镁系列标准溶液的配制

（1）由 1.0 g·L⁻¹ 钙标准储备液配制钙系列标准溶液：2.0、4.0、6.0、8.0、10.0 mg·L⁻¹。

（2）由 1.0 g·L⁻¹ 镁标准储备液配制镁系列标准溶液：0.1、0.2、0.3、0.4、0.5 mg·L⁻¹。

2. 工作条件的设置

（1）吸收线波长：Ca 422.7 nm；Mg 285.2 nm；

（2）空心阴极灯电流：4 mA；

（3）狭缝宽度：0.1 mm；

（4）原子化器高度：6 mm

（5）空气流量：4 L·min⁻¹，乙炔气流量：1.2 L·min⁻¹。

3. 钙的测定

（1）用 10 mL 移液管吸取自来水样于 100 mL 容量瓶中，用蒸馏水稀释至刻度，摇匀。

（2）在最佳工作条件下，以蒸馏水为空白，测定钙系列标准溶液和自来水样的吸光度 A。

4. 镁的测定

（1）用 2 mL 吸量管吸取自来水样于 100 mL 容量瓶中，用蒸馏水稀释至刻度，摇匀。

（2）在最佳工作条件下，以蒸馏水为空白，测定镁系列标准溶液和自来水样的吸光度 A。

实验结束后，用蒸馏水喷洗原子化系统 2 min，按关机程序关机。最后关闭乙炔钢瓶阀门，旋松乙炔稳压阀，关闭空压机和通风机电源。

绘制钙、镁的 A-c 标准曲线，由未知样的吸光度 A_x，求算出自来水中钙、镁含量（mg·L⁻¹）。

注意：乙炔为易燃易爆气体，必须严格按照操作步骤工作。在点燃乙炔火焰之前，应先开空气，后开乙炔；结束或暂停实验时，应先关乙炔，后关空气。乙炔钢瓶的工作压力，一定要控制在规定范围内，不得超压工作。必须切记，保障安全。

五、思考题

1. 为什么空气、乙炔流量会影响吸光度的大小？

2. 为什么要配制钙、镁系列标准溶液？所配制的钙、镁系列标准溶液可以放置到第二天再继续使用吗？为什么？

6.12　原子荧光法测定环境样品中汞的含量

一、实验目的

1. 掌握原子荧光光谱法的基本原理，掌握氢化物的发生原理。

2. 掌握测定土壤样品中汞总含量的样品处理方法。

3. 了解原子荧光光度计的基本结构，掌握测定汞的仪器条件与操作步骤。

4. 掌握汞总含量测定的标准曲线法分析步骤。

二、实验原理

土壤作为环境的重要组成部分，对人体健康的影响已越来越被人们关注，随着社会进步以及人们环保意识的提高，对土壤的检测也日趋引起有关部门的重视。对于环境安全来说，汞是最重要的元素之一；从生物学角度，汞也是毒性最大的元素之一。因此，汞的测定是关系到土壤安全和农产品安全生产的重要项目。

根据《中国土壤元素背景值》（中国环境监测总站，1990），中国主要土壤类型中汞的平均含量为 $0.065 \ mg \cdot kg^{-1}$。汞在环境中的存在分为无机汞和有机汞两大形态。汞在土壤中最稳定的形态是硫化物及其他复合卤化物；其次，在高有机质含量的土壤中，有机态汞会占到较大的比例。有机汞主要是甲基汞和乙基汞。汞是生物非必要元素，未发现植物对汞的主动吸收机理和形态。植物中汞的来源是被动摄入或者黏附污染。

原子荧光光谱法是通过测量被测定元素的原子蒸气在辐射能激发下产生的荧光发射强度进行元素定量分析的方法。基本原理是：在一定工作条件下，荧光强度 I_f 与激发光源的辐射强度 I_0 和被测元素的基态原子数 N 成正比，即

$$I_f = \varphi A I_0 k l N$$

式中　　φ——荧光量子效率；

　　　　A——入射光照射光检测系统中观察到的有效面积；

　　　　k——峰值吸收系数；

　　　　l——吸收光程长度；

　　　　N——吸收辐射的基态原子密度。

除 N 外，其他都为常数，N 与试样中被测定元素的浓度 c 成正比，因此，原子荧光强度与元素浓度的关系为

$$I_f = Kc$$

氢化物发生-原子荧光法是基于下列反应，先将分析元素转化为在室温下为气态的氢化物。

$$Na(K)BH_4 + HCl + 3H_2O \longrightarrow Na(K)Cl + H_3BO_3 + 8H^+ \xrightarrow{E^{m+}} EH_n + H_2 \uparrow （过量）$$

E^{m+} 为待测元素，EH_n 为气态氢化物（m 可以等于或不等于 n）。待测元素的气态氢化物在氩氢火焰中，在原子化炉中分解为气态原子。

汞不能生成共价氢化物，但硼氢化钾（或钠）能使溶液中化合态的汞还原产生汞蒸气。

三、器材及试剂

器材：原子荧光分光光度计（AFS-2202E，北京科创海光仪器有限公司），电炉（或电热板），三角瓶，容量瓶，水浴锅。

试剂：土壤样品，反王水（硝酸、盐酸的体积比 = 3∶1），重铬酸钾水溶液（5%），盐酸（$2 \ mol \cdot L^{-1}$），Hg^{2+} 标准溶液（$200 \ ng \cdot mL^{-1}$），硼氢化钾（钠），高纯氩气。

四、操作方法

AFS-2202E 型双道原子荧光光度计主要由原子荧光光度计主机、断续流动氢化物发生及气液分离系统、控制及数据处理系统等部分组成。原子荧光光度计主机主要由四部分组成：原子化系统、光学系统、电路系统、气路系统。

原子荧光光度计的操作步骤如下。

（1）打开计算机，打开原子荧光光度计主机电源，打开氩气钢瓶，调节气体流量使 0.2 MPa < 气压 < 0.3 MPa。

（2）点击原子荧光光度计分析软件系统→点击元素表→确定选择元素→生成数据库→打开连接数据库。

（3）点击条件设置→标准曲线参数设置（A，B 两通道点击切换）→点击汞灯。

（4）调炉高为 10 cm→对光斑→调灯位置→取对光器→调炉高到 8～12 cm（根据样品浓度改变高低，样品浓度高，炉高调低一点；反之，样品浓度低，炉高调高）→加水封，以二次气液分离器螺丝为准，不超过刻线。

（5）在"运行"中点火（咔的一声即点火成功）→预热 30 min→加"断续流动进样"模块→点击"空白测量"→点击标准空白→以配制标准系列的酸溶液作为标准空白，测定标准空白并稳定其测量值→测定标准浓度系列→点击模拟标准曲线，检查 R 值是否达到要求，如达到要求，用超纯水进样洗涤管路→测定样品空白→样品空白测定完成后才可以进行样品测量。

（6）依次进样测试，保存数据并打印。

（7）测试结束，取出插入样品或者空白溶液杯和在还原剂容器内的泵管→放入装有蒸馏水或者超纯水的烧杯中→运行仪器，清洗管路 5 min→拔出泵管，运行仪器抽干管路 5 min→关闭载气，打开断续流动进样器压块，放松泵管→关闭仪器总电源开关，做好仪器运行记录。

五、实验内容

1. 样品前处理

土壤汞总含量测定的前处理（采用反王水消化法）：称取过 1 mm 筛的土壤样品 0.500 0～1.000 0 g 于 150 mL 三角瓶中，滴加 2 滴超纯水润湿土样，加入反王水（硝酸、盐酸的体积比 = 3：1）10 mL，于沸水浴中加热分解 2 h（期间注意摇动几次）。取出样品冷却至室温后，加 2 滴 5% 的重铬酸钾水溶液，摇匀；同时做全过程的空白。用 2 mol·L^{-1} 盐酸溶解并转移定容到 100 mL 容量瓶中，摇匀。

2. 配制 Hg 系列标准溶液

配制 Hg 浓度系列为 0，0.40，0.80，1.20，1.60，2.00 ng·mL^{-1} 的标准溶液：先将 1 mg·mL^{-1} Hg 标准储备液稀释成浓度为 200 ng·mL^{-1} 的标准溶液。分别吸取 200 ng·mL^{-1} Hg^{2+} 标准溶液 0，0.10，0.20，0.30，0.40，0.50 mL，加入 50 mL 容量瓶中，加入 2 mol·L^{-1} 盐酸定容。

3. 测定样品中汞的含量

测定汞的仪器条件，负高压：270 V；灯电流：总电流 15 mA；原子化高度：10 mm；载气：300 mL·min^{-1}，屏蔽气：900 mL·min^{-1}。

标准曲线法分析步骤如下。

（1）选择工具栏的"条件设置"按钮，在弹出的画面中选择"测量条件"选项，在测量方法栏中选择"Std.Curve"—标准曲线法。在 A，B 道标准曲线参数选项中输入系列标准溶液的浓度。

（2）点火（在"运行"菜单中选择点火选项）。

（3）进行标准空白溶液的测量。

（4）进行系列标准溶液的测量。

（5）冲洗，进行样品空白的测量。

（6）输入未知样品的信息。

（7）进行未知样品的测量。

（8）保存数据。

（9）输入相关信息并打印样品报告。

六、思考题

1. 简述影响原子荧光测定的因素有哪些。

2. 冷原子法测定汞含量时，为什么可以不点燃炉丝？

6.13　原子荧光法测定环境样品中砷的含量

一、实验目的

1. 掌握原子荧光光谱法的基本原理，掌握氢化物的发生原理。

2. 掌握测定土壤样品中砷总含量的样品处理方法。

3. 了解原子荧光光度计的基本结构，掌握测定砷的仪器条件与操作步骤。

4. 掌握砷总含量测定的标准曲线法分析步骤。

二、实验原理

砷是重要的环境元素之一。少量的砷对动物的一些正常生理有益，但需要量极低。大多数情况下，人们更加重视环境中（土壤、饮用水）过量砷所带来的危害问题。

中国土壤中总砷含量在 2～35 mg·kg^{-1}，平均值为 14 mg·kg^{-1}。有机砷在土壤中不稳定，占土壤总砷含量的比例不足 1%，砷多以无机形态存在于土壤中。砷在土壤中主要有正三价和正五价两种化合态，五价占的比例在 80% 以上。

土壤中的砷，一部分留在土壤溶液中，一部分吸附在土壤胶体上，大部分以复杂的难溶砷化物形式存在。土壤中砷含量过高，除污染农作物，还会污染水源。植物对砷的吸收形式目前并不明确，有人认为，植物对砷存在主动吸收行为。

在一定盐酸浓度条件下（最佳为 3 mol·L⁻¹），于消化液中加入一定量的硼氢化钾（KBH₄）还原剂溶液[1]。由于硼氢化钾在酸性条件下快速分解并产生大量原子态氢（H·），将砷酸根还原为具有挥发性的共价氢化物——氢化砷（AsH₄），用载气将其导入原子荧光分光光度计的原子化器中，经加热后分解产生砷的基态自由原子，砷原子被高强度砷共振线激发后产生砷的原子荧光，荧光强度与进入原子化器的砷的共价氢化物数量成正比，可被检测器检测。

为避免消化液中存在氧化剂对砷还原产生影响，可于消化液中加入适量的硫脲或 V_C，预先将 As（Ⅴ）还原为 As（Ⅲ），然后，再加入硼氢化钾以保证砷能被顺利还原。

砷的还原反应速率受环境温度的严重影响，当室温低于 15 ℃ 时，保证有 30 min 以上的还原时间。

氢化砷发生-原子荧光法是基于下列反应，先将分析元素转化为在室温下为气态的氢化物。

$$KBH_4 + 2As^{3+} + HCl + 3H_2O \longrightarrow 2ASH_3\uparrow + KCl + H_3BO_3 + H_2\uparrow$$

三、器材及试剂

器材：原子荧光分光光度计（AFS-2202E，北京科创海光仪器有限公司），电炉（或电热板），弯脚小漏斗，三角瓶，容量瓶。

试剂：土壤样品，反王水（硝酸、盐酸体积比 = 3：1），盐酸（2 mol·L⁻¹、1：1），As 标准储备液（1 mg·mL⁻¹），KBH₄ 还原剂溶液（2%，称取 2 g NaOH 溶解于超纯水中，溶解后加入 8 g KBH₄，加入超纯水稀释至 400 mL），还原剂混合液（称取 5 g 硫脲和 5 g 抗坏血酸，溶解于 100 mL 超纯水中），高纯氩气。

四、实验内容

1. 样品前处理

土壤砷总含量测定的前处理采用反王水消化法，具体操作步骤如下：

称取过 0.25 mm 筛的土壤样品 0.5000～1.0000 g 于 150 mL 三角瓶中，加入反王水（硝酸、盐酸的体积比 = 3：1）15 mL，在瓶中插一弯脚小漏斗，将三角瓶置于通风橱内的电炉（或电热板）上加热至微沸，保持微沸直至消化液呈糊状（注意：不要煮干）。若土壤颗粒仍有颜色，可再加反王水 5～10 mL 继续消煮，直到消化完全。取下三角瓶，待溶液冷却后，吸取 20 mL 2 mol·L⁻¹ 盐酸溶解并转移到 100 mL 容量瓶中，再加入还原剂混合液各 40 mL，静置 30 min 后，再用 2 mol·L⁻¹ 盐酸定容、摇匀。消化液用氢化物发生-原子荧光光度计测定。

2. 配制 As 标准溶液

配制 As 浓度系列为 0，1，2，4，8，10 ng·mL⁻¹ 的标准溶液：先将 1 mg·mL⁻¹ As 标准储备液稀释成浓度为 1 μg·mL⁻¹ 的标准溶液。分别吸取 1 μg·mL⁻¹ 的 As 标准溶液 0，0.10，0.20，0.40，0.80，1.00 mL，加入 100 mL 容量瓶中，加入体积比 1：1 的盐酸 10 mL，再加入还原剂混合液各 40 mL，静置 30 min，加入超纯水定容。

3. 测定样品中砷的含量

测定砷的仪器条件，负高压：300 V；灯电流：总电流 50 mA，主辅阴极各 25 mA；原子化高度：8 mm；载气，300 mL·min^{-1}，屏蔽气 900 mL·min^{-1}。

其他步骤同汞的测定步骤。

五、思考题

1. 简述影响原子荧光测定的因素有哪些。
2. 加入还原剂硫脲和抗坏血酸的 As 标准溶液和样品溶液，为什么要静置 30 min 左右？

6.14 高效液相色谱法测定碳酸饮料中苯甲酸的含量

一、实验目的

1. 了解 LC-2010AHT 高效液相色谱仪的基本结构。
2. 掌握 LC-2010AHT 高效液相色谱仪的操作技术。
3. 学会运用高效液相色谱外标法进行定量分析。

二、实验原理

苯甲酸是广泛使用的食品防腐剂之一，我国食品添加剂使用卫生标准 GB2760—1996 中规定，在碳酸饮料中苯甲酸的最大使用量为 0.2 g·kg^{-1}。反相高效液相色谱可用于各种食品中苯甲酸的分离检测，当流动相为甲醇和 0.02 mol·L^{-1}乙酸铵（体积比 = 20%∶80%）混合液、检测波长为 230nm 时，用标准物质的保留时间定性，可很快检测出测试溶液中的苯甲酸，以色谱峰面积的外标法能准确测定此种物质的含量。在用高效液相色谱法测定碳酸饮料中苯甲酸的含量时，必须先进行脱气，以避免将二氧化碳气体引入色谱柱，干扰测定。

三、器材及试剂

器材：高效液相色谱仪（LC-2010AHT，日本岛津制作所），超声波脱气装置，容量瓶。

试剂：甲醇，乙酸铵溶液（0.02 mol·L^{-1}），苯甲酸标准溶液［准确称取 0.1000 g 苯甲酸，加 5 mL 0.0200 g·mL^{-1}NaHCO$_3$ 溶液（即 2.000 g NaHCO$_3$ 溶于 100 mL 二次水中），加热溶解，移入 100 mL 容量瓶，用水定容，即得 1.000 mg·mL^{-1}苯甲酸标准储备溶液。取 1 mL 苯甲酸标准储备溶液于 100 mL 容量瓶中，用水定容，配制得浓度为 10 μg·mL^{-1}的标准溶液，经针筒式滤膜过滤头过滤于 1.5 mL 玻璃样品瓶中］，市售碳酸饮料。

四、实验内容

1. 样品的预处理

取市售碳酸饮料约 40 mL 于 50 mL 烧杯中，超声波脱气 30 min 后，准确吸取 20.00 mL 于 100 mL 容量瓶中，用二次水定容。经针筒式滤膜过滤头[1]过滤于 1.5 mL 玻璃样品瓶中。

2．平衡色谱柱

打开计算机，开启高效液相色谱仪，按色谱条件设置相应参数，平衡色谱柱。本实验色谱条件如下。

色谱柱：Shim-pack VP-ODS 液相色谱柱（150 mm×4.6 mm，5 μm）；

流动相：甲醇-0.02 mol·L^{-1}乙酸铵溶液（体积比为 20/80）；

柱温：25 ℃；

流动相检测波长：230 nm；

流速：1.0 mL·min^{-1}。

3．绘制标准曲线

待基线平衡后，用苯甲酸标准溶液分别进样 5，10，15，20，30 μL，以浓度为横坐标、峰面积为纵坐标绘制外标法标准曲线。

4．样品的测定

注入 10 μL 样品测试溶液，得到样品溶液的色谱图。以标准溶液峰的保留时间为定性依据，由标准曲线确定样品中苯甲酸的含量。

5．关　机

在流动相流量为 1.0 mL·min^{-1}的条件下，先以水清洗色谱柱 20 min，再以甲醇清洗色谱柱 30 min。关闭计算机，关闭色谱仪。

注意：所有在高效液相色谱仪上使用的溶液均须经微孔滤膜过滤。

五、注　释

[1]　微孔滤膜：有机系、水系均为直径 50 mm、孔径 0.22 μm。针筒式滤膜过滤头：直径 13 mm，孔径 0.2 μm，水系。

六、思考题

1. 在配制苯甲酸标准储备溶液时，为什么要加入 NaHCO$_3$溶液？
2. 流动相为什么采用甲醇-0.02 mol·L^{-1}乙酸铵（体积比为 20/80）？
3. 实验开始时为什么要先平衡柱子？实验结束时为什么要用甲醇冲洗柱子？

6.15　高效液相色谱法测定饮料中咖啡因的含量

一、实验目的

通过用高效液相色谱法测定饮料中咖啡因的含量，掌握采用高效液相色谱法进行定性及定量分析的基本方法。

二、实验原理

咖啡因又称咖啡碱，属黄嘌呤衍生物，化学名称为 1,3,7-三甲基黄嘌呤，是从茶叶或咖啡中提取而得的一种生物碱。它能兴奋大脑皮层，使人精神兴奋。咖啡中含咖啡因 1.2% ~ 1.8%，茶叶中为 2.0% ~ 4.7%。可乐饮料、APC 药片均含咖啡因。其分子式为 $C_8H_{10}O_2N_4$，结构式为

定量测定咖啡因的传统分析方法是采用萃取分光光度法。用反相高效液相色谱法将饮料中的咖啡因与其他组分（如单丁酸、咖啡酸、蔗糖等）分离后，将已配制的浓度不同的咖啡因标准溶液进入色谱系统。如流速和泵的压力在整个实验过程中是恒定的，测定它们在色谱图上的保留时间 t_R（或保留距离）或峰面积 A 后，可直接用 t_R 定性，用峰面积作为定量测定的参数，采用工作曲线法（即外标法）测定饮料中咖啡因含量。

三、器材及试剂

器材：高效液相色谱仪（LC-2010AHT，日本岛津制作所），滤膜（0.45 μm），超声脱气装置，容量瓶。

试剂：甲醇，咖啡因标准溶液（0.25 mg·mL^{-1}），饮料试液（咖啡或茶）。

四、实验内容

1. 标准储备液的配制

准确称取 25.0 mg 咖啡因标准试剂，用配制的流动相溶解，转入 100 mL 容量瓶中，稀释至刻度。

2. 标准系列溶液的配制

用标准储备液配制质量浓度分别为 25，50，75，100，125 μg·mL^{-1} 系列标准溶液。

3. 样品溶液的配制

取 2 mL 咖啡饮料试液放入 25 mL 容量瓶中（或取 5 mL 茶水放入 50 mL 容量瓶中），分别用流动相稀释至刻度。

4. 标准曲线法测定样品中咖啡因含量

本实验所用 LC-2010AHT 型高效液相色谱仪的检测器为 UV（254 nm）检测器，色谱柱为 ODS（n-C$_{18}$）柱，流动相为 20%甲醇-80% 水（1 L，制备前，先调节水的 pH≈3.5，用超声波发生器或水泵脱气 5 min）。实验操作步骤如下。

（1）按操作说明书使光谱仪正常工作。启动泵，打开检测器，设置泵的流速为 2.3 mL·min^{-1}，检测器的灵敏度设在 0.08。当流动相通过色谱柱 5 ~ 10 min，记录仪上基线稳定后，开始进样。

（2）分别注入咖啡因标准溶液 10 μL，重复三次，要求所得的色谱峰面积基本一致，

否则继续进样，记下峰面积和保留时间。

（3）分别注入样品溶液 10 μL，根据保留时间确定样品中咖啡因色谱峰的位置，重复三次，记下咖啡因色谱峰面积。

（4）结果处理

用长度表示保留时间（保留距离）。测定标样色谱图上进样信号与色谱峰极大值之间的距离。根据标准试样色谱图中的保留数据，找到并标出咖啡或茶色谱图中相应咖啡因的色谱峰。用峰面积计算公式 $A = 1.065 W_{1/2} \cdot h$（其中，$W_{1/2}$ 为半峰宽，h 为峰高），计算每一个色谱峰的峰面积，并对每一个样品求出平均值。用标准试样的数据绘制面积 A 对质量浓度 ρ（mg·mL^{-1}）的工作曲线。从工作曲线上求得咖啡或茶中咖啡因的质量浓度（mg·mL^{-1}）

注意：钢瓶的工作压力一定要控制在规定范围内，不得超压工作。必须切记，保障安全。

五、思考题

1. 解释用反相柱 n-C$_{18}$ 测定咖啡因的原理。
2. 在本实验中，用峰高 h 定量基础的校正曲线能否得到咖啡因含量的精确结果？
3. 能否用离子交换柱测定咖啡因？为什么？

6.16 液相色谱法测定污染水样中苯和甲苯的含量

一、实验目的

1. 了解高效液相色谱仪的组成。
2. 掌握高效液相色谱仪的使用方法及软件操作方法。
3. 掌握外标法测定苯和甲苯的实验方法。

二、实验原理

液相色谱法是利用同一时刻进入色谱柱中的各组分，由于在流动相和固定相之间溶解、吸附、渗透或离子交换等作用的不同，随流动相在色谱柱中运行时，在两相间进行反复多次（$10^3 \sim 10^6$ 次）分配过程，原来分配系数具有微小差别的各组分，产生了保留能力明显差异的效果，进而各组分在色谱柱中的移动速度不同，经过一定长度的色谱柱后，彼此分离开来，最后按顺序流出色谱柱而进入信号检测器，在记录仪上或色谱数据机上显示出各组分的色谱行为和谱峰数值。测定各组分在色谱图上的保留时间（或保留距离），可直接进行组分的定性；测量各峰的峰面积，即可作为定量测定的参数，采用工作曲线法（即外标法）测定相应组分的含量。

试样中苯、甲苯用甲醇溶解，以甲醇-水为流动相，使用 C$_{18}$ 柱为填充的不锈钢柱和紫外检测器，对试样中的苯、甲苯进行高效液相色谱分离和外标法定量。

三、器材及试剂

器材：高效液相色谱仪（LC-2010AHT，日本岛津制作所），0.45 μm 滤膜，超声脱气装置，容量瓶。

试剂：苯（色谱纯），甲苯（色谱纯），甲醇（色谱纯），污染水样。

四、实验内容

1. 高效液相色谱操作条件

流动相：甲醇-水（体积比为 70/30），使用前经 0.45 μm 滤膜过滤并超声脱气；

柱温：室温；

流速：1.0 mL·min^{-1}；

检测波长：254 nm；

进样量：10 μL。

2. 标准溶液的配制

称取色谱纯苯、甲苯各 0.05 g（精确至 0.0001 g）于 50 mL 容量瓶中，用甲醇溶液溶解并稀释至刻度，摇匀备用。此溶液质量浓度 c（苯、甲苯）为 1.00 mg·mL^{-1}。

3. 标准曲线的绘制

分别吸取苯、甲苯标准溶液 0.5，1.00，1.50，2.00，2.50，3.00 mL，置于 50 mL 容量瓶中，用甲醇稀释至刻度，摇匀，配制成分别含苯、甲苯 10.00，20.00，30.00，40.00，50.00，60.00 μg·mL^{-1} 的标准溶液，用 0.45 μm 滤膜过滤，滤液待用。

在上述色谱条件下，待仪器基线稳定后注入标准系列溶液，记录色谱峰面积，以苯、甲苯的质量浓度（μg·mL^{-1}）为横坐标、相应的色谱峰面积为纵坐标，绘制标准曲线。

4. 污染水样的测定

在与测定标准系列溶液相同的条件下注入待测溶液，根据色谱峰的保留时间定性，记录色谱峰面积，并从标准曲线查得苯、甲苯的浓度。

5. 结果的表示

苯、甲苯质量分数 X（%）按下式计算。

$$X = (cV \times 10^{-6}/m) \times 100$$

式中　　m——试样的质量，g；

V——试样定容体积，mL；

c——由标准曲线查出的试样溶液中苯、甲苯的浓度，μg·mL^{-1}。

五、思考题

1. 如何确定色谱图上各主要峰的归属？
2. 如何选择合适的色谱柱？
3. 哪些条件会影响浓度测定值的准确性？
4. 与气相色谱法比较，液相色谱法有哪些优点？

6.17 气相色谱的定性和定量分析

一、实验目的

1. 学习计算色谱峰的分辨率。
2. 掌握根据保留值进行已知物对照定性的分析方法。
3. 熟悉用归一化法定量测定混合物各组分含量的方法。

二、实验原理

对一个混合试样成功地分离，是气相色谱法完成定性及定量分析的前提和基础。衡量一对色谱峰分离的程度可用分离度 R 表示。

$$R = 2(t_{R,2} - t_{R,1})/(W_1 + W_2)$$

式中 $t_{R,2}$，W_2 和 $t_{R,1}$，W_1——两个组分的保留时间和峰底宽。

当 $R = 1.5$ 时，两峰完全分离，分离程度可达 99.7%；当 $R = 1.0$ 时，分离程度为 98.0%。在实际应用中，$R = 1.0$ 一般可以满足需要。

用色谱法进行定性分析的任务是确定色谱图上每一个峰所代表的物质。在色谱条件一定时，任何一种物质都有确定的保留值、保留时间、保留体积、保留指数及相对保留值等保留参数，因此，在相同的色谱操作条件下，通过比较已知纯样和未知物的保留参数或在固定相上的位置，即可确定未知物为何种物质。

当已有待测组分的纯样时，与已知物对照进行定性分析极为简单。实验时，可采用单柱比较法、峰高加入法或双柱比较法。

单柱比较法是在相同的色谱条件下，分别对已知纯样及待测试样进行色谱分析，得到两张色谱图，然后，比较其保留参数。当两者的数值相同时，即可认为待测试样中有纯样组分存在。

双柱比较法是在两个极性完全不同的色谱柱上，在各自确定的操作条件下，测定纯样和待测组分在柱上的保留参数，如果都相同，则可准确地判断试样中有与此纯样相同的物质存在。由于有些不同的化合物会在某一固定相上表现出相同的热力学性质，故双柱法定性比单柱法更为可靠。

在一定的色谱条件下，组分 i 的质量 m_i，或其在流动相中的浓度，与检测器的响应信号峰面积 A_i 或峰高 h_i 成正比，故有

$$m_i = f_i^A A_i \quad \text{或} \quad m_i = f_i^h h_i$$

式中 f_i^A 和 f_i^h——绝对校正因子。

上述两式是色谱定量的依据。不难看出，响应信号 A、h 及校正因子 f 的准确测量直接影响定量分析的准确度。

由于峰面积的大小不易受操作条件如柱温、流动相的流速、进样速度等因素的影响，故峰面积更适于作为定量分析的参数。测量峰面积的方法分为手工测量和自动测量。现代色谱仪中一般都配有准确测量色谱峰面积的电学积分仪。手工测量则首先测量峰高 h 和半

峰宽 $W_{1/2}$，然后，按下式计算：

$$A_i = 1.065 \times h_i \times W_{1/2}$$

当峰形不对称时，则可按下式计算：

$$A_i = h_i(W_{0.15} + W_{0.85}) / 2$$

式中 $W_{0.15}$，$W_{0.85}$——峰高在 $0.15h$ 和 $0.85h$ 处的峰宽值。

绝对校正因子可用下式表示：

$$f_i^A = m_i / A_i$$

式中，m_i 可用质量、物质的量及体积等物理量表示，相应的绝对校正因子分别称为质量校正因子、摩尔校正因子和体积校正因子。由于绝对校正因子受仪器和操作条件的影响很大，其应用受到限制，一般采用相对校正因子。相对校正因子是指组分 i 与基准组分 s 的绝对校正因子之比，常用的定量校正因子是质量相对校正因子，即

$$f_{m_i}^A = f_{i,m} / f_{s,m} = \frac{A_s \cdot m_i}{A_i \cdot m_s}$$

因绝对校正因子很少使用，一般文献上提到的校正因子就是相对校正因子。

根据不同的情况，可选用不同的定量方法。当试样中各组分均能流出色谱柱，并在色谱图上显示色谱峰时，可以使用归一化法定量。

归一化法是将样品中所有组分质量之和按 100% 计算，以它们相应的响应信号为定量参数，通过下式计算各组分的质量分数。

$$w_i = m_i/(m_1 + m_2 + m_3 + \cdots) \times 100\% = A_i f_i /(A_1 f_1 + A_2 f_2 + A_3 f_3 + \cdots)$$

该法简便、准确。当操作条件变化时，对分析结果影响较小，常用于定量分析，尤其适于进样量少而体积不易准确测量的液体试样。但采用本法进行定量分析时，要求试样中各组分产生可测量的色谱峰。

三、器材及试剂

器材：气相色谱仪（SP3420，北京北分瑞利集团设备仪器中心），色谱柱，热导检测器，容量瓶。

试剂：未知的混合试样，正己烷（分析纯），环己烷（分析纯），苯（分析纯），甲苯（分析纯），高纯氢气。

四、实验内容

1. 色谱仪的准备

（1）本实验所用仪器为 SP3420 型气相色谱仪，实验操作前要认真阅读气相色谱仪操作说明。

（2）在教师指导下，开启气相色谱仪。根据实验条件（色谱柱全长 2 m，内径 2 mm；流动相为氢气；柱温为 85 ~ 95 ℃；汽化温度为 120 ℃；检测器温度为 120 ℃；桥电流为

110 mA；载气流速稍高于 $0.1 \, L \cdot min^{-1}$），将色谱仪按仪器操作步骤调至可进样状态，待仪器上电路和气路系统达到平衡、记录仪上基线平直时，即可进样。

2. 测纯试剂、混合样及未知样

（1）准确配制由正己烷、环己烷、苯和甲苯组成的（正己烷、环己烷、苯、甲苯的质量比为 1：1：1.5：2.5）标准溶液，以备测量校正因子。

（2）进未知混合试样 1.4～2 μL 和空气 20～40 μL，各 2～3 次，调节工作站的参数，得到合适的色谱图。记录色谱图上各峰的保留时间 t_R 和死时间 t_0。

（3）分别注射正己烷、苯、环己烷、甲苯等纯试剂 0.2 μL，各 2～3 次，记录色谱图上各峰的保留时间 t_R。

（4）进 1.4～2.0 μL 已配制好的标准溶液 2～3 次，记录色谱图及各峰的保留时间。

（5）在与操作（6）完全相同的条件下，每次进 1.4～1.6 μL 未知混合试样，2～3 次，调节工作站的参数，得到合适的色谱图，打印色谱图，并记录各峰的保留时间 t_R。

3. 结果处理

用步骤 2（4）所得数据，计算前 3 个峰中，每 2 个峰间的分辨率。比较步骤 2（2）和 2（3）所得色谱图及保留时间，指出未知混合试样中各色谱峰对应的物质。用步骤 6 所得数据，以苯为基准物质，计算各组分的质量校正因子。用步骤 2（5）所得色谱图，根据归一化法公式计算未知混合试样中各组分的质量分数。

注意：钢瓶的工作压力一定要控制在规定范围内，不得超压工作。必须切记，保障安全。

五、思考题

1. 本实验中，进样是否需要非常准确？为什么？
2. 将测得的质量校正因子与文献值比较。
3. 试说明 3 种不同单位校正因子之间的关系。
4. 试根据混合试样各组分及固定液的性质，解释各组分的流出顺序。

6.18 气相色谱法测定乙醇中乙酸乙酯的含量

一、实验目的

1. 掌握气相色谱中利用保留值进行定性的方法。
2. 学习外标法进行定量分析的方法和计算。
3. 了解热导检测器的原理和应用。

二、实验原理

在混合物样品分离之后，利用已知物的保留值对各色谱峰进行定性分析是色谱法中最常用的一种定性方法。它的依据是在相同的色谱操作条件下，同一种物质应具有相同的保留值，当用已知物的保留时间（保留体积、保留距离）与未知物组分的保留时间进行对照时，若两者的保留时间完全相同，则认为它们可能是相同的化合物。这个方法以各组分的色谱峰必须分离为单独峰为前提，同时还需要有作为对照用的标准物质。

外标法定量使用组分 i 的纯物质配制成已知浓度的标准样，在相同的操作条件下，分析标准样和未知样，根据组分量与相应峰面积或峰高呈线性关系，则在标准样与未知样进样量相等时，由下式计算组分的含量。

$$w_i = \frac{A_i}{A_{is}} w_{is}$$

式中　w_{is}——标准样品中组分 i 的含量；

　　　　w_i——待测试样中组分 i 的含量；

　　　　A_{is}——标准样品中组分 i 的峰面积；

　　　　A_i——待测试样中组分 i 的峰面积。

三、器材及试剂

器材：气相色谱仪（SP3420，北京北分瑞利集团设备仪器中心），色谱柱，热导检测器，氢火焰离子化检测器，注射器。

试剂：乙醇（分析纯），乙酸乙酯（分析纯），高纯氮气、氢气和空气。

四、实验内容

1. 色谱仪的准备

在教师指导下，开启色谱仪。根据实验条件（色谱柱：ov-101 silicone 10%，Chromosorb W-AW-DMCS 80/100；载气流量：18 mL·min^{-1}；检测器：热导检测器；柱温：90 ℃；汽化室温度：150 ℃；检测器温度 110 ℃），将色谱仪按仪器操作步骤调至可进样状态，待仪器上电路和气路系统达到平衡、记录仪上基线平直时，即可进样。

2. 乙醇、乙酸乙酯保留时间的测定

分别注入 1.0 μL 纯乙醇、乙酸乙酯样品，目的是利用保留时间对混合物中的峰进行指认。

3. 乙醇中乙酸乙酯含量的测定

取无水乙醇 5 份，每份 7.5 mL，分别加入纯乙酸乙酯 1.0，2.0，3.0，4.0，6.0 mL，配得标准溶液 5 瓶，从每瓶中吸取 1.0 μL 注入色谱仪，得各标准溶液色谱图。取试样溶液 1.0 μL，在相同条件下进行分析，得色谱图。

实验完毕，用乙醇清洗 1 μL 注射器，退出色谱工作站，点击关闭气化室、色谱柱、检测器的升温加热，并继续通气 30 min，待仪器冷却。然后，关闭气相色谱仪电源，最后关闭载气阀门。

绘制乙酸乙酯的标准曲线，利用标准曲线求样品中乙酸乙酯的含量。

五、思考题

1. 用外标法进行定量分析的优缺点是什么？
2. 简述气相色谱中利用保留值进行定性的基本方法。

第 7 章　设计性实验

设计性实验是学生根据相关参考资料，自行设计实验方案，独立完成实验。通过设计性实验可以培养学生查阅中外文文献的能力，确定实验方法、选择仪器设备、独立分析问题和解决问题的能力，为日后从事科学研究工作打下基础。

7.1　无机离子鉴定和未知无机物的鉴别

一、实 验 目 的

1. 运用所学的元素及化合物的基本性质，进行常见物质的鉴定或鉴别。
2. 进一步巩固常见阳离子和阴离子重要反应的基础知识。

二、实 验 要 求

1. 根据下述实验内容列出实验用品及分析步骤。

（1）区分 2 片银白色金属：一是铝片，一是锌片。

（2）鉴别 4 种黑色和近于黑色的氧化物：CuO、Co_2O_3、PbO_2、MnO_2。

（3）未知混合液 1，2，3 分别含有 Cr^{3+}、Mn^{2+}、Fe^{3+}、Co^{2+}、Ni^{2+} 中的大部分或全部，设计一实验方案以确定未知液中含有哪几种离子，哪几种离子不存在。

（4）盛有以下 10 种硝酸盐溶液的试剂瓶标签被腐蚀，试加以鉴别。

$AgNO_3$、$Hg(NO_3)_2$、$Hg_2(NO_3)_2$、$Pb(NO_3)_2$、$NaNO_3$、$Cd(NO_3)_2$、$Zn(NO_3)_2$、$Al(NO_3)_3$、KNO_3、$Mn(NO_3)_2$

（5）盛有下列 10 种固体钠盐的试剂瓶标签脱落，试加以鉴别。

$NaNO_3$、Na_2S、$Na_2S_2O_3$、Na_3PO_4、$NaCl$、Na_2CO_3、$NaHCO_3$、Na_2SO_4、$NaBr$、Na_2SO_3

2. 实施鉴别与鉴定工作，写出实验报告。

三、实 验 提 示

当一个试样需要鉴定或者一组未知物需要鉴别时，通常可根据以下几个方面进行判断。

1. 物　态

（1）观察试样在常温时的状态，如果是固体要观察它的晶形。

（2）观察试样的颜色。这是判断未知物的一个重要因素。溶液试样可根据未知物离子的颜色，固体实验可根据未知物的颜色以及配成溶液后离子的颜色，预测哪些离子可能存在，哪些离子不可能存在。

（3）嗅闻试样的气味。

2. 溶解性

固体试样的溶解性也是判断未知物的一个重要因素。首先试验是否溶于水，在冷水中怎样，热水中怎样。不溶于水的再依次用盐酸（稀、浓）、硝酸（稀、浓）试验其溶解性。

3. 酸碱性

酸或碱可直接通过对指示剂的反应加以判断。两性物质借助于既能溶于酸，又能溶于碱的性质加以判别。可溶性盐的酸碱性可用它的水溶液加以判别。有时也可以根据试液的酸碱性来排除某些离子存在的可能性。

4. 热稳定性

物质的热稳定性是有差别的，有的物质常温时就不稳定，有的物质灼热时易分解，还有的物质受热时易挥发或升华。

5. 鉴定或鉴别反应

在无机化学实验中鉴定反应大致采用以下几种方式。

（1）通过与某试剂反应，生成沉淀，或沉淀溶解，或放出气体。必要时再对生成的沉淀和气体做性质试验。

（2）显色反应。

（3）焰色反应。

（4）硼砂珠试验。

（5）其他特征反应。

（以上只是提供一个途径，具体问题可灵活运用）

7.2　硫酸亚铁铵的制备

一、实验目的

1. 根据有关原理及数据设计并制备复盐硫酸亚铁铵。
2. 进一步掌握水浴加热、溶解、过滤、蒸发、结晶等基本操作。
3. 了解检验产品中杂质含量的一种方法——目视比色法。

二、实验原理

硫酸亚铁铵又称摩尔盐，是浅蓝绿色单斜晶体，它能溶于水，但难溶于乙醇。在空气中不易被氧化，比硫酸亚铁稳定，所以在化学分析中可作为基准物质，用来直接配制标准溶液或标定未知溶液浓度。

由硫酸铵、硫酸亚铁和硫酸亚铁铵在水中的溶解度数据（见表 7-1）可知，在一定温度范围内，硫酸亚铁铵的溶解度比组成它的每一组分的溶解度都小。因此，很容易从浓的硫酸亚铁和硫酸铵混合溶液中制得结晶状的摩尔盐 $FeSO_4 \cdot (NH_4)_2SO_4 \cdot 6H_2O$。在制备过程中，为了使 Fe^{2+} 不被氧化和水解，溶液需保持足够的酸度。

表 7-1　几种盐的溶解度数据

g/100 g H_2O

盐	$t/°C$			
	10	20	30	40
$(NH_4)_2SO_4$（分子量 132.1）	73.0	75.4	78.0	81.0
$FeSO_4 \cdot 7H_2O$（分子量 277.9）	37.0	48.0	60.0	73.3
$FeSO_4 \cdot (NH_4)_2SO_4 \cdot 6H_2O$（分子量 392.19）		36.5	45.0	53.0

本实验是先将金属铁屑溶于稀硫酸制得硫酸亚铁溶液。

$$Fe + H_2SO_4 \Longrightarrow FeSO_4 + H_2 \uparrow$$

然后加入等物质的量的硫酸铵，制得混合溶液，加热浓缩，冷至室温，便析出硫酸亚铁铵复盐。

$$FeSO_4 + (NH_4)_2SO_4 + 6H_2O \Longrightarrow FeSO_4 \cdot (NH_4)_2SO_4 \cdot 6H_2O$$

目视比色法是确定杂质含量的一种常用方法，在确定杂质含量后便能定出产品的级别。将产品配成溶液，与各标准溶液进行比色，如果产品溶液的颜色比某一标准溶液的颜色浅，就可确定杂质含量低于该标准溶液中的含量，即低于某一规定的限度，所以这种方法又称为限量分析法。本实验仅做摩尔盐中 Fe^{3+} 的限量分析。

三、实验要求

1. 根据上述原理，设计出制备复盐硫酸亚铁铵的方法。

2. 列出实验所需的仪器、药品及材料，并制备硫酸亚铁铵；完成产品检验——Fe^{3+} 的限量分析，以确定产品等级；完成实验报告。

四、实验提示

1. 由机械加工过程得到的铁屑表面沾有油污，可采用碱煮（Na_2CO_3 溶液，约 10 min）的方法除去。

2. 在铁屑与硫酸作用的过程中，会产生大量 H_2 及少量有毒气体（如 H_2S、PH_3 等），应注意通风，避免发生事故。

3. 所制得的硫酸亚铁溶液和硫酸亚铁铵溶液均应保持较强的酸性（pH 为 1～2）。

4. 在进行 Fe^{3+} 的限量分析时，应使用含氧较少的去离子水配制硫酸亚铁铵溶液。

5. Fe^{3+} 标准溶液的配制（实验室配制）：先配制 $0.01 \text{ mg} \cdot \text{mL}^{-1}$ 的 Fe^{3+} 标准溶液，然后用移液管吸取该标准溶液 5.00，10.00，20.00 mL，分别加入 3 支比色管中，各加入 2.00 mL $2.0 \text{ mol} \cdot \text{L}^{-1}$ HCl 溶液和 0.50 mL $1.0 \text{ mol} \cdot \text{L}^{-1}$ KSCN 溶液。用备用的含氧较少的去离子水将溶液稀释到 25.00 mL，摇匀，得到 25 mL 溶液中含 Fe^{3+} 0.05 mg、0.10 mg 和 0.20 mg 三

个级别 Fe^{3+} 标准溶液，它们分别为 I 级、II 级和 III 级试剂中 Fe^{3+} 的最高允许含量。

用上述相似的方法配制 25 mL 含 1.00 g 摩尔盐的溶液，若溶液颜色与 I 级试剂的标准溶液的颜色相同或略浅，便可确定为 I 级产品，其中 Fe^{3+} 的质量分数 $= \dfrac{0.05 \times 10^{-3} \, g}{1.00 \, g} \times 100\% = 0.005\%$，II 级和 III 级产品以此类推。

五、思考题

1. 铁屑净化及混合硫酸亚铁和硫酸铵溶液以制备复盐时均需加热，加热时应注意什么问题？

2. 怎样确定所需的硫酸铵用量？

3. 抽滤得到硫酸亚铁铵晶体后，如何除去晶体表面附着的水分？

7.3 由二氧化锰制备硫酸锰

一、实验目的

1. 掌握硫酸锰的制备方法。

2. 巩固称量、溶解、加热、过滤等制备无机化合物的基本操作。

二、实验要求

1. 根据二氧化锰和硫酸锰的物理、化学性质，自行设计制备方案。

2. 完成制备实验，检验产品的纯度，并完成实验报告。

三、实验提示

$$MnO_2 + H_2C_2O_4 + H_2SO_4 \xrightarrow{\quad\quad} MnSO_4 + 2CO_2 \uparrow + 2H_2O$$

7.4 NaH_2PO_4-Na_2HPO_4 混合物（液）中各组分含量（浓度）的测定

一、实验目的

1. 掌握酸碱滴定原理及方法，了解准确分别滴定的条件。

2. 掌握化学分析法的基本操作技能和初步运用的能力。

3. 掌握滴定分析法的基本原理、方法和数据的处理。

4. 掌握分析化学实验的基本知识和基本操作技能，提高观察、分析和解决问题的能力。

二、实验要求

1. 学生应根据所学的理论和实验知识，在查阅相关文献的基础上，独立设计实验方案。

2. 所交的实验报告应完成以下内容：分析方法及简单原理、所需试剂、具体实验步骤、实验注意事项、参考资料、数据记录及处理的表格、相关计算公式。

3. 在实验设计时应遵循以下原则：

（1）在满足测定要求的前提下，应选择较为简便的方案；

（2）所测样品均为常量试样，原则上应以化学分析法为佳，在此基础上，同学们亦可根据实验室条件（事先咨询教师）设计一些分析法方案；

（3）试剂及指示剂尽量选择实验室常用试剂（非常用试剂需提前咨询教师可否提供）；

（4）在保证实验准确度要求的前提下，要尽量节约使用试剂及试样；

（5）要考虑到实验中的干扰因素及排除方法。

三、实 验 提 示

1. 加入的指示剂不能过多；

2. 注意观察终点的颜色，不要滴过量。

7.5　HCl-NH$_4$Cl 混合液中各组分浓度的测定

一、实 验 目 的

1. 掌握化学分析法的基本操作技能和初步运用的能力。

2. 掌握滴定分析法的基本原理、方法和数据的处理。

3. 掌握分析化学实验的基本知识和基本操作技能，提高观察、分析和解决问题的能力。

二、实 验 要 求

1. 学生应根据所学的理论和实验知识，在查阅相关文献的基础上，独立设计实验方案。

2. 所交的实验报告应完成以下内容：分析方法及简单原理、所需试剂、具体实验步骤、实验注意事项、参考资料、数据记录及处理的表格、相关计算公式。

3. 在实验设计时应遵循以下原则：

（1）在满足测定要求的前提下，应选择较为简便的方案；

（2）所测样品均为常量试样，原则上应以化学分析法为佳，在此基础上，同学们亦可根据实验室条件（事先咨询教师）设计一些分析法方案；

（3）试剂及指示剂尽量选择实验室常用试剂（非常用试剂需提前咨询教师可否提供）；

（4）在保证实验准确度要求的前提下，要尽量节约使用试剂及试样；

（5）要考虑到实验中的干扰因素及排除方法。

三、实 验 提 示

1. 注意滴定时指示剂的用量；

2. 注意测完一份再移取一份试样进行测定，防止空气中 CO_2 的影响。

7.6 Mg²⁺-EDTA 混合液中各组分含量的测定

一、实验目的

1. 掌握配合滴定理论及实验中解决问题的能力，并通过实践加深对理论课程的理解。
2. 掌握返滴定、置换滴定等的技巧，掌握分离掩蔽等理论和实验内容。
3. 培养阅读参考资料的能力，提高设计水平和独立完成实验报告的能力。

二、实验要求

1. 学生应根据所学的理论和实验知识，在查阅相关文献的基础上，独立设计实验方案。
2. 所交的实验报告应完成以下内容：分析方法及简单原理、所需试剂、具体实验步骤、实验注意事项、参考资料、数据记录及处理的表格、相关计算公式。
3. 在实验设计时应遵循以下原则：
（1）在满足测定要求的前提下，应选择较为简便的方案；
（2）所测样品均为常量试样，原则上应以化学分析法为佳，在此基础上，同学们亦可根据实验室条件（事先咨询教师）设计一些分析法方案；
（3）试剂及指示剂尽量选择实验室常用试剂（非常用试剂需提前咨询教师可否提供）；
（4）在保证实验准确度要求的前提下，要尽量节约使用试剂及试样；
（5）要考虑到实验中的干扰因素及排除方法。

三、实验提示

1. 标准锌溶液的配制。
2. 用 Zn²⁺ 标准溶液滴定混合液中所有的 EDTA。
3. Mg²⁺ 和 EDTA 可以形成 1∶1 的配合物，其配合稳定常数 $\lg K = 8.7$，在混合液中 EDTA 或 Mg²⁺ 必有一种过量或完全反应。当允许 $E_t \leqslant 0.1\%$ 时，$\lg K_{MgY}c \geqslant 6$，即可得 Mg²⁺ 与 EDTA 配合物在 pH 9～10 时为稳定的红色配合物，查得铬黑 T 在 pH 6.3～11.5 时为蓝色。所以可以向混合液中加入铬黑 T，如果溶液变红，则 Mg²⁺ 过量；如果溶液变蓝，则 EDTA 过量。
4. 当 Mg²⁺ 过量时，可以用铬黑 T 做指示剂，用 EDTA 标准溶液标定过量的 Mg²⁺，当溶液由红色变为蓝色时即为终点。当 EDTA 过量时，用铬黑 T 做指示剂，用 Zn²⁺ 标准溶液滴定过量的 EDTA。

7.7 黄铜中铜、锌含量的测定

一、实验目的

1. 掌握配合滴定法测量铜、锌的原理。
2. 掌握黄铜的溶解方法。
3. 学习查阅参考书刊，综合参考资料及设计实验。

二、实验要求

1. 学生应根据所学的理论和实验知识，在查阅相关文献的基础上，独立设计实验方案。

2. 所交的实验报告应完成以下内容：分析方法及简单原理、所需试剂、具体实验步骤、实验注意事项、参考资料、数据记录及处理的表格、相关计算公式。

3. 在实验设计时应遵循以下原则：

（1）在满足测定要求的前提下，应选择较为简便的方案；

（2）所测样品均为常量试样，原则上应以化学分析法为佳，在此基础上，同学们亦可根据实验室条件（事先咨询教师）设计一些分析法方案；

（3）试剂及指示剂尽量选择实验室常用试剂（非常用试剂需提前咨询教师可否提供）；

（4）在保证实验准确度要求的前提下，要尽量节约使用试剂及试样；

（5）要考虑到实验中的干扰因素及排除方法。

三、实验提示

1. 配制 $0.01\ mol \cdot L^{-1}$ EDTA 标准溶液。

2. Ca^{2+} 标准溶液的配制：在 pH = 10 时，以 $CaCO_3$ 为基准物质标定 $0.01\ mol \cdot L^{-1}$ EDTA 标准溶液。

3. Zn^{2+}、Cu^{2+} 的测定。

7.8　H_2SO_4-$H_2C_2O_4$ 溶液中各组分浓度的测定

一、实验目的

1. 培养学生查阅有关书刊的能力。

2. 运用所学知识及有关参考资料对实际试样设计出实验方案。

3. 在教师的指导下对样品的组成含量进行分析，培养学生分析问题、解决问题的能力，以提高学生的综合素质。

二、实验要求

1. 学生应根据所学的理论和实验知识，在查阅相关文献的基础上，独立设计实验方案。

2. 所交的实验报告应完成以下内容：分析方法及简单原理、所需试剂、具体实验步骤、实验注意事项、参考资料、数据记录及处理的表格、相关计算公式。

3. 在实验设计时应遵循以下原则：

（1）在满足测定要求的前提下，应选择较为简便的方案；

（2）所测样品均为常量试样，原则上应以化学分析法为佳，在此基础上，同学们亦可根据实验室条件（事先咨询教师）设计一些分析法方案；

（3）试剂及指示剂尽量选择实验室常用试剂（非常用试剂需提前咨询教师可否提供）；

（4）在保证实验准确度要求的前提下，要尽量节约使用试剂及试样；

（5）要考虑到实验中的干扰因素及排除方法。

三、实验提示

1. 根据酸碱中和反应，测定硫酸和草酸的总和，滴定总酸度采用酸碱滴定法；

2. 滴定剂选用 NaOH 标准溶液。硫酸的 pK_{b1} 为 12.01，草酸的 pK_{b1} 为 9.81，可以用酚酞（pH 变化范围 8.2~10.0）为指示剂，当溶液由无色变为粉红色时，达到滴定终点。

7.9　石灰石或白云石中钙含量的测定

一、实验目的

1. 练习酸溶法的溶样方法。

2. 运用所学知识及有关参考资料对实际试样设计出实验方案。

3. 掌握高锰酸钾法测定石灰石或白云石中钙含量的方法和原理。

二、实验要求

1. 学生应根据所学的理论和实验知识，在查阅相关文献的基础上，独立设计实验方案。

2. 所交的实验报告应完成以下内容：分析方法及简单原理、所需试剂、具体实验步骤、实验注意事项、参考资料、数据记录及处理的表格、相关计算公式。

3. 在实验设计时应遵循以下原则：

（1）在满足测定要求的前提下，应选择较为简便的方案；

（2）所测样品均为常量试样，原则上应以化学分析法为佳，在此基础上，同学们亦可根据实验室条件（事先咨询教师）设计一些分析法方案；

（3）试剂及指示剂尽量选择实验室常用试剂（非常用试剂需提前咨询教师可否提供）；

（4）在保证实验准确度要求的前提下，要尽量节约使用试剂及试样；

（5）要考虑到实验中的干扰因素及排除方法。

三、实验提示

1. 注意钙沉淀的酸度及条件控制；

2. 注意干扰离子的消除和洗涤剂的选择；

3. 注意滴定时的温度。

7.10　酱油中氯化钠含量的测定

一、实验目的

1. 掌握 $AgNO_3$ 标准溶液的配制和标定方法。

2. 熟悉佛尔哈德法测定酱油中 NaCl 含量的原理和方法。

3. 熟练掌握滴定管的操作。

4. 能准确调节测定时所需要的条件，正确判断终点并能测定其含量。

二、实验要求

1. 学生应根据所学的理论和实验知识，在查阅相关文献的基础上，独立设计实验方案。

2. 设计实验报告应包括以下内容：分析方法、实验目的、实验原理、试剂仪器、实验步骤、实验注意事项、讨论与思考、参考资料、数据记录及处理的表格、相关计算公式。

3. 在实验设计时应遵循以下原则：

（1）在满足测定要求的前提下，应选择较为简便的方案；

（2）所测样品均为常量试样，原则上应以化学分析法为佳，在此基础上，同学们亦可根据实验室条件（事先咨询教师）设计一些分析法方案；

（3）试剂及指示剂尽量选择实验室常用试剂（非常用试剂需提前咨询教师可否提供）；

（4）在保证实验准确度要求的前提下，要尽量节约使用试剂及试样；

（5）要考虑到实验中的干扰因素及排除方法。

三、实验提示

1. 溶解样品一定用无 Cl^- 的水，否则溶液中会出现白色沉淀。

2. 接近终点时滴入溶液要慢，加入少量的标准溶液，观察颜色的变化，选择最合适的变化点。

3. 体积读数为小数点后两位，最后一位为估读。

4. 滴定完后，滴定管用无 Cl^- 水洗涤。

7.11 草酸根合铁（Ⅲ）酸钾的制备与组成分析

一、实验目的

1. 设计草酸根合铁（Ⅲ）酸钾的制备和组成分析、电荷测定实验方案。

2. 掌握配合物的合成与组成分析实验操作。

3. 熟悉配合物的制备、组成与某些性质的测定方法与技巧，培养设计实验的能力。

二、实验要求

1. 查阅草酸根合铁（Ⅲ）酸钾的理化性质资料、制备方法并优化选择原料，掌握相应制备反应的反应物、产物及使用的其他物质的物理常数，设计出实验方案：包括操作步骤（分析可能存在的安全问题，并提出相应的解决方法与策略），使用的仪器设备，仪器装置图，粗产品的精制处理方案，产物组成的分析测试方法和使用的仪器，电荷的测定方法、使用仪器与操作，结果分析。

2. 完成草酸根合铁（Ⅲ）酸钾的制备实验，配合物中铁含量、钾含量的测定，配离子的电荷测定，并写出实验报告。

三、实验提示

1. 在草酸根合铁（Ⅲ）酸钾的制备过程中，草酸钾要全部溶解，在溶液接近沸腾时，边搅拌边注入三氯化铁（或者硫酸铁）溶液，反应完成后的混合溶液要在冰水中冷却，析出绿色晶体，用布氏漏斗过滤得到粗产品。

2. 配合物中铁含量的测定可以采用原子吸收分光光度法，建立标准曲线进行测定。要求样品溶液稀释到线性范围，稀释的样品溶液必须保存在暗处，迅速测定。

3. 可以采用四苯硼钠法测定钾含量。要求在微酸性溶液中，四苯硼钠与钾离子反应，生成组成确定、溶解度很小的白色晶态沉淀，其反应为

$$K^+ + NaB(C_6H_5)_4 \longrightarrow K\,B(C_6H_5)_4\downarrow + Na^+$$

一定要控制试样溶液中含 K^+ 为 2～20 mg 进行沉淀反应，以准确测定出钾含量。

7.12 分子印迹聚合物的合成与吸附性能研究

一、实验目的

1. 掌握溶剂、功能单体、交联剂、引发剂的精制方法与技巧。
2. 掌握分子印迹聚合物的合成方法与操作技术。
3. 熟练掌握紫外光谱仪的使用方法与操作技能。
4. 基本掌握分子印迹聚合物的吸附性能研究方法与实验操作。

二、实验要求

1. 查阅选择的模板分子结构与理化性质资料，溶剂、功能单体、交联剂、引发剂的物理性质与精制方法，掌握相似结构的模板分子的分子印迹聚合物的制备原理、方法与操作，吸附性能测定实验，设计出详细的实验方案：包括操作步骤（特别注意关键步骤的操作，分析可能存在的安全问题，提出相应的解决方法与行动策略），使用的仪器设备，仪器装置图，分子印迹聚合物产品的去模板分子洗脱处理方案，分子印迹聚合物的吸附性能实验方法与要求，数据处理与结果分析。

2. 完成分子印迹聚合物的合成实验、洗脱模板分子实验、去模板分子印迹聚合物的吸附实验，并写出实验报告。

三、实验提示

1. 在精制溶剂、功能单体、交联剂、引发剂的过程中，注意控制温度，防止发生火灾。精制品要求放入 4 ℃冰箱中保存。

2. 在分子印迹聚合物的合成过程中，要防止温度变化过大，长时间恒温水浴加热，要定期检查，防止水浴锅烧干，造成事故。

3. 在分子印迹聚合物洗脱模板分子过程中，要防止洗脱剂挥发变干，随时有人值守。

7.13 土壤环境样品的采集、制备与重金属含量分析

一、实验目的

1. 掌握原子吸收分光光度法、原子发射光谱分析法、原子荧光分析法的基本原理与仪器操作技术。

2. 熟悉原子光谱仪器的组成与结构、关键部件的组成与作用、维护保养技术。

3. 掌握王水-高氯酸-氢氟酸消解样品的原理及操作方法。

二、实验要求

1. 设计土壤环境样品的采集方法与操作，土壤样品的干燥与制备方法。

2. 选择重金属含量测定的分析方法，根据分析方法的要求进行土壤样品预处理。

3. 根据测定重金属元素种类的不同选择相应的原子光谱分析仪器，设计详细的分析实验方案，并进行含量测定。实验方案：包括操作步骤（注意关键操作步骤，安全隐患问题，提出相应的解决方法与行动策略），使用的仪器设备，仪器装置图，数据处理与结果分析。

4. 完成土壤环境样品的野外采集、室内干燥与磨细过筛，土壤样品预处理，重金属含量分析实验，并写出实验报告。

三、实验提示

1. 在土壤环境样品的采集过程中，要特别注意样品的代表性。干燥过程中要防止其他物质进入污染样品。制备的样品要求放入广口瓶中存放。

2. 在土壤样品的预处理过程中，要防止产生的强烈刺激性物质对实验人员的伤害，因此，应在通风系统中处理，并注意样品温度的变化与水分的变化，防止坩埚烧干，造成事故。

3. 在使用原子发射光谱测定重金属含量时，要严格按照仪器的操作规程进行，否则容易损坏仪器。

参考文献

[1]　傅敏，王崇均. 基础化学实验[M]. 北京：科学出版社，2013.

[2]　北京师范大学，等. 化学基础实验[M]. 4 版. 北京：高等教育出版社，2014.

[3]　东北师范大学，等. 化学合成实验[M]. 北京：高等教育出版社，2005.

[4]　马育. 基础化学实验[M]. 2 版. 北京：化学工业出版社，2014.

[5]　曾仁权，朱云云. 基础化学实验[M]. 重庆：西南师范大学出版社，2008.

[6]　华中师范大学，东北师范大学，陕西师范大学，等. 分析化学[M]. 4 版. 北京：高等教育出版社，2012.

[7]　武汉大学. 分析化学实验[M]. 5 版. 北京：高等教育出版社，2011.

[8]　北京大学化学与分子工程学院分析化学教学组. 基础分析化学实验[M]. 3 版. 北京：北京大学出版社，2010.

[9]　付强. 普通化学实验[M]. 长春：东北师范大学出版社，2003.

[10]　周宁怀. 微型无机化学实验[M]. 北京：科学出版社，2000.

[11]　中山大学. 无机化学实验[M]. 北京：高等教育出版社，1988.

附　录

附录 A　常用化合物的相对分子质量

化合物分子式	M_r	化合物分子式	M_r
AgBr	187.78	C_6H_5COONa	144.10
AgCl	143.32	HOOCC$_6$H$_4$COOK（邻苯二甲酸氢钾）	204.22
AgCN	133.84		
Ag_2CrO_4	331.73	CH_3COONa	82.03
AgI	234.77	C_6H_5OH	94.11
$AgNO_3$	169.87	$(C_9H_7N)_3H_3(PO_4·12MoO_2)$（磷钼酸喹啉）	2212.74
AgSCN	165.95		
Al_2O_3	101.96	HOOCCH$_2$COOH（丙二酸）	104.06
$Al_2(SO_4)_2$	342.15		
As_2O_3	197.84	$HOOCCH_2COONa$	126.04
As_2O_5	229.84	CCl_4	153.81
$BaCO_3$	197.34	CO_2	44.01
BaC_2O_4	225.35	Cr_2O_3	151.99
$BaCl_2$	208.23	$Cu(C_2H_3O_2)_2·3Cu(AsO_2)_2$	1013.80
$BaCl_2·2H_2O$	244.26	CuO	79.54
$BaCrO_4$	253.32	Cu_2O	143.09
BaO	153.33	CuSCN	121.63
$Ba(OH)_2$	171.35	$CuSO_4$	159.61
$BaSO_4$	233.39	$CuSO_4·5H_2O$	249.69
$CaCO_3$	100.09	$FeCl_3$	162.21
CaC_2O_4	128.10	$FeCl_3·6H_2O$	270.30
$CaCl_2$	110.98	FeO	71.85
$CaCl_2·H_2O$	129.00	Fe_2O_3	159.69
CaF_2	78.07	Fe_3O_4	231.54
C_6H_5COOH	122.12	$FeSO_4·H_2O$	169.93

化合物分子式	M_r	化合物分子式	M_r
$Ca(NO_3)_2$	164.09	$FeSO_4 \cdot 7H_2O$	278.02
CaO	56.08	$Fe_2(SO_4)_3$	399.89
$Ca(OH)_2$	74.09	$FeSO_4 \cdot (NH_4)_2SO_4 \cdot 6H_2O$	392.14
$CaSO_4$	136.14	H_3BO_3	61.83
$Ca_3(PO_4)_2$	310.18	HBr	80.91
$Ce(SO_4)_2$	332.24	$H_6C_4O_6$（酒石酸）	150.09
$Ce(SO_4)_2 \cdot 2(NH_4)_2SO_4 \cdot 2H_2O$	632.54	HCN	27.03
CH_3COOH	60.05	H_2CO_3	62.03
CH_3OH	32.04	$KSCN$	97.18
CH_3COCH_3	58.08	K_2SO_4	174.26
$H_2C_2O_4$	90.04	$MgCO_3$	84.32
$H_2C_2O_4 \cdot 2H_2O$	126.07	$MgCl_2$	95.21
$HCOOH$	46.03	$MgNH_4PO_4$	137.33
HCl	36.46	MgO	40.31
$HClO_4$	100.46	$Mg_2P_2O_7$	222.60
HF	20.01	MnO	70.94
HI	127.91	MnO_2	86.94
HNO_2	47.01	$Na_2B_4O_7$	201.22
HNO_3	63.01	$Na_2B_4O_7 \cdot 10H_2O$	381.37
H_2O	18.02	$NaBiO_3$	279.97
H_2O_2	34.02	$NaBr$	102.90
H_3PO_4	98.00	$NaCN$	49.01
H_2S	34.08	Na_2CO_3	105.99
H_2SO_3	82.08	$Na_2C_2O_4$	134.00
H_2SO_4	98.08	$NaCl$	58.44
$HgCl_2$	271.50	NaF	41.99
Hg_2Cl_2	427.09	$NaHCO_3$	84.01
$KAl(SO_4)_2 \cdot 12H_2O$	474.39	NaH_2PO_4	119.98
$KB(C_6H_5)_4$	358.33	Na_2HPO_4	141.96
KBr	119.01	$Na_2H_2Y \cdot 2H_2O$（EDTA 二钠盐）	372.26

化合物分子式	M_r	化合物分子式	M_r
$KBrO_3$	167.01	Pb_3O_4	685.57
KCN	65.12	$PbSO_4$	303.26
$KClO_3$	122.55	$NaOH$	40.01
K_2CO_3	138.21	$NaNO_3$	69.00
$KClO_4$	138.55	NaI	149.89
K_2CrO_4	194.20	Na_2O	61.98
$K_2Cr_2O_7$	294.19	KCl	74.56
$KHC_2O_4 \cdot H_2C_2O_4 \cdot 2H_2O$	254.19	Na_3PO_4	163.94
$KHC_2O_4 \cdot H_2O$	146.14	Na_2S	78.05
KI	166.01	$Na_2S \cdot 9H_2O$	240.18
KIO_3	214.00	Na_2SO_3	126.04
$KIO_3 \cdot HIO_3$	389.92	Na_2SO_4	142.04
$KmnO_4$	158.04	$Na_2SO_4 \cdot 10H_2O$	322.20
KNO_2	85.10	$Na_2S_2O_3$	158.11
K_2O	92.20	$Na_2S_2O_3 \cdot 5H_2O$	248.19
KOH	56.11	Na_2SiF_6	188.06
NH_3	17.03	SO_2	64.06
NH_4Cl	53.49	SO_3	80.06
$(NH_4)_2C_2O_4 \cdot H_2O$	142.11	Sb_2O_3	291.50
$NH_3 \cdot H_2O$	35.05	Sb_2S_3	339.70
$NH_4Fe(SO_4)_2 \cdot 12H_2O$	482.20	SiF_4	104.08
$(NH_4)_2HPO_4$	132.05	SiO_2	60.08
$(NH_4)_3HPO_4 \cdot 12MoO_3$	1876.53	$SnCO_3$	178.72
NH_4SCN	76.12	$SnCl_2$	189.62
$(NH_4)_2SO_4$	132.14	SnO_2	150.71
$NiC_8H_{14}O_4N_4$（丁二酮肟镍）	288.91	TiO_2	79.88
		WO_3	231.83
P_2O_5	141.95	$ZnCl_2$	136.30
$PbCrO_4$	323.18	ZnO	81.39
PbO	223.19	$Zn_2P_2O_7$	304.72
PbO_2	239.19	$ZnSO_4$	161.45

附录 B 关于有毒化学药品的知识

1. 高毒性固体

很少量就能使人迅速中毒甚至致死。

名 称	TLV/(mg/m³)	名 称	TLV/(mg/m³)
三氧化铱	0.002	砷化合物	0.5（按 As 计）
汞化合物（特别是烷基汞）	0.01	五氧化二钒	0.5
铊盐	0.1（按 Tl 计）	草酸和草酸盐	1
硒和硒化合物	0.2（se 计）	无机氰化物	5（按 CN 计）

2. 毒性危险气体

名 称	TLV/(μg/g)	名 称	TLV/(μg/g)
氟	0.1	氟化氢	3
光气	0.1	二氧化氮	5
臭氧	0.1	硝酰氯	5
重氮甲烷	0.2	氰	10
磷化氢	0.3	氰化氢	10
三氟化硼	1	硫化氢	10
氯	1	一氧化碳	50

3. 毒性危险液体和刺激性物质

长期少量接触可能引起慢性中毒，其中许多物质的蒸气对眼睛和呼吸道有强刺激性。

名 称	TLV/(μg/g)	名 称	TLV/(μg/g)
羰基镍	0.001	硫酸二甲酯	1
异氰酸甲酯	0.02	硫酸二乙酯	1
丙烯醛	0.1	四溴乙烷	1
溴	0.1	烯丙醇	2
3-氯丙烯	1	2-丁烯醛	2
苯氯甲烷	1	氢氟酸	3
苯溴甲烷	1	四氯乙烷	5
三氯化硼	1	苯	10
三溴化硼	1	溴甲烷	15
2-氯乙醇	1	二硫化碳	20

4. 其他有害物质

（1）许多溴代烷和氯代烷，以及甲烷和乙烷的多卤衍生物，特别是下列化合物。

名 称	TLV/(μg/g)	名 称	TLV/(μg/g)
溴仿	0.5	1,2-二溴乙烷	20
碘甲烷	5	1,2-二氯乙烷	50
四氯化碳	10	溴乙烷	200
氯仿	10	二氯甲烷	200

（2）芳胺和脂肪族胺类的低级脂肪胺的蒸气有毒。全部芳胺，包括它们的烷氧基、卤素、硝基取代物都有毒性。下面是一些代表性例子。

名　　称	TLV	名　　称	TLV/(μg/g)
对苯二胺（及其异构体）	0.1 mg/m³	苯胺	5
甲氧基苯胺	0.5 mg/m³	邻甲苯胺（及其异构体）	5
对硝基苯胺（及其异构体）	1 μg/g	二甲胺	10
N-甲基苯胺	2 μg/g	乙胺	10
N, N-二甲基苯胺	5 μg/g	三乙胺	25

（3）酚和芳香族硝基化合物。

名　　称	TLV/(mg/m³)	名　　称	TLV/(μg/g)
苦味酸	0.1	硝基苯	1
二硝基苯酚，二硝基甲苯酚	0.2	苯酚	5
对硝基氯苯（及其异构体）	1	甲苯酚	5
间二硝基苯	1		

5. 致癌物质

下面列举一些已知的危险致癌物质。

（1）芳胺及其衍生物

联苯胺(及某些衍生物)　　β-萘胺　　二甲氨基偶氯苯　　　α-萘胺

（2）N-亚硝基化合物

N-甲基-N-亚硝基苯胺　　　N-亚硝基二甲胺　　　　N-甲基-N-亚硝基脲

N-亚硝基氢化吡啶

（3）烷基化剂

双（氯甲基）醚　硫酸二甲酯　氯甲基甲醚　碘甲烷　重氮甲烷　β-羟基丙酸内酯

（4）稠环芳烃

苯并[a]芘　　二苯并[c，g]咔唑　　二苯并[a, h]蒽　　　7, 12-二甲基苯并[a]蒽

（5）含硫化合物

硫代乙酰胺（thioacetamide）　　　硫脲

（6）石棉粉尘

6. 具有长期积累效应的毒物

这些物质进入人体不易排出，在人体内累积，引起慢性中毒。这类物质主要有：

（1）苯。

（2）铅化合物，特别是有机铅化合物。

（3）汞和汞化合物，特别是二价汞盐和液态的有机汞化合物。

在使用以上各类有毒化学药品时，都应采取妥善的防护措施，避免吸入其蒸气和粉尘，避免接触皮肤。有毒气体和挥发性的有毒液体必须在效率良好的通风橱中操作。汞的表面应该用水掩盖，不可直接暴露在空气中。盛汞的仪器应放在一个搪瓷盘上以防溅出的汞流失。溅洒汞的地方迅速撒上硫黄粉、石灰糊。

附录 C 常用指示剂的配制

1. 酸碱指示剂（18～25 ℃）

指示剂名称	变色 pH 范围	颜色变化	溶液配制方法
甲基紫（第一变色范围）	0.13～0.5	黄—绿	$1 \text{ g} \cdot \text{L}^{-1}$ 或 $0.5 \text{ g} \cdot \text{L}^{-1}$ 的水溶液
甲酚红（第一变色范围）	0.2～1.8	红—黄	0.04 g 指示剂溶于 100 mL 50% 乙醇中
甲基紫（第二变色范围）	1.0～1.5	绿—蓝	$1 \text{ g} \cdot \text{L}^{-1}$ 水溶液
百里酚蓝（麝香草酚蓝）（第一变色范围）	1.2～2.8	红—黄	1 g 指示剂溶于 100 mL 20% 乙醇中
甲基紫（第三变色范围）	2.0～3.0	蓝—紫	$1 \text{ g} \cdot \text{L}^{-1}$ 水溶液
甲基橙	3.1～4.4	红—黄	$1 \text{ g} \cdot \text{L}^{-1}$ 水溶液
溴酚蓝	3.0～4.6	黄—蓝	1 g 指示剂溶于 100 mL 20% 乙醇中
刚果红	3.0～5.2	蓝紫—红	$1 \text{ g} \cdot \text{L}^{-1}$ 水溶液
溴甲酚绿	3.8～5.4	黄—蓝	0.1 g 指示剂溶于 100 mL 20% 乙醇中
甲基红	4.4～6.2	红—黄	0.1 g 或 0.2 g 指示剂溶于 100 mL 60% 乙醇中
溴酚红	5.0～6.8	黄—红	0.1 g 或 0.04 g 指示剂溶于 100 mL 20% 乙醇中
溴百里酚蓝	6.0～7.6	黄—蓝	0.05 g 指示剂溶于 100 mL 20% 乙醇中
中性红	6.8～8.0	红—亮黄	0.1 g 指示剂溶于 100 mL 60% 乙醇中
酚红	6.8～8.0	黄—红	0.1 g 指示剂溶于 100 mL 20% 乙醇中
甲酚红	7.2～8.8	亮黄—紫红	0.1 g 指示剂溶于 100 mL 50% 乙醇中
百里酚蓝（麝香草酚蓝）（第二变色范围）	8.0～9.0	黄—蓝	参看第一次变色范围
酚酞	8.0～9.6	无色—紫红	0.1 g 指示剂溶于 100 mL 60% 乙醇中
百里酚酞	9.4～10.6	无色—蓝	0.1 g 指示剂溶于 100 mL 90% 乙醇中

2. 酸碱混合指示剂

指示剂溶液的组成	变色点 pH	颜色		备注
		酸色	碱色	
3 份 1 g·L⁻¹ 溴甲酚绿酒精溶液 1 份 2 g·L⁻¹ 甲基红酒精溶液	5.1	酒红	绿	
1 份 2 g·L⁻¹ 甲基红酒精溶液 1 份 1 g·L⁻¹ 次甲基蓝酒精溶液	5.4	红紫	绿	pH = 5.2 红绿 pH = 5.4 暗蓝 pH = 5.6 绿
1 份 1 g·L⁻¹ 溴甲酚绿钠盐水溶液 1 份 1 g·L⁻¹ 氯酚红钠盐水溶液	6.1	黄绿	蓝绿	pH = 5.4 蓝绿 pH = 5.8 蓝 pH = 6.2 蓝紫
1 份 1 g·L⁻¹ 中性红酒精溶液 1 份 1 g·L⁻¹ 次甲基蓝酒精溶液	7.0	蓝紫	绿	pH = 7.0 紫蓝
1 份 1 g·L⁻¹ 溴百里酚蓝钠盐水溶液 1 份 1 g·L⁻¹ 酚红钠盐水溶液	7.5	黄	紫	pH = 7.2 暗绿 pH = 7.4 淡紫 pH = 7.6 深紫
1 份 1 g·L⁻¹ 甲酚红钠盐水溶液 3 份 1 g·L⁻¹ 百里酚蓝钠盐水溶液	8.3	黄	紫	pH = 8.2 玫瑰色 pH = 8.4 紫色

3. 金属离子指示剂

指示剂名称	解离平衡和颜色变化	溶液配制方法
铬黑 T （EBT）	$H_2In^- \xrightleftharpoons{pK_{a2}=6.3} HIn^{2-} \xrightleftharpoons{pK_{a3}=11.55} In^{3-}$ 紫红　　　　　　蓝　　　　　　橙	5 g·L⁻¹ 水溶液
二甲酚橙 （XO）	$H_3In^{4-} \xrightleftharpoons{pK_a=6.3} HIn^{5-}$ 黄　　　　　　红	2 g·L⁻¹ 水溶液
K-B 指示剂	$H_2In \xrightleftharpoons{pK_{a1}=8} HIn^- \xrightleftharpoons{pK_{a2}=13} In^{2-}$ 红　　　　　　蓝　　　　　　紫红 （酸性铬蓝 K）	0.2 g 酸性铬蓝 K 与 0.4 g 萘酚绿 B 溶于 100 mL 水中
钙指示剂	$H_2In^{2-} \xrightleftharpoons{pK_{a3}=9.4} HIn^{3-} \xrightleftharpoons{pK_{a4}=13\sim14} In^{4-}$ 酒红　　　　　　蓝　　　　　　酒红	1 g 指示剂和 100 g NaCl 研细，混合均匀

指示剂名称	解离平衡和颜色变化	溶液配制方法
Cu-PAN (CuY-PAN 溶液)	$CuY + PAN + M \Longrightarrow MY + Cu \text{—} PAN$ 　　浅绿　　无色　　　　　　红色	将 $0.05\ mol \cdot L^{-1}\ Cu^{2+}$ 溶液 10 mL，加 pH 5～6 的 HAc 缓冲液 5 mL，1 滴 PAN 指示剂（$1\ g \cdot L^{-1}$ 乙醇溶液），加热至 60 °C 左右，用 EDTA 滴至绿色，得到约 $0.025\ mol \cdot L^{-1}$ 的 CuY 溶液。使用时取 2～3 mL 于试液中，再加数滴 PAN 溶液
磺基水杨酸	$H_2In \xrightarrow{pK_{a2}=2.7} HIn^- \xrightarrow{pK_{a3}=13.1} In^{2-}$ 　　　　　　无色	$10\ g \cdot L^{-1}$ 的水溶液
钙镁试剂 （Calmagite）	$H_2In^- \xrightarrow{pK_{a2}=8.1} HIn^{2-} \xrightarrow{pK_{a3}=12.4} In^{3-}$ 　红　　　　　蓝　　　　　红橙	$5\ g \cdot L^{-1}$ 的水溶液

注：EBT 和 K-B 指示剂在水溶液中稳定性较差，可以分别配成指示剂与 NaCl 之比为 1：100 和 1：20 的固体粉末。

4. 氧化还原指示剂

指示剂名称	$E^{\ominus}/V$ $c(H^+) = 1\ mol \cdot L^{-1}$	颜色变化		溶液配制方法
		氧化态	还原态	
二苯胺	0.76	紫	无色	$10\ g \cdot L^{-1}$ 的浓 H_2SO_4 溶液
二苯胺磺酸钠	0.85	紫红	无色	$5\ g \cdot L^{-1}$ 的水溶液
N-邻苯氨基苯甲酸	1.08	紫红	无色	0.1 g 指示剂加 20 mL $50\ g \cdot L^{-1}$ Na_2CO_3 溶液，用水稀至 100 mL
邻二氮菲-Fe（Ⅱ）	1.06	浅蓝	红	1.485 g 邻二氮菲加 0.965 g $FeSO_4$，溶解，稀至 100 mL（$0.025\ mol \cdot L^{-1}$ 水溶液）
5-硝基邻二氮菲-Fe（Ⅱ）	1.25	浅蓝	紫红	1.608 g 5-硝基邻二氮菲加 0.695 g $FeSO_4$，溶解，稀至 100 mL（$0.025\ mol \cdot L^{-1}$ 水溶液）

附录 D 常用缓冲溶液的配制

缓冲溶液组成	pK_a	缓冲液 pH	缓冲液配制方法
氨基乙酸-HCl	2.35 (pK_{a1})	2.3	取氨基乙酸 150 g 溶于 500 mL 水中后,加浓 HCl 80 mL,加水稀释至 1 L
H_3PO_4-柠檬酸盐		2.5	取 $Na_2HPO_4 \cdot 12H_2O$ 113 g 溶于 200 mL 水后,加柠檬酸 387 g,溶解,过滤后稀释至 1 L
一氯乙酸-NaOH	2.86	2.8	取 200 g 一氯乙酸溶于 200 mL 水中,加 NaOH 40 g,溶解后,稀释至 1 L
邻苯二甲酸氢钾-HCl	2.95 (pK_{a1})	2.9	取 500 g 邻苯二甲酸氢钾溶于 500 mL 水中,加浓 HCl 80 mL,加水稀释至 1 L
甲酸-NaOH	3.76	3.7	取 95 g 甲酸和 NaOH 40 g 于 500 mL 水中,溶解,稀释至 1 L
NaAc-HAc	4.74	4.7	取无水 NaAc 83 g 溶于水中,加冰 HAc 60 mL,稀释至 1 L
六亚甲基四胺-HCl	5.15	5.4	取六亚甲基四胺 40 g 溶于 200 mL 水中,加浓 HCl 10 mL,稀释至 1 L
Tris[三羟甲基氨甲烷 $CNH_2(HOCH_3)_3$]-HCl	8.21	8.2	取 25 g Tris 试剂溶于水中,加浓 HCl 8 mL,稀释至 1 L
NH_3-NH_4Cl	9.26	9.2	取 NH_4Cl 54 g 溶于水中,加浓氨水 63 mL,稀释至 1 L

注:① 缓冲液配制后可用 pH 试纸检查。如 pH 不对,可用共轭酸或碱调节。欲精确调节 pH 时,可用 pH 计测定。

② 若需增加或减少缓冲液的缓冲容量,可相应增加或减少共轭酸碱对的物质的量,再调节其 pH。

附录 E 标准电极电势

（298.16 K）

1. 在酸性溶液中

电极反应	$E^\ominus/V$	电极反应	$E^\ominus/V$
$Ag^++e^-\Longrightarrow Ag$	0.7996	$BiCl_4^-+3e^-\Longrightarrow Bi+4Cl^-$	0.16
$Ag^{2+}+e^-\Longrightarrow Ag^+$	1.980	$Bi_2O_4+4H^++2e^-\Longrightarrow 2BiO^++2H_2O$	1.593
$AgAc+e^-\Longrightarrow Ag+Ac^-$	0.643	$BiO^++2H^++3e^-\Longrightarrow Bi+H_2O$	0.320
$AgBr+e^-\Longrightarrow Ag+Br^-$	0.07133	$BiOCl+2H^++3e^-\Longrightarrow Bi+Cl^-+H_2O$	0.1583
$Ag_2BrO_3+e^-\Longrightarrow 2Ag+BrO_3^-$	0.546	$Br_2（aq）+2e^-\Longrightarrow 2Br^-$	1.0873
$Ag_2C_2O_4+2e^-\Longrightarrow 2Ag+C_2O_4^{2-}$	0.4647	$Br_2（1）+2e^-\Longrightarrow 2Br^-$	1.066
$AgCl+e^-\Longrightarrow Ag+Cl^-$	0.22233	$HBrO+H^++2e^-\Longrightarrow Br^-+H_2O$	1.331
$Ag_2CO_3+2e^-\Longrightarrow 2Ag+CO_3^{2-}$	0.47	$HBrO+H^++e^-\Longrightarrow l/2Br_2（aq）+H_2O$	1.574
$Ag_2CrO_4+2e^-\Longrightarrow 2Ag+CrO_4^{2-}$	0.4470	$HBrO+H^++e^-\Longrightarrow l/2Br_2（1）+H_2O$	1.596
$AgF+e^-\Longrightarrow Ag+F^-$	0.779	$BrO_3^-+6H^++5e^-\Longrightarrow l/2Br_2+3H_2O$	1.482
$AgI+e^-\Longrightarrow Ag+I^-$	-0.15224	$BrO_3^-+6H^++6e^-\Longrightarrow Br^-+3H_2O$	1.423
$Ag_2S+2H^++2e^-\Longrightarrow 2Ag+H_2S$	-0.0366	$Ca^{2+}+2e^-\Longrightarrow Ca$	-2.868
$AgSCN+e^-\Longrightarrow Ag+SCN^-$	0.08951	$Cd^{2+}+2e^-\Longrightarrow Cd$	-0.4030
$Ag_2SO_4+2e^-\Longrightarrow 2Ag+SO_4^{2-}$	0.654	$CdSO_4+2e^-\Longrightarrow Cd+SO_4^{2-}$	-0.246
$Al^{3+}+3e^-\Longrightarrow Al$	-1.662	$Cd^{2+}+2e^-+Hg\Longrightarrow Cd(Hg)$	-0.3521
$AlF_6^{3-}+3e^-\Longrightarrow Al+6F^-$	-2.069	$Ce^{3+}+3e^-\Longrightarrow Ce$	-2.483
$As_2O_3+6H^++6e^-\Longrightarrow 2As+3H_2O$	0.234	$Cl_2（g）+2e^-\Longrightarrow 2Cl^-$	1.35827
$HAsO_2+3H^++3e^-\Longrightarrow As+2H_2O$	0.248	$HClO+H^++e^-\Longrightarrow 1/2Cl_2+H_2O$	1.611
$H_3AsO_4+2H^++2e^-\Longrightarrow HAsO_2+2H_2O$	0.560	$HClO+H^++2e^-\Longrightarrow Cl^-+H_2O$	1.482
$Au^++e^-\Longrightarrow Au$	1.692	$ClO_2+H^++e^-\Longrightarrow HClO_2$	1.277
$Au^{3+}+3e^-\Longrightarrow Au$	1.498	$HClO_2+2H^++2e^-\Longrightarrow HClO+H_2O$	1.645
$AuCl_4^-+3e^-\Longrightarrow Au+4Cl^-$	1.002	$HClO_2+3H^++3e^-\Longrightarrow 1/2Cl_2+2H_2O$	1.628
$Au^{3+}+2e^-\Longrightarrow Au^+$	1.401	$HClO_2+3H^++4e^-\Longrightarrow Cl^-+2H_2O$	1.570
$H_3BO_3+3H^++3e^-\Longrightarrow B+3H_2O$	-0.8698	$ClO_3^-+2H^++e^-\Longrightarrow ClO_2+H_2O$	1.152
$Ba^{2+}+2e^-\Longrightarrow Ba$	-2.912	$ClO_3^-+3H^++2e^-\Longrightarrow HClO_2+H_2O$	1.214
$Ba^{2+}+2e^-+Hg\Longrightarrow Ba(Hg)$	-1.570	$ClO_3^-+6H^++5e^-\Longrightarrow 1/2Cl_2+3H_2O$	1.47
$Be^{2+}+2e^-\Longrightarrow Be$	-1.847	$ClO_3^-+6H^++6e^-\Longrightarrow Cl^-+3H_2O$	1.451

电极反应	$E^{\ominus}/V$	电极反应	$E^{\ominus}/V$
$ClO_4^- + 2H^+ + 2e^- \rightleftharpoons ClO_3^- + H_2O$	1.189	$2HIO + 2H^+ + 2e^- \rightleftharpoons I_2 + 2H_2O$	1.439
$ClO_4^- + 8H^+ + 7e^- \rightleftharpoons 1/2Cl_2 + 4H_2O$	1.39	$HIO + H^+ + 2e^- \rightleftharpoons I^- + H_2O$	0.987
$ClO_4^- + 8H^+ + 8e^- \rightleftharpoons Cl^- + 4H_2O$	1.389	$2IO_3^- + 12H^+ + 10e^- \rightleftharpoons I_2 + 6H_2O$	1.195
$Co^{2+} + 2e^- \rightleftharpoons Co$	-0.28	$IO_3^- + 6H^+ + 6e^- \rightleftharpoons I^- + 3H_2O$	1.085
$Co^{3+} + e^- \rightleftharpoons Co^{2+}$（2 mol/L H_2SO_4）	1.83	$In^{3+} + 2e^- \rightleftharpoons In^+$	-0.443
$CO_2 + 2H^+ + 2e^- \rightleftharpoons HCOOH$	-0.199	$In^{3+} + 3e^- \rightleftharpoons In$	-0.3382
$Cr^{2+} + 2e^- \rightleftharpoons Cr$	-0.913	$Ir^{3+} + 3e^- \rightleftharpoons Ir$	1.159
$Cr^{3+} + e^- \rightleftharpoons Cr^{2+}$	-0.407	$K^+ + e^- \rightleftharpoons K$	-2.931
$Cr^{3+} + 3e^- \rightleftharpoons Cr$	-0.744	$La^{3+} + 3e^- \rightleftharpoons La$	-2.522
$Cr_2O_7^{2-} + 14H^+ + 6e^- \rightleftharpoons 2Cr^{3+} + 7H_2O$	1.232	$Li^+ + e^- \rightleftharpoons Li$	-3.0401
$HCrO_4^- + 7H^+ + 3e^- \rightleftharpoons Cr^{3+} + 4H_2O$	1.350	$Mg^{2+} + 2e^- \rightleftharpoons Mg$	-2.372
$Cu^+ + e^- \rightleftharpoons Cu$	0.521	$Mn^{2+} + 2e^- \rightleftharpoons Mn$	-1.185
$Cu^{2+} + e^- \rightleftharpoons Cu^+$	0.153	$Mn^{3+} + e^- \rightleftharpoons Mn^{2+}$	1.5415
$Cu^{2+} + 2e^- \rightleftharpoons Cu$	0.3419	$MnO_2 + 4H^+ + 2e^- \rightleftharpoons Mn^{2+} + 2H_2O$	1.224
$CuCl + e^- \rightleftharpoons Cu + Cl^-$	0.124	$MnO_4^- + e^- \rightleftharpoons MnO_4^{2-}$	0.558
$F_2 + 2H^+ + 2e^- \rightleftharpoons 2HF$	3.053	$MnO_4^- + 4H^+ + 3e^- \rightleftharpoons MnO_2 + 2H_2O$	1.679
$F_2 + 2e^- \rightleftharpoons 2F^-$	2.866	$MnO_4^- + 8H^+ + 5e^- \rightleftharpoons Mn^{2+} + 4H_2O$	1.507
$Fe^{2+} + 2e^- \rightleftharpoons Fe$	-0.447	$MO^{3+} + 3e^- \rightleftharpoons MO$	-0.200
$Fe^{3+} + 3e^- \rightleftharpoons Fe$	-0.037	$N_2 + 2H_2O + 6H^+ + 6e^- \rightleftharpoons 2NH_4OH$	0.092
$Fe^{3+} + e^- \rightleftharpoons Fe^{2+}$	0.771	$3N_2 + 2H^+ + 2e^- \rightleftharpoons 2NH_3$（aq）	-3.09
$[Fe(CN)_6]^{3-} + e^- \rightleftharpoons [Fe(CN)_6]^{4-}$	0.358	$N_2O + 2H^+ + 2e^- \rightleftharpoons N_2 + H_2O$	1.766
$FeO_4^{2-} + 8H^+ + 3e^- \rightleftharpoons Fe^{3+} + 4H_2O$	2.20	$N_2O_4 + 2e^- \rightleftharpoons 2NO_2^-$	0.867
$Ga^{3+} + 3e^- \rightleftharpoons Ga$	-0.560	$N_2O_4 + 2H^+ + 2e^- \rightleftharpoons 2HNO_2$	1.065
$2H^+ + 2e^- \rightleftharpoons H_2$	0.00000	$N_2O_4 + 4H^+ + 4e^- \rightleftharpoons 2NO + 2H_2O$	1.035
H_2（g）$+ 2e^- \rightleftharpoons 2H^-$	-2.23	$2NO + 2H^+ + 2e^- \rightleftharpoons N_2O + H_2O$	1.591
$HO_2 + H^+ + e^- \rightleftharpoons H_2O_2$	1.495	$HNO_2 + H^+ + e^- \rightleftharpoons NO + H_2O$	0.983
$H_2O_2 + 2H^+ + 2e^- \rightleftharpoons 2H_2O$	1.776	$2HNO_2 + 4H^+ + 4e^- \rightleftharpoons N_2O + 3H_2O$	1.297
$Hg^{2+} + 2e^- \rightleftharpoons Hg$	0.851	$NO_3^- + 3H^+ + 2e^- \rightleftharpoons HNO_2 + H_2O$	0.934
$2Hg^{2+} + 2e^- \rightleftharpoons Hg_2^{2-}$	0.920	$NO_3^- + 4H^+ + 3e^- \rightleftharpoons NO + 2H_2O$	0.957
$Hg_2^{2+} + 2e^- \rightleftharpoons 2Hg$	0.7973	$2NO_3^- + 4H^+ + 2e^- \rightleftharpoons N_2O_4 + 2H_2O$	0.803
$Hg_2Br_2 + 2e^- \rightleftharpoons 2Hg + 2Br^-$	0.13923	$Na^+ + e^- \rightleftharpoons Na$	-2.71
$Hg_2Cl_2 + 2e^- \rightleftharpoons 2Hg + 2Cl^-$	0.26808	$Nb^{3+} + 3e^- \rightleftharpoons Nb$	-1.1
$Hg_2I_2 + 2e^- \rightleftharpoons 2Hg + 2I^-$	-0.0405	$Ni^{2+} + 2e^- \rightleftharpoons Ni$	-0.257
$Hg_2SO_4 + 2e^- \rightleftharpoons 2Hg + SO_4^{2-}$	0.6125	$NiO_2 + 4H^+ + 2e^- \rightleftharpoons Ni^{2+} + 2H_2O$	1.678
$I_2 + 2e^- \rightleftharpoons 2I^-$	0.5355	$O_2 + 2H^+ + 2e^- \rightleftharpoons H_2O_2$	0.695
$I_3^- + 2e^- \rightleftharpoons 3I^-$	0.536	$O_2 + 4H^+ + 4e^- \rightleftharpoons 2H_2O$	1.229
$H_5IO_6 + H^+ + 2e^- \rightleftharpoons IO_3^- + 3H_2O$	1.601	O（g）$+ 2H^+ + 2e^- \rightleftharpoons H_2O$	2.421

电极反应	$E^{\ominus}/V$	电极反应	$E^{\ominus}/V$
$O_3+2H^++2e^-\!=\!O_2+H_2O$	2.076	$Se+2H^++2e^-\!=\!H_2Se\,(aq)$	-0.399
$P\,(red)+3H^++3e^-\!=\!PH_3\,(g)$	-0.111	$H_2SeO_3+4H^++4e^-\!=\!Se+3H_2O$	0.74
$P\,(white)+3H^++3e^-\!=\!PH_3\,(g)$	-0.063	$SeO_4^{2-}+4H^++2e^-\!=\!H_2SeO_3+H_2O$	1.151
$H_3PO_2+H^++e^-\!=\!P+2H_2O$	-0.508	$SiF_6^{2-}+4e^-\!=\!Si+6F^-$	-1.24
$H_3PO_3+2H^++2e^-\!=\!H_3PO_2+H_2O$	-0.499	$SiO_2\,(quartz)+4H^++4e^-\!=\!Si+2H_2O$	0.857
$H_3PO_3+3H^++3e^-\!=\!P+3H_2O$	-0.454	$Sn^{2+}+2e^-\!=\!Sn$	-0.1375
$H_3PO_4+2H^++2e^-\!=\!H_3PO_3+H_2O$	-0.276	$Sn^{4+}+2e^-\!=\!Sn^{2+}$	0.151
$Pb^{2+}+2e^-\!=\!Pb$	-0.1262	$Sr^++e^-\!=\!Sr$	-4.10
$PbBr_2+2e^-\!=\!Pb+2Br^-$	-0.284	$Sr^{2+}+2e^-\!=\!Sr$	-2.89
$PbCl_2+2e^-\!=\!Pb+2Cl^-$	-0.2675	$Sr^{2+}+2e^-+Hg\!=\!Sr(Hg)$	-1.793
$PbF_2+2e^-\!=\!Pb+2F^-$	-0.3444	$Te+2H^++2e^-\!=\!H_2Te$	-0.793
$PbI_2+2e^-\!=\!Pb+2I^-$	-0.365	$Te^{4+}+4e^-\!=\!Te$	0.568
$PbO_2+4H^++2e^-\!=\!Pb^{2+}+2H_2O$	1.455	$TeO_2+4H^++4e^-\!=\!Te+2H_2O$	0.593
$PbO_2+SO_4^{2-}+4H^++2e^-\!=\!PbSO_4+2H_2O$	1.6913	$TeO_4^-+8H^++7e^-\!=\!Te+4H_2O$	0.472
$PbSO_4+2e^-\!=\!Pb+SO_4^{2-}$	-0.3588	$H_6TeO_6+2H^++2e^-\!=\!TeO_2+4H_2O$	1.02
$Pd^{2+}+2e^-\!=\!Pd$	0.951	$Th^{4+}+4e^-\!=\!Th$	-1.899
$PdCl_4^{2-}+2e^-\!=\!Pd+4Cl^-$	0.591	$Ti^{2+}+2e^-\!=\!Ti$	-1.630
$Pt^{2+}+2e^-\!=\!Pt$	1.118	$Ti^{3+}+e^-\!=\!Ti^{2+}$	-0.368
$Rb^++e^-\!=\!Rb$	-2.98	$TiO^{2+}+2H^++e^-\!=\!Ti^{3+}+H_2O$	0.099
$Re^{3+}+3e^-\!=\!Re$	0.300	$TiO_2+4H^++2e^-\!=\!Ti^{2+}+2H_2O$	-0.502
$S+2H^++2e^-\!=\!H_2S\,(aq)$	0.142	$Tl^++e^-\!=\!Tl$	-0.336
$S_2O_6^{2-}+4H^++2e^-\!=\!2H_2SO_3$	0.564	$V^{2+}+2e^-\!=\!V$	-1.175
$S_2O_3^{2-}+2e^-\!=\!2SO_4^{2-}$	2.010	$V^{3+}+e^-\!=\!V^{2+}$	-0.255
$S_2O_3^{2-}+2H^++2e^-\!=\!2HSO_4^-$	2.123	$VO^{2+}+2H^++e^-\!=\!V^{3+}+H_2O$	0.337
$2H_2SO_3+H^++2e^-\!=\!H_2SO_4^-+2H_2O$	-0.056	$VO_2^++2H^++e^-\!=\!VO^{2+}+H_2O$	0.991
$H_2SO_3+4H^++4e^-\!=\!S+3H_2O$	0.449	$[V(OH)_4]^++2H^++e^-\!=\!VO^{2+}+3H_2O$	1.00
$SO_4^{2-}+4H^++2e^-\!=\!H_2SO_3+H_2O$	0.172	$[V(OH)_4]^++4H^++5e^-\!=\!V+4H_2O$	-0.254
$2SO_4^{2-}+4H^++2e^-\!=\!S_2O_6^{2-}+2H_2O$	-0.22	$W_2O_5+2H^++2e^-\!=\!2WO_2+H_2O$	-0.031
$Sb+3H^++3e^-\!=\!2SbH_3$	-0.510	$WO_2+4H^++4e^-\!=\!W+2H_2O$	-0.119
$Sb_2O_3+6H^++6e^-\!=\!2Sb+3H_2O$	0.152	$WO_3+6H^++6e^-\!=\!W+3H_2O$	-0.090
$Sb_2O_5+6H^++4e^-\!=\!2SbO^++3H_2O$	0.581	$2WO_3+2H^++2e^-\!=\!W_2O_5+H_2O$	-0.029
$SbO^++2H^++3e^-\!=\!Sb+H_2O$	0.212	$Y^{3+}+3e^-\!=\!Y$	-2.37
$Sc^{3+}+3e^-\!=\!Sc$	-2.077	$Zn^{2+}+2e^-\!=\!Zn$	-0.7618

2. 在碱性溶液中

电极反应	$E^{\ominus}/V$	电极反应	$E^{\ominus}/V$
$AgCN+e^- \Longrightarrow Ag+CN^-$	-0.017	$Fe(OH)_3+e^- \Longrightarrow Fe(OH)_2+OH^-$	-0.56
$[Ag(CN)_2]^- +e^- \Longrightarrow Ag+2CN^-$	-0.31	$H_2GaO_3^- +H_2O+3e^- \Longrightarrow Ga+4OH^-$	-1.219
$Ag_2O+H_2O+2e^- \Longrightarrow 2Ag+2OH^-$	0.342	$2H_2O+2e^- \Longrightarrow H_2+2OH^-$	-0.8277
$2AgO+H_2O+2e^- \Longrightarrow Ag_2O+2OH^-$	0.607	$Hg_2O+H_2O+2e^- \Longrightarrow 2Hg+2OH^-$	0.123
$Ag_2S+2e^- \Longrightarrow 2Ag+S^{2-}$	-0.691	$HgO+H_2O+2e^- \Longrightarrow Hg+2OH^-$	0.0977
$H_2AlO_3^- +H_2O+3e^- \Longrightarrow Al+4OH^-$	-2.33	$H_3IO_3^{2-} +2e^- \Longrightarrow IO_3^- +3OH^-$	0.7
$AsO_2^- +2H_2O+3e^- \Longrightarrow As+4OH^-$	-0.68	$IO^- +H_2O+2e^- \Longrightarrow I^- +2OH^-$	0.485
$AsO_4^{3-} +2H_2O+2e^- \Longrightarrow AsO_2^- +4OH^-$	-0.71	$IO_3^- +2H_2O+4e^- \Longrightarrow IO^- +4OH^-$	0.15
$H_2BO_3^- +5H_2O+8e^- \Longrightarrow BH_4^- +8OH^-$	-1.24	$IO_3^- +3H_2O+6e^- \Longrightarrow I^- +6OH^-$	0.26
$H_2BO_3^- +H_2O+3e^- \Longrightarrow B+4OH^-$	-1.79	$Ir_2O_3+3H_2O+6e^- \Longrightarrow 2Ir+6OH^-$	0.098
$Ba(OH)_2+2e^- \Longrightarrow Ba+2OH^-$	-2.99	$La(OH)_3+3e^- \Longrightarrow La+3OH^-$	-2.90
$Be_2O_3^{2-} +3H_2O+4e^- \Longrightarrow 2Be+6OH^-$	-2.63	$Mg(OH)_2+2e^- \Longrightarrow Mg+2OH^-$	-2.690
$Bi_2O_3+3H_2O+6e^- \Longrightarrow 2Bi+6OH^-$	-0.46	$MnO_4^- +2H_2O+3e^- \Longrightarrow MnO_2+4OH^-$	0.595
$BrO^- +H_2O+2e^- \Longrightarrow Br^- +2OH^-$	0.761	$MnO_4^{2-} +2H_2O+2e^- \Longrightarrow MnO_2+4OH^-$	0.60
$BrO_3^- +3H_2O+6e^- \Longrightarrow Br^- +6OH^-$	0.61	$Mn(OH)_2+2e^- \Longrightarrow Mn+2OH^-$	-1.56
$Ca(OH)_2+2e^- \Longrightarrow Ca+2OH^-$	-3.02	$Mn(OH)_3+e^- \Longrightarrow Mn(OH)_2+OH^-$	0.15
$Ca(OH)_2+2e^- +Hg \Longrightarrow Ca(Hg)+2OH^-$	-0.809	$2NO+H_2O+2e^- \Longrightarrow N_2O+2OH^-$	0.76
$ClO^- +H_2O+2e^- \Longrightarrow Cl^- +2OH^-$	0.81	$NO+H_2O+e^- \Longrightarrow NO+2OH^-$	-0.46
$ClO_2^- +H_2O+2e^- \Longrightarrow ClO^- +2OH^-$	0.66	$2NO_2^- +2H_2O+4e^- \Longrightarrow N_2^{2-} +4OH^-$	-0.18
$ClO_2^- +2H_2O+4e^- \Longrightarrow Cl^- +4OH^-$	0.76	$2NO_2^- +3H_2O+4e^- \Longrightarrow N_2O+6OH^-$	0.15
$ClO_3^- +H_2O+2e^- \Longrightarrow ClO_2^- +2OH^-$	0.33	$NO_3^- +H_2O+2e^- \Longrightarrow NO_2^- +2OH^-$	0.01
$ClO_3^- +3H_2O+6e^- \Longrightarrow Cl^- +6OH^-$	0.62	$2NO_3^- +2H_2O+2e^- \Longrightarrow N_2O_4+4OH^-$	-0.85
$ClO_4^- +H_2O+2e^- \Longrightarrow ClO_3^- +2OH^-$	0.36	$Ni(OH)_2+2e^- \Longrightarrow Ni+2OH^-$	-0.72
$[Co(NH_3)_6]^{3+} +e^- \Longrightarrow [Co(NH_3)_6]^{2+}$	0.108	$NiO_2+2H_2O+2e^- \Longrightarrow Ni(OH)_2+2OH^-$	-0.490
$Co(OH)_2+2e^- \Longrightarrow Co+2OH^-$	-0.73	$O_2+H_2O+2e^- \Longrightarrow HO_2^- +OH^-$	-0.076
$Co(OH)_3+e^- \Longrightarrow Co(OH)_2+OH^-$	0.17	$O_2+2H_2O+2e^- \Longrightarrow H_2O_2+2OH^-$	-0.146
$CrO_2^- +2H_2O+3e^- \Longrightarrow Cr+4OH^-$	-1.2	$O_2+2H_2O+4e^- \Longrightarrow 4OH^-$	0.401
$CrO_4^{2-} +4H_2O+3e^- \Longrightarrow Cr(OH)_3+5OH^-$	-0.13	$O_3+H_2O+2e^- \Longrightarrow O_2+2OH^-$	1.24
$Cr(OH)_3+3e^- \Longrightarrow Cr+3OH^-$	-1.48	$HO_2^- +H_2O+2e^- \Longrightarrow 3OH^-$	0.878
$Cu^2+2CN^- +e^- \Longrightarrow [Cu(CN)_2]^-$	1.103	$P+3H_2O+3e^- \Longrightarrow PH_3（g）+3OH^-$	-0.87
$[Cu(CN)_2]^- +e^- \Longrightarrow Cu+2CN^-$	-0.429	$H_2PO_2^- +e^- \Longrightarrow P+2OH^-$	-1.82
$Cu_2O+H_2O+2e^- \Longrightarrow 2Cu+2OH^-$	-0.360	$HPO_3^{2-} +2H_2O+2e^- \Longrightarrow H_2PO_2^- +3OH^-$	-1.65
$Cu(OH)_2+2e^- \Longrightarrow Cu+2OH^-$	-0.222	$HPO_3^{2-} +2H_2O+3e^- \Longrightarrow P+5OH^-$	-1.71
$2Cu(OH)_2+2e^- \Longrightarrow Cu_2O+2OH^- +H_2O$	-0.080	$PO_4^{3-} +2H_2O+2e^- \Longrightarrow HPO_3^{2-} +3OH^-$	-1.05
$[Fe(CN)_6]^{3-} +e^- \Longrightarrow [Fe(CN)_6]^{4-}$	0.358	$PbO+H_2O+2e^- \Longrightarrow Pb+2OH^-$	-0.580

电极反应	$E^\ominus/V$	电极反应	$E^\ominus/V$
$HPbO_2^- + H_2O + 2e^- \rightleftharpoons Pb + 3OH^-$	-0.537	$SbO_3^- + H_2O + 2e^- \rightleftharpoons SbO_2^- + 2OH^-$	-0.59
$PbO_2 + H_2O + 2e^- \rightleftharpoons PbO + 2OH^-$	0.247	$SeO_3^{2-} + 3H_2O + 4e^- \rightleftharpoons Se + 6OH^-$	-0.366
$Pd(OH)_2 + 2e^- \rightleftharpoons Pd + 2OH^-$	0.07	$SeO_4^{2-} + H_2O + 2e^- \rightleftharpoons SeO_3^{2-} + 2OH^-$	0.05
$Pt(OH)_2 + 2e^- \rightleftharpoons Pt + 2OH^-$	0.14	$SiO_3^{2-} + 3H_2O + 4e^- \rightleftharpoons Si + 6OH^-$	-1.697
$ReO_4^- + 4H_2O + 7e^- \rightleftharpoons Re + 8OH^-$	-0.584	$HSnO_2^- + H_2O + 2e^- \rightleftharpoons Sn + 3OH^-$	-0.909
$S + 2e^- \rightleftharpoons S^{2-}$	-0.47627	$Sn(OH)_3^{2-} + 2e^- \rightleftharpoons HSnO_2^- + 3OH^- + H_2O$	-0.93
$S + H_2O + 2e^- \rightleftharpoons HS^- + OH^-$	-0.478	$Sr(OH) + 2e^- \rightleftharpoons Sr + 2OH^-$	-2.88
$2S + 2e^- \rightleftharpoons S_2^{2-}$	-0.42836	$Te + 2e^- \rightleftharpoons Te^{2-}$	-1.143
$S_4O_6^{2-} + 2e^- \rightleftharpoons 2S_2O_3^{2-}$	0.08	$TeO_3^{2-} + 3H_2O + 4e^- \rightleftharpoons Te + 6OH^-$	-0.57
$2SO_3^{2-} + 2H_2O + 2e^- \rightleftharpoons S_2O_4^{2-} + 4OH^-$	-1.12	$Th(OH)_4 + 4e^- \rightleftharpoons Th + 4OH^-$	-2.48
$2SO_3^{2-} + 3H_2O + 4e^- \rightleftharpoons S_2O_3^{2-} + 6OH^-$	-0.571	$Tl_2O_3 + 3H_2O + 3e^- \rightleftharpoons 2Tl^+ + 6OH^-$	0.02
$SO_4^{2-} + H_2O + 2e^- \rightleftharpoons SO_3^{2-} + 2OH^-$	-0.93	$ZnO_2^{2-} + 2H_2O + 2e^- \rightleftharpoons Zn + 4OH^-$	-1.215
$SbO_2^- + 2H_2O + 3e^- \rightleftharpoons Sb + 4OH^-$	-0.66		